Quellen für München

Christian Ude

Quellen für München

Lebensart im Einklang mit Technologie und Ökologie

HANSER

Das für dieses Buch verwendete FSC-zertifizierte Papier liefert Lecta Deutschland GmbH, München

Bibliografische Information Der Deutschen Nationalbibliothek

Die Deutsche Nationalbibliothek verzeichnet diese Publikation in der Deutschen Nationalbibliografie; detaillierte bibliografische Daten sind im Internet über http://dnb.d-nb.de abrufbar.

Dieses Werk ist urheberrechtlich geschützt. Alle Rechte, auch die der Übersetzung, des Nachdruckes und der Vervielfältigung des Buches oder von Teilen daraus, vorbehalten. Kein Teil des Werkes darf ohne schriftliche Genehmigung des Verlages in irgendeiner Form (Fotokopie, Mikrofilm oder ein anderes Verfahren), auch nicht für Zwecke der Unterrichtsgestaltung – mit Ausnahme der in den §§ 53, 54 URG genannten Sonderfälle –, reproduziert oder unter Verwendung elektronischer Systeme verarbeitet, vervielfältigt oder verbreitet werden.

© 2008 Carl Hanser Verlag München

Internet: http://www.hanser.de

Konzeption und Realisation: Ariadne-Buch, Christine Proske
Redaktion: Claudia Göbel
Lektorat: Lisa Hoffmann-Bäuml
Herstellung: Ursula Barche
Umschlaggestaltung: Büro plan.it, München
Satz: KompetenzCenter, Mönchengladbach
Druck und Bindung: Firmengruppe APPL, aprinta druck, Wemding
Printed in Germany

ISBN 978-3-446-41457-0

M-Wasser:
Eine Münchner Erfolgsgeschichte

Christian Ude, Oberbürgermeister der Landeshauptstadt München, Aufsichtsratsvorsitzender der SWM

Wer in München den Wasserhahn aufdreht, erhält quellfrisches, glasklares Trinkwasser von höchster Qualität. Das Münchner Wasser gehört zu den besten in ganz Europa. Die Stadtwerke München (SWM), die die Münchner Wasserversorgung betreiben, sind die Garanten dafür, dass allen Münchnerinnen und Münchnern Trinkwasser rund um die Uhr in bester Qualität und in der gewünschten Menge zur Verfügung steht.

Stadtväter mit Weitblick

Vor über 125 Jahren haben die Stadtväter von München – „Mütter" waren noch nicht dabei – mit großem Weitblick eine wichtige Entscheidung getroffen und damit die Grundlage für eine bis heute zukunftsfähige Wasserversorgung gelegt. Sie beschlossen, die Stadt mit bestem Quellwasser aus dem 40 Kilometer entfernten Mangfalltal zu versorgen. Erstmals im Jahr 1883 floss dieses hervorragende Trinkwasser im natürlichen Gefälle, ohne zusätzlichen Energieaufwand, nach München. 1904 kam es dann zum Zusammenschluss zwischen dem bis dahin noch bestehenden herzoglichen Hofbrunnwesen und der modernen städtischen Wasserversorgung. Das kommunale Versorgungssystem hatte sich aufgrund der ausgezeichneten Wasserqualität und seiner höheren Leistungsfähigkeit durchgesetzt. Das Nebeneinander zweier Wassersysteme, die oft ungeregelten Zuständigkeiten und auch Manipulationen mit dem Wasser zu Lasten der Qualität fanden damit ein Ende. 2008, im Jahr des 850-jährigen Stadtjubiläums, können wir also auf 125 Jahre kommunale Wasserversorgung in München zurückblicken. Ein guter Grund, gebührend zu feiern. Denn eine gute und zuverlässige Wasserversorgung ist bis heute – und erst Recht in Zukunft – eine wichtige Voraussetzung für die Lebensqualität einer Stadt.

Zukunftsinvestitionen

Die Stadtwerke München engagierten sich von Anfang an verantwortungsvoll und mit langfristiger Perspektive für die Münchner Wasserversorgung. Hierzu waren große Anstrengungen notwendig. Die bauliche Erschließung des Mangfalltals zur Wassergewinnung und der Bau der Wasserzubringerleitung waren außergewöhnliche Leistungen. Diese seinerzeit mutigen Großtaten sollten sich als äußerst vorausschauend erweisen, denn die Versorgung aus dem Mangfalltal stellt bis heute das Rückgrat der modernen Münchner Wasserversorgung dar. Noch heute kommen 80 Prozent des Münchner Trinkwassers aus dem Mangfalltal. Stufenweise erschloss man neue Quellen, baute die Gewinnungsanlagen aus und passte die Wasserzuleitungen dem Bedarf an. Ein Leitungsnetz auf höchstem technischem Niveau wurde auf- und kontinuierlich ausgebaut.

Ein Jahrhundertprojekt

Und pünktlich zum 125-jährigen Jubiläum haben die SWM ein weiteres Jahrhundertprojekt fertig gestellt: Die Erneuerung der Trinkwasserzuleitung aus dem Mangfalltal. Die alte Freispiegelleitung wurde durch eine moderne, circa 30 Kilometer lange Druckleitung ersetzt. Mit ihr können bis zu 4.200 Liter Wasser pro Sekunde nach München transportiert werden, was die Versorgung Münchens mit bestem Trinkwasser bis ins 22. Jahrhundert sicherstellt. Insgesamt etwa 180 Millionen Euro haben die SWM in dieses Projekt investiert.

Neben der technischen Infrastrukturleistung sichern die Stadtwerke München seit Jahrzehnten mit nachhaltigen Trinkwasserschutzprojekten die außergewöhnliche Qualität des Münchner Wassers. So werden die Wasserschutzgebiete streng überwacht und aktiv geschützt. Die ökologische Landwirtschaft wird von den SWM finanziell gefördert.

Diese „Hege und Pflege" der Herkunftsgebiete des Münchner Trinkwassers kann nur in partnerschaftlicher Kooperation mit den dort lebenden Menschen erfolgen. Die Weiterentwicklung der Zusammenarbeit zwischen den Verantwortlichen in Stadt und Region zählt zu den wichtigsten Aufgaben in den nächsten Jahren.

Kommunale Aufgabe

München befindet sich in einer sehr privilegierten Situation. Aufgrund der günstigen geografischen Lage der Landeshauptstadt und der Weitsicht unserer „Vorväter" schöpfen wir unser Trinkwasser aus einer hervorragenden Quelle. Für die Verantwortlichen der Landeshauptstadt und der Stadtwerke München ist es eine selbstverständliche Verpflichtung, diesen besonderen Zustand zu sichern und zukunftsfähig zu gestalten.

Leistungen von solch generationenübergreifender Kontinuität können nur von Institutionen und Verantwortlichen erbracht werden, die sich dem Gemeinwohl, in diesem Fall den heutigen und künftigen Bürgerinnen und Bürgern des Großraums München und ihren Partnern im Wasserherkunftsgebiet, verpflichtet fühlen.

Keine Privatisierung!

Auf nationaler und europäischer Ebene wird seit Jahren eine kontroverse Debatte über die Liberalisierung und Privatisierung öffentlicher Dienstleistungen, also auch der Wasserversorgung, geführt. Trinkwasser, unser Lebensmittel Nummer 1, darf jedoch keinesfalls wie eine x-beliebige Ware zum Spielball des freien Marktes werden. Eine Privatisierung der Wasserversorgung hätte vor allem für die Verbraucher äußerst negative Auswirkungen.

Überließe man den Wassermarkt – wie etwa in England oder Frankreich bereits geschehen – den Privatkonzernen, ginge der kommunale Einfluss auf Umweltstandards verloren, die Grenzwerte der Trinkwasserverordnung würden ausgereizt und Wasserqualitäten würden gemischt. Der technische Zustand des Rohrnetzes wäre nicht mehr der bestmögliche, sondern lediglich ein „technisch vertretbarer", die Preispolitik würde sich jeglicher Kontrolle entziehen. Die Folgen: Qualitätsminderung, Preissteigerung, Gefährdung der Wasserschutzgebiete bei Vernachlässigung der Leitungspflege und der Umweltstandards. Verlierer wären ganz klar die Verbraucher.

Demokratische Kontrolle

Die Versorgung der Bürgerschaft mit Trinkwasser muss deshalb in kommunaler Hand bleiben. Diese verantwortungsvolle Aufgabe war und ist bei den SWM, dem Infrastruktur-Unternehmen der Münchnerinnen und Münchner, in den besten Händen. Denn als kommunales Unternehmen orientieren sich die Stadtwerke nicht an kurzfristigen Renditeerwartungen, sondern stehen für langfristige Investitionen, weitsichtige Vorsorge und für Werterhaltung über Generationen hinweg. Die SWM stellen eine flächendeckende Versorgung und hohe Umweltstandards sicher. Und diese Mitverantwortung für das Wohl der Stadtgesellschaft kann bei kommunalen Unternehmen garantiert und eingefordert werden, denn sie werden vom demokratisch gewählten Stadtrat kontrolliert. An dieser kommunalen Daseinsvorsorge darf deshalb nicht gerüttelt werden.

Trinkwasser – weltweit ein kostbares Gut

Eine weitere politische Dimension ist die Verfügbarkeit von Trinkwasser für die Menschen in der Welt. Auch damit beschäftigt sich dieses Buch. Wir sind aufgefordert, unser politisches Handeln darauf auszurichten, die Wasserversorgung der Menschen nicht nur regional, sondern auch international zu verbessern. Der „Münchner Weg" kann mancherorts vielleicht Beispiel sein. Trinkwasser, das Öl des 21. Jahrhunderts, wie die Süddeutsche Zeitung einmal titelte, ist unser wertvollstes Gut. Es sollte daher für uns alle von Interesse sein, woher unser Trinkwasser kommt, wie es verteilt und geschützt wird. Dieses Buch will sensibilisieren, informieren und unterhalten.

Inhalt

Christian Ude
M-Wasser: Eine Münchner Erfolgsgeschichte V

Christian Ude
Einladung zum Quellenstudium 1

Klaus Podak
Das Beste ist das Wasser 5

Oliver Weis
Lebensstoff Wasser 11

Thomas Lang
Der Brunnen 21

Albert Göttle, Walter Wenger
Trinkwasserschutz – Daseinsvorsorge für
Bayerns Städte und Gemeinden 24

Johannes Prokopetz
Kleines Wasserlexikon – Irrtümer über Trink- und anderes Wasser 40

Rainer List, Jörg Schuchardt
Die Wasserversorgung in München – eine historische Betrachtung 47

Wolfgang G. Locher
Max von Pettenkofer (1818–1901) 56

Rainer List, Georg Maier, Jörg Schuchardt
Wassergewinnung, Transport und Speicherung – eine Zeitreise 68

Rainer List, Fritz Wimmer
Wasserschutz ist Umweltschutz 101

Christina Jachert-Maier
Interessenkonflikte bei der Erschließung
von Trinkwasserschutzgebieten 114

Roland Mueller
Die zwei Krüge 128

Klaus Arzet, Wolfgang Polz
Wasser für eine Millionenstadt 134

Ottmar Hofmann, Sven Lippert, Thomas Prein, Erwin Weberitsch
Von der Quelle ins Haus 160

Reinhard Nießner
Wasser – ein Stoff mit Vergangenheit und Zukunft 183

Caroline H. Ebertshäuser
Wasser ist ein Lebens-Mittel 195

Hans Well
Weltbester Edelstoff – voll im Trend 202

Peter A. Wilderer
Wasserversorgung international 204

Johannes Wallacher
Bekenntnisse zum Wasser 213

Kurt Mühlhäuser, Stephan Schwarz
M-Wasser: Verantwortung und Verpflichtung für die SWM 220

Autorenverzeichnis 223

Einladung zum Quellenstudium

Christian Ude

Was habe ich diesen ollen Spruch der Lateiner gehasst: Ad fontes! Zu den Quellen! Auf Deutsch hieß das nichts anderes, als auf die Freuden eines Schwabinger Studentenlebens zwischen Leopoldstraße und Café Monopteros zu verzichten und zwischen den monströsen Regalwänden des Staatsarchivs wie in einem Bergwerk zu verschwinden. Und das nur, um unleserlichen Dokumenten studienhalber abermals ein längst gelüftetes Geheimnis über irgendeinen Gesandten beim Frankfurter Fürstentag zu entreißen.

Trotzdem verbinde ich mit diesen Zeilen allen Ernstes eine Einladung zum Quellenstudium. Ad fontes! Dieses Studium der Quellen fördert zwar auch Erkenntnisse zutage, bedeutet aber zunächst Vergnügen pur. Gewissermaßen die Krönung des Münchner Radlerdaseins. Sie müssen mir nur folgen, erst hinauf und dann hinunter zu den Quellen. Genauer gesagt: erst isaraufwärts und weiter zu Mangfall und Schlierach, dann hinunter zu den Grundwasserfassungen und Spiralschächten, in denen unser Münchner Wasser sprudelt und gurgelt, ehe es durch riesige Leitungen sanft bergab in die Landeshauptstadt fließt.

Radeln bildet

Mit eigener Ortskenntnis müssen Sie sich nur bis zum Deutschen Museum durchschlagen, von dort an haben die Münchner Stadtwerke den „M-Wasserweg" vorzüglich beschildert und mit informativen Tafeln ausgestattet.

So lernen wir, dass Oskar von Miller, der Gründer des Museums, vom Mangfalltal bis München anno 1892 die erste Langstreckenübertragung von Elektrizität in Hochspannung zustande gebracht hat. Das bildet! Und das ist genau unsere Strecke.

Den ersten Abschnitt teilen wir noch mit unzähligen Liebhabern des Isartals, die durch die renaturierte Auenlandschaft strampeln, aber dann geht's links ab, wird immer lauschiger und lehrreicher. Denn in kurzen Verschnaufpausen erfahren wir nebenbei von den Tafeln, dass der durchschnittliche Münchner respektive die Münchnerin am Tag 130 Liter Wasser verbraucht, dass insgesamt täglich rund 320 Millionen Liter benötigt werden, dass rund 80 Prozent davon aus dem Mangfalltal kommen und München dank Professor Pettenkofer schon seit 1883 seine zentrale Wasserversorgung aus dem Voralpenland besitzt. Seit über 120 Jahren sprudelt das Münchner Trinkwasser naturrein und quellfrisch aus dieser schönen Landschaft. Es gehört zu den besten Trinkwassern Europas und weist hervorragende Analysewerte auf. Wasser ist ein kostbares Gut! Jeder von uns braucht es täglich – ist sogar darauf angewiesen. Dank Pettenkofer und den Stadtwerken können die Münchnerinnen und Münchner ein hervorragendes Trinkwasser zu einem der günstigsten Preise in Deutschland genießen.

Von „Behälteratmung" und Spiralschächten

Bei einem Wasserkraftwerk bringt man uns bei, dass die Stadtwerke insgesamt neun davon betreiben, bei einem Wasserturm erklärt man uns den schönen Fachausdruck „Behälteratmung", der nicht mehr besagt, als dass der Wasserspiegel je nach Bedarf steigt oder sinkt. In einem Rundbau der Gründerzeit, der „Reisacher Grundwasserfassung", können wir endlich einen Blick in die sprudelnden Tiefen der Wasserversorgung werfen, ebenso im Thalhamer Spiralschacht, in dem das Wasser auf einer Toboggan-artigen Rutsche ein paar Meter sanft hinuntergleitet, damit nicht zu viel Kohlensäure entweicht. Mal ehrlich: Hätten Sie das gewusst? Ein Tobbogan ist übrigens ein kufenloser Indianerschlitten und der Name eines beliebten und traditionsreichen Fahrgeschäftes auf der Münchner Wiesn.

Des Weiteren investieren die Stadtwerke München hohe Millionenbeträge in den Auf- und Ausbau des Leitungsnetzes. Allein der Neubau der Trinkwasserzuleitung aus dem Mangfalltal kostet rund 180 Millionen Euro und wird für die nächsten 100 Jahre die hohe Qualität des Münchner Trinkwassers sichern. Eine Qualität, die permanent mit über 1.200 Wasserproben pro Monat von den SWM überprüft wird.

Der Wasserweg befriedigt aber nicht nur auf angenehm beiläufige Weise unseren faustischen Erkenntnisdrang, sondern eröffnet auch unverhoffte Einblicke in Naturschönheiten, zum Beispiel in Mischwälder, die eigens wiederaufgeforstet wurden, oder in den saftiggrünen Baumbestand des Mangfalltals: So gesund sieht selbst die Natur selten aus.

Und dann wird der Radfahrer abseits der stark frequentierten Routen mit kulturellen Entdeckungen belohnt: beispielsweise mit dem Gotzinger Kircherl, das mit seinem Friedhof seit Jahrhunderten unberührt dazuliegen scheint, ein spätgotischer Bau, der um 1500 errichtet und im Spätbarock umgestaltet wurde, mit schindelgedecktem Zwiebeltürmchen und sehenswerten Fresken. Nebenan ist der Gasthof nach der „Gotzinger Trommel" benannt, der die Burschen aus dem Oberland folgten, ehe sie in der Sendlinger Mordweihnacht 1705 schändlich hingemetzelt wurden. Eine Marmortafel im Kircherl erinnert namentlich an die Gefallenen des Freiheitskampfes. Eigentlich muss man sich schämen, dass man so ein Kleinod bayerischer Baukunst und Landesgeschichte vorher nicht gekannt hat …

Auf historischem Boden bewegt man sich auch schon ziemlich am Anfang, in der „Kugler Alm" in Deisenhofen. Dort ist nämlich tatsächlich das Radler erfunden worden, jenes herrlich erfrischende Getränk, das schon ein wenig an Bier erinnert, ohne uns mit seinen Prozenten gleich aus dem Sattel zu werfen. Man kann es allerdings nicht mehr mit ungetrübter Freude konsumieren, seit Dieter Hildebrandt es „ein klebriges und ekelhaftes, durch und durch widerliches Gesöff" genannt hat. Schlimmer noch: Das Radler sei „ein typischer Ausdruck kleinbürgerlicher Doppelmoral", es stehe für die „Verdünnung der Substanz" und sei somit „das symptomatische Getränk unserer Zeit".

Ökolandbau zum Schutz des Trinkwassers

Lassen wir also das Radler beiseite und wenden wir uns den kulinarischen Köstlichkeiten zu, die über 100 Ökobauern im Wasserschutzgebiet herstellen und meist auch selbst vermarkten: Da schmeckt der Käse noch nach Käse, die Wurst nach Wurst, und das Brot hat ein Aroma, dass man es überhaupt am liebsten pur essen möchte. Auch Milch von zumindest zufrieden wirkenden Kühen wird gereicht und Schnaps aus eigener Produktion. Die Stadtwerke München kaufen seit Jahrzehnten vorausschauend Grundstücke in den Wassergewinnungsgebieten und bewirtschaften diese natur- und wasserschonend. Darüber hinaus fördern die SWM mit ihrer Initiative „Ökobauern" seit 1992 den ökologischen Landbau im Mangfalltal. Hier ist inzwischen das größte zusammenhängend ökologisch bewirtschaftete Gebiet Deutschlands entstanden. Dieses Engagement lohnt sich, dient es doch dem Erhalt der hohen Qualität unseres Trinkwassers. Kaum ein privates Unternehmen würde sich diesen „Luxus" leisten. Gerade deshalb ist es von Vorteil, wenn ein Bereich der Daseinsvorsorge, wie die Wasserversorgung, in den Händen eines kommunalen Unternehmens liegt. Der Deutsche Städtetag wendet sich schon seit Jahren gegen den von oben verordneten Wettbewerb für zahlreiche städtische Dienstleistungen und fordert das freie Entscheidungsrecht für die Städte, die dann wählen können, was sie mit eigenen Unternehmen erbringen und wo sie private beauftragen.

Nun aber zurück zum Wasserweg: Zum Glück für diejenigen, die sich den Schnaps nicht entgehen lassen wollen, muss man die Heimfahrt ja nicht strampelnd absolvieren. Wofür gibt es die S-Bahn-Stationen Holzkirchen und Kreuzstraße oder die Bayerische Oberlandbahn in Gmund? Kenner machen es wie der Autor: radeln mal diesen und mal jenen Abschnitt und bringen nur in Erzählungen die gesamte Strecke in einem Rutsch hinter sich.

Das Beste ist das Wasser

Klaus Podak

≈ Aus der Kulturgeschichte unseres wichtigsten Urelements

Das Wasser hat die Fantasie der Menschen seit jeher besonders an- und aufgeregt. Zu Recht kann man von einer Kulturgeschichte des Wassers sprechen, in der sich Erkenntnis und Selbsterkenntnis wechselnd durchdringen. So spielt das Wasser in den Religionen und in der Mythologie eine entscheidende Rolle.

Im Alten Testament wird, gleich im zweiten Vers des ersten Kapitels, im Schöpfungsbericht, gesagt: „… und der Geist Gottes schwebte auf dem Wasser." Es muss da nicht eigens erwähnt werden, dass Gott das Wasser geschaffen hatte. Es war mit einem Schlag da, obwohl noch nicht ausgeformt. Das geschieht erst ein paar Verse später, wenn Gott spricht: „Es werde eine Feste zwischen den Wassern, und die sei ein Unterschied zwischen den Wassern." Kurz darauf lesen wir: „Und Gott sprach: ‚Es sammle sich das Wasser unter dem Himmel an besondere Örter, dass man das Trockene sehe.' Und es geschah also. Und Gott nannte das Trockene Erde, und die Sammlung der Wasser nannte er Meer."

Zu dieser Zeit gab es weder Pflanzen noch Tiere, auch der Mensch war noch nicht da. Schon der Schöpfungsbericht der Bibel gesteht dem Wasser – und dem Trockenen, der Erde – also Ursprungsqualität zu, bevor das Lebendige in seinen vielen Erscheinungsformen geschaffen ist. Erst am vierten Schöpfungstag wurde das Wasser belebt. „Es errege sich das Wasser mit webenden und lebendigen Tieren und Gevögel fliege auf Erden unter der Feste des Himmels", so erweckte Gott die Natur. Dann schuf er „große Walfische und allerlei Getier, das da lebt und webt, davon das Wasser sich erregte, ein jegliches nach seiner Art …"

Element des Lebens und des Todes

Doch das Wasser ist ein zweideutiges Element. Es kann Leben spenden, aber es kann auch vernichten. Auch dies weiß schon die Bibel. Das sechste Kapitel des Schöpfungsberichts erzählt, wie Gott sich über die Menschen ärgerte, weil sie böse geworden waren, ja dass er sogar bereute, sie geschaffen zu haben. Er beschloss, sie von der Erde zu tilgen. Nur einer fand Gnade vor ihm. Es war Noah. Der war „ein frommer Mann und ohne Tadel". Gott ließ ihn einen riesigen Kasten aus Tannenholz bauen, die Arche. Dann sagte er zu ihm: „Denn siehe, ich will eine Sintflut mit Wasser kommen lassen auf Erden, zu verderben alles Fleisch, darin ein lebendiger Odem ist unter dem Himmel. Alles, was auf Erden ist, soll untergehen."

Dann ließ er es regnen, 40 Tage und 40 Nächte lang. Es muss fürchterlich gewesen sein. Selbst die Berge wurden überspült. „Fünfzehn Ellen hoch ging das Gewässer über die Berge, die bedeckt wurden." 150 Tage dauerte die Überflutung und tatsächlich: Alles Lebendige, das nicht Unterschlupf in Noahs Kasten aus Tannenholz gefunden hatte, wurde vernichtet. Gott hatte die verhängnisvolle Zweideutigkeit des Wassers zum Instrument seines Zorns gemacht. Gleichzeitig bewahrte er mit dem Kasten, der auf dem Wasser schwamm, das Leben. Es konnte weitergehen mit den Menschen und den Tieren. Wasser steht in der Bibel also zugleich für das Leben und den Tod.

Im Neuen Testament wächst dem Wasser noch eine neue Bedeutung zu. Es wird religiös aufgeladen und führt zu einer direkten oder auch indirekten Beziehung zu Gott. Dies geschieht durch die Taufe. Johannes der Täufer sagte denen, die sich von ihm im Jordan taufen ließen: „Ich taufe euch mit Wasser zur Buße." Als dann aber auch Jesus kam, um sich ebenfalls segnen zu lassen, geschieht etwas Einzigartiges. „Und da Jesus getauft war, stieg er alsbald herauf aus dem Wasser, und siehe, da tat sich der Himmel auf über ihm. Und er sah den Geist Gottes gleich als eine Taube herabfahren und über ihn kommen. Und siehe, eine Stimme vom Himmel herab sprach: Dies ist mein lieber Sohn, an welchem ich Wohlgefallen habe." So steht es bei Matthäus. In der Taufe wird das Wasser zur geistigen Macht.

Der Mythos vom Lebenswasser

Andere alte Kulturen, wie die Babylonier, entwickelten in ihrer Mythologie die Idee des Lebenswassers. Es ist die Überhöhung der lebenspendenden Kraft des Wassers. Das Lebenswasser entspringt in der Tiefe der Unterwelt und tränkt die Wurzeln des Lebensbaums oder der Lebenspflanze. Deren Früchte dienen der Erneuerung der Lebenskraft. Unsterblichkeit, die daraus folgen könnte, ist allerdings nur den Überirdischen gegeben. Für die sterblichen Menschen bleibt es ein Wunschtraum, ewig zu leben.

Damit verwandt ist die Vorstellung vom Jungbrunnen, der jedem, der darin badet oder davon trinkt, erneuerte Jugend schenkt. Um die Unsterblichkeit zu erreichen, muss das Baden oder Trinken in regelmäßigen Abständen wiederholt werden. Reiches Material zum Lebenswasser findet man in den Dichtungen und Märchen der Völker, auch in der germanischen Religion. Alexander der Große, wie auch andere, suchte den Lebensquell am Ende der Welt, die er zu besiegen und zu erobern versuchte.

Vom Ursprung aller Dinge

Ganz anders, fast durchgehend positiv und ungemein vielfältig ist die Betrachtung des Wassers bei den Griechen der Antike. Ihnen geht es um das Element selbst und weniger um hineininterpretierte Bedeutungen oder Bezüge. Der ionische Denker Thales von Milet, der sowohl als Begründer der abendländischen Philosophie als auch des erwachenden wissenschaftlichen Denkens gilt, soll die Vermutung geäußert haben: „Der Ursprung aller Dinge ist das Wasser." Damit schlug er zu seiner Zeit einen neuen Ton an und klammerte andere Deutungen aus.

Die griechischen Naturphilosophen suchten eine Deutung der Welt, die nach Prinzipien geordnet ist und durch Beobachtung und mit dem Verstand erfasst werden kann. Es war der Beginn eines durch die Wissenschaft bestimmten Weltbildes, wie es das abendländische Denken seitdem grundlegend geprägt hat. Parmenides zum Beispiel meinte, die Erde sei „im Wasser gewurzelt". Xenophanes sagte: „Denn wir alle sind aus Erde und Wasser geboren." Er war sich seiner Sache aber wohl nicht ganz sicher, denn an anderer Stelle heißt es bei ihm: „Denn aus Erde ist alles, und zur Erde wird alles am Ende." Bei dem einen Prinzip des Wassers allein blieb es also nicht. Zu schwierig war die Ableitung von allem und jedem aus ihm allein.

Empedokles erfand die klassische Vierteilung Feuer, Luft, Wasser und Erde. Das Wasser war freilich immer als Basis der Deutung dabei. Da gibt es nur ganz wenige Ausnahmen, in denen das Wasser zum grundlegenden Element wird.

Doch schon in der früheren Dichtung, bei Homer in der Ilias, findet sich die Vermutung, Okeanos – das Meer, gedacht als riesiger, kreisförmiger Strom – sei der Ursprung und Anfang aller Dinge. Okeanos sei der „Urquell der Götter". Dies war noch mythologisch gedacht, aber doch schon eine Vorform des von Thales formulierten Prinzips, besonders wenn man noch eine andere Stelle aus der Ilias hinzunimmt: „Wasser des Okeanos, der doch eintritt als Urquell für alles."

Der große Dichter Pindar, der im sechsten Jahrhundert vor unserer Zeitrechnung geboren wurde, beginnt das erste seiner Preislieder, der „Olympien", mit einem Spruch, der heute noch manches Badehaus ziert: „Ariston men hydor." – „Das Beste ist das Wasser." In dieser Formulierung ist poetisch-undogmatisch zusammengefasst, wie sehr die Griechen das Wasser wertschätzten.

Goethe und das Wasser

Das Prinzip des Thales wirkte als weltanschauliche Grundlage aber bis in die deutsche Klassik hinein, genauer: Es beeinflusste Goethe, den wohl „wasserfreundlichsten" aller deutschen Dichter. So singen im rätselvollen zweiten Teil des Faust erst einmal die Sirenen am Peneios, dem Hauptfluss Thessaliens: „Ohne Wasser ist kein Heil!" Später tritt Thales auf und preist in einem gewaltigen Gesang, ganz im Sinne Goethes, das Wasser:

> Alles ist aus dem Wasser entsprungen!
> Alles wird durch das Wasser erhalten!
> Ozean, gönn uns dein ewiges Walten.
> Wenn du nicht Wolken sendetest,
> Nicht reiche Bäche spendetest,
> Hin und her nicht Flüsse wendetest,
> Was wären Gebirge, was Ebnen und Welt?
> Du bist's, der das frischeste Leben erhält.

Hier vermischt sich auf eigentümliche Weise der Spruch des Thales mit Goethes Sicht auf das große Ganze, die von seiner naturwissenschaftlich geprägten Weltanschauung durchdrungen ist. Es handelt sich also um weit mehr als nur ein bildungsbürgerliches Zitat. Thales' großer Gesang dokumentiert die Verschmelzung des Alten mit dem Neuen. Diese Weltsicht weist in die Zukunft, auch wenn wir sie nicht ganz übernehmen können. Die Sicht auf das Element Wasser hat sich seitdem enorm weiterentwickelt – und die emotionale Komponente, die Goethes Verse bestimmt, ist ihr dabei verlorengegangen. Das ist als Wahrnehmung der Tradition verständlich, bedeutet aber auch einen Verlust hinsichtlich der modernen naturwissenschaftlichen Forschung.

Das Wasser hat für Goethe außer der äußerlichen eine sehr persönliche, ja symbolische Bedeutung. Er vergleicht es in einem Brief an seinen Freund Merck mit dem Element, das ihn umgibt, aus dem er lebt.

> Das Element, in dem ich schwebe, hat alle Ähnlichkeit mit dem Wasser; es zieht jeden an und doch versagt dem, der auch nur an die Brust hereinspringt, im Anfang der Atem; muss er nun gar gleich tauchen, so verschwinden ihm Himmel und Erde. Hält man's dann eine Weile aus und kriegt nur das Gefühl, dass einen das Element trägt und dass man doch nicht untersinkt, wenn man gleich nur mit der Nase hervorguckt, nun so findet sich im Menschen auch Glied und Geschick zum Froschwesen, und man lernt mit wenig Bewegung viel tun.

Indirekt, durch den großen Vergleich mit dem tauchenden Schwimmer, gibt Goethe zu verstehen, dass er, zumal in frühen Jahren, auch ein leidenschaftlicher Schwimmer war, wie seine *Briefe aus der Schweiz* es detailliert bezeugen. Am schönsten hat Goethe die Verwandtschaft des Menschen mit dem Wasser in dem Gedicht *Gesang der Geister über den Wassern* ausgedrückt:

> Des Menschen Seele
> Gleicht dem Wasser:
> Vom Himmel kommt es,
> Zum Himmel steigt es,
> Und wieder nieder
> Zur Erde muss es,
> Ewig wechselnd.

Im Bild des Wassers sind bei Goethe Innen und Außen vereint. Es dient dazu, den Menschen als untrennbar zugehörig zum Kosmos der Welt zu begreifen.

Die deutsche und auch alle anderen Literaturen besingen das Wasser in einer Unzahl von Texten. Der Kultur- und Mentalitätshistoriker Hartmut Böhme widmete sich bereits Ende der 80er Jahre in seinem gleichnamigen Buch der „Kulturgeschichte des Wassers", genauso wie Sibylle Selbmann, die sich mit dem „Mythos Wasser" und seiner Symbolik beschäftigte. 2004 gab es in Überlingen eine Ausstellung „Wasser in der Kunst. Vom Mittelalter bis heute". Für jedes Erscheinen des Wassers bei Poeten und bildenden Künstlern gilt, was Wilhelm Müller dichtete und Franz Schubert komponierte:

> Vom Wasser haben wir's gelernt,
> Vom Wasser!
> Das hat nicht Rast bei Tag und Nacht,
> Ist stets auf Wanderschaft bedacht,
> Das Wasser.

Das heutige große Lehrbuch „Biochemie und Pathobiochemie" von Löffler und Petrides wird eröffnet mit einem Kapitel über die Eigenschaften des Wassers. Einleitend heißt es: „Durch seine außergewöhnlichen physikalisch-chemischen Eigenschaften bestimmt Wasser praktisch alle biochemischen Prozesse: Es nimmt an vielen Reaktionen in der Zelle selbst teil oder beeinflusst durch seine Eigenschaften die Wechselwirkungen zwischen Molekülen. Aus diesem Grunde erleichtert die Kenntnis seiner besonderen Eigenschaften das allgemeine Verständnis biochemischer Vorgänge und macht klar, warum der menschliche Organismus empfindlich auf stärkere Änderungen des Wasserhaushaltes reagiert." So wird abgekühlt-wissenschaftlich formuliert, wie sich das Prinzip des Thales von Milet, wie sich Goethes Begeisterung für das Wasser heutzutage anhört. Ein deutliches Echo auf den Spruch des Thales aber vernehmen wir aus der ersten Bildunterschrift dieses Wissenschaftsbuchs: „Alles Leben unseres Planeten stammt aus dem Wasser und ist vom Wasser abhängig." Thales lebt und zeigt seinen veränderten, dauernden Erfolg.

Geheimnisse

Es gibt auch Spinner oder irgendwo im Abseits werkelnde Laienforscher, die dem Wasser wundersame, absonderliche, kuriose Eigenschaften nachsagen oder andichten, etwa primitive Wasserforscher. Tatsache ist, dass wir noch längst nicht alles über die Geheimnisse des Wassers wissen. Die sogenannte Anomalie des Wassers zum Beispiel, dass nämlich seine Dichte, im Gegensatz zu allen anderen Stoffen, unterhalb von vier Grad plus wieder abnimmt, sodass Eis auf den Gewässern oben schwimmt und darunter Leben weiterhin möglich bleibt, ist nicht auf allen Ebenen entschlüsselt. Was einst bei den Griechen begann, ist noch lange nicht an ein Ende gekommen. Die Kulturgeschichte des Wassers geht weiter. Ihr Ende ist noch nicht erfasst und beschrieben.

Lebensstoff Wasser

Oliver Weis

Eine Annäherung über die Naturwissenschaften

Das Wasser der Erde zirkuliert seit Jahrmilliarden über und durch unseren Planeten. Dabei ist es unverzichtbare Grundlage allen Lebens, auch für uns Menschen. Wir nehmen Wasser in größerer Menge zu uns als jedes andere Lebensmittel.

Wer ein Glas Wasser vor sich stehen hat, sieht darin eine farblose Flüssigkeit. Besäße unser Auge eine höhere Auflösungsfähigkeit, könnten wir darin eine große Zahl von Wassermolekülen sowie einen sehr geringen Anteil weiterer Stoffe erkennen. Bei Letzteren handelt es sich unter anderem um die Atome (Ionen) gelöster Mineralstoffe wie Kalzium oder Magnesium. Auch Apfelsaft, Cola oder Bier bestehen fast vollständig aus Wasser. Neben den Mineralstoffen ist hier noch ein Anteil organischer Moleküle wie Zucker oder Alkohol vorhanden und vielleicht sind einige Fruchtbestandteile enthalten.

Was hat es mit dem Wasser auf sich? In scheinbar endloser Reise kreist es um uns und unsere Welt. Es kommt ständig neu daher, ist aber weitgehend immer derselbe Stoff. Seine Wege führen es durch alle Lebensprozesse, auch durch die des Menschen. Wir alle sind fester Bestandteil des globalen Wasserkreislaufs, jeden Tag, jede Stunde.

Der Wasserkreislauf

In starker Vereinfachung lässt sich der globale Wasserkreislauf wie folgt beschreiben: Dem Verdunsten im Meer folgt der Transport durch die Atmosphäre, das Niederregnen auf dem Land, ein zwischenzeitliches Versickern in Boden oder Gestein, das Sammeln in den Wasserläufen der Täler und schließlich der Rücktransport über die großen Ströme ins Meer. In diesem Zyklus kann es sowohl zu „Abkürzungen" kommen als auch zu einer vorübergehenden Einbindung des Wassers in die Biosphäre.

Interessant wird es, wenn man sich den tatsächlichen Wegen zuwendet, die jeder einzelne Wassertropfen oder besser jedes einzelne Wassermolekül zurücklegt. Sie sind weitaus mannigfaltiger, als es der vereinfachte globale Kreislauf erahnen lässt. Jeder lebende Organismus, jeder Boden, jedes Gestein, jeder stehende oder fließende Wasserkörper nimmt regelmäßig Wasser auf und gibt es wieder ab. Die Dauer dieser Vorgänge ist sehr unterschiedlich. Sie können die Reise eines Wassermoleküls ins Meer um eine Stunde verlängern – oder um Hundertmillionen Jahre.

Welchen Weg hat zum Beispiel das Wasser hinter sich, das wir als Nächstes trinken werden? Bevor es in die Leitung gelangte, aus der wir es zapfen, oder bevor es in die Flasche kam, aus der wir es schütten, war es mit einiger Wahrscheinlichkeit Grundwasser. Ein Wasserversorgungsunternehmen oder ein Getränkehersteller hat es aus einem Brunnen oder einer Quelle gewonnen. Das Wasser kann auch aus der belebten Bodenzone kommen und von einer Rebe oder einer Tomatenpflanze mit den Wurzeln aufgenommen und in die Früchte geleitet worden sein. Diese sind dann gepresst worden und als Saft in unserem Glas gelandet.

Üblicherweise verwischt sich die Spur eines Wassertropfens in der Natur relativ schnell. Stammt er aus Regen- oder Oberflächenwasser, kann man seinen Weg oft nur bis zum letzten Niederschlagsereignis zurückverfolgen. Bei Grundwasser ist das mitunter anders. Mithilfe geologischer und hydrochemischer Untersuchungsmethoden lässt sich ein Teil seiner Vergangenheit in manchen Fällen relativ gut rekonstruieren.

Betrachten wir zum Beispiel ein Quellwasser. Eine Quelle ist ein Ort, an dem Grundwasser auf natürliche Weise, also ohne menschliches Zutun, aus dem Untergrund austritt. (Kommt ein Austritt erst nach einer Bohrung oder Grabung zustande, spricht man von einem Brunnen.) Grundsätzlich ist Quellwasser eine häufig genutzte Ressource für Wasserversorgungsunternehmen und Abfüller von Flaschenwasser, weil es oft eine hohe natürliche Reinheit aufweist und meist ohne Pumpenunterstützung gefördert werden kann.

Welchen Gesteinskörper ein Quellwasser durchlaufen hat und welcher Zeitraum dafür benötigt wurde, lässt sich in manchen Fällen relativ zuverlässig ermitteln. Meist nutzt man hierfür die Ergebnisse großräumiger gesteinskundlicher und strukturgeologischer Untersuchungen sowie hydrochemische Parameter des Quellwassers. Idealerweise lässt sich so rekonstruieren, in welcher Region und wann ungefähr das Wasser als Regen- oder Oberflächenwasser in den grundwasserleitenden Gesteinskörper eingedrungen ist und welche Fließwege es darin zurückgelegt hat. Nicht selten benötigt ein Wasser viele tausend Jahre, um einen Gesteinskörper zu durchfließen und schließlich als Quellwasser auszutreten.

Die Funktionsweise einer Quelle ist weniger wundersam als im Volksmund mitunter dargestellt. Quellwasser tritt aus, wenn die Summe der physikalischen Kräfte in einem Grundwasserkörper das Wasser aus einer Öffnung des entsprechenden Grundwasserleiters herausführt. Ob sich das Wasser im Gesteinskörper dabei der Schwerkraft folgend abwärts bewegt, ob es seitwärts oder sogar aufwärts strömt, hängt von der Form des Grundwasserleiters und dem daraus resultierenden hydrostatischen Druckgefälle im Grundwasserkörper ab.

Der Druck, dem Grundwasser ausgesetzt ist, kann enorm sein. Vereinfacht gesagt ist er abhängig von der Auflast des oberhalb liegenden Wasserkörpers. Bei artesischem Wasser kann der Druck zum Beispiel derart hoch sein, dass es im Gestein mehrere hundert Meter hochgedrückt wird, bevor es austritt. Zu diesem Aufwärtsströmen kommt es, wenn die Bahn des Wassers aufgrund der geologischen Situation gewissermaßen einem U mit unterschiedlich langen Schenkeln gleicht. Wie in einer kommunizierenden Röhre drückt das Wasser im längeren Schenkel nach unten und bewirkt somit eine Hebung des Wassers im kürzeren Schenkel.

Schauen wir zurück auf die Wassermoleküle in unserem Glas. Die Frage nach dem tatsächlichen Weg, den sie bislang zurücklegten, lässt sich nicht konkret beantworten. Selbst wenn ihr Aufenthaltsort für ein paar tausend Jahre bekannt wäre, wie etwa bei einem Quellwasser möglich, läge doch der überwiegende Teil ihrer Vergangenheit im Dunkeln. Fest steht, dass keine zwei Moleküle denselben Weg gegangen sind. Ebenso kann man sicher sein, dass die meisten Moleküle viele tausend Mal den Zyklus Atmosphäre – Fluss – Meer – Atmosphäre durchlaufen haben.

Was wir kennen, ist eine große Zahl möglicher „Zwischenstationen", die die Wassermoleküle in unserem Glas in der Vergangenheit eingelegt haben können. Sie können einen Winter im Schnee eines Berggipfels verweilt haben oder hundert Jahre im Holz eines Baumes. Ein Molekül kann 10.000 Jahre im Eis eines Gletschers gefangen gewesen sein oder eine Million Jahre im Grundwasser einer geologischen Senke. Ein Molekül kann an einer sogenannten Subduktion beteiligt gewesen, das heißt als Bestandteil eines Ozeanbodens viele Kilometer in den Erdmantel geschoben worden sein. Wurde es dann durch den hohen Druck nach oben gepresst, kann es in den Bereich sehr heißer Erdkruste gelangt sein und dort Teil eines glutflüssigen Magmenkörpers geworden sein. Schließlich kann es im Zuge eines Vulkanausbruchs ins Freie geschleudert worden sein, möglicherweise 50 Millionen Jahre nach seinem letzten Aufenthalt in der Atmosphäre. Ein Molekül kann eine Milliarde Jahre lang in das Kristallgefüge eines Minerals im Sockelbereich eines alten Gebirges eingebunden gewesen sein, bevor es durch Verwitterung befreit wurde.

Der Ursprung des Wassers

Blickt man immer weiter in die Vergangenheit eines Wassermoleküls, gelangt man zur Frage nach seinem Ursprung. Woher kommt unser Wasser? Wo, wie und wann entstanden seine Moleküle? Grundsätzlich ist der Stoff Wasser im Universum alles andere als selten. Im Gegenteil: Keine Verbindung kommt öfter vor. Dies liegt insbesondere an der Häufigkeit der Elemente Wasserstoff und Sauerstoff, aus denen ein Wassermolekül besteht. Wasserstoff ist mit Abstand das häufigste Element im Universum. Sein Anteil an allen Elementen beträgt etwa 74 Prozent. Der Anteil von Sauerstoff ist mit unter einem Prozent zwar sehr viel geringer. Dennoch ist er das dritthäufigste Element im Universum.

Bevor sich die ersten Wassermoleküle bilden konnten, mussten allerdings die beiden Ausgangselemente vorhanden sein. Wasserstoff entstand bereits in den ersten Stunden nach dem Urknall, als sich die neu entstandenen Protonen, Neutronen und Elektronen zu den leichten Atomen Wasserstoff, Helium, Lithium und Bor vereinigten. Schwerere Atome existierten zu diesem Zeitpunkt noch nicht, somit auch kein Sauerstoff. Seine ersten Atome entstanden erst mehrere Hundertmillionen Jahre später im Inneren von Sternen, zu denen sich die leichten Atome zusammengeballt hatten.

In den nahezu neun Milliarden Jahren, die vermutlich zwischen der Entstehung der ersten Sterne und der Bildung unseres Sonnensystems liegen, kam es fortwährend zur Bildung von Sternen. Durch Kernfusion in deren Innerem entstanden aus leichteren Elementen schwerere Elemente, darunter auch Sauerstoff in großer Menge. Da Sterne eine begrenzte Lebenszeit haben, an deren Ende sie instabil werden und in gewaltigen Ausbrüchen implodieren, wurden die schwereren Elemente aus ihrem Inneren immer wieder ins All geschleudert. Auf diese Weise bekamen die Sauerstoffatome in den Weiten des Universums die Gelegenheit, sich mit Wasserstoffatomen zu Wassermolekülen zu verbinden.

Vor etwa 4,6 Milliarden Jahren war schließlich etwas entstanden, das für uns nicht unerheblich ist: die Materie, aus der sich unser Sonnensystem und mit ihm die Erde bilden konnte. Diese Materie bildete im Universum eine große „Wolke" aus Staub und Gas, in der auch fein verteiltes Wasser enthalten war. Das Gebilde drehte sich und flachte dabei ab. Aufgrund der Schwerkraft kam es zur Ausbildung eines massigen Zentrums und vieler kleinerer Körper oder Brocken, die das Zentrum umkreisten. Durch heftige Kollisionen wuchsen die Brocken allmählich zu größeren Körpern zusammen und wurden schließlich größtenteils zu den Planeten unseres Sonnensystems. Im Zentrum war unsere Sonne entstanden. Die Wassermoleküle waren während des gesamten Vorgangs ebenso verteilt worden wie die übrige Materie der ursprünglichen Staub- und Gaswolke.

Auch unsere Erde war auf diese Weise aus vielen Einzelteilen zu einem Planeten zusammengewachsen. In ihrem Inneren war aufgrund der Schwerkraft ein gewaltiger

Druck entstanden. Dieser Druck, die Energie aus häufig einschlagenden Asteroiden und Meteoriten sowie aus dem Zerfall radioaktiver Elemente, führte zu einer derart hohen Aufheizung unseres Planeten, dass er vollständig zu einem Ball aus glutflüssigem Magma wurde. Dies muss vor etwa 4,5 Milliarden Jahren der Fall gewesen sein. Die gasförmigen Bestandteile der Erde befanden sich zu dieser Zeit noch größtenteils in gelöster Form im Magma. Dazu gehörte auch das Wasser der Erde, das wegen der hohen Temperatur noch gasförmig vorlag.

In der Folgezeit kam es im Erdinneren aufgrund von Dichteunterschieden zu einer Materialtrennung. Von außen ließ der „Beschuss" mit Himmelskörpern allmählich nach. Die Erde konnte außen langsam abkühlen, und an ihrer Oberfläche wurde aus dem Magma festes Gestein. Dies führte dazu, dass die zuvor im Magma gelösten Gase teilweise freigesetzt wurden und allmählich eine „Uratmosphäre" bildeten. Sie enthielt neben anderen Gasen auch Wasserdampf. Je mehr Gestein erstarrte, umso größer wurde die Menge Wasserdampf in der Atmosphäre. Auch die immer noch einschlagenden Himmelskörper brachten nach wie vor eine nicht unerhebliche Menge Wasser mit sich, das ebenfalls als Dampf in die Atmosphäre gelangte.

Der Wasserdampf, der sich so in der Atmosphäre ansammelte, konnte so lange nicht niederregnen, wie die anfangs zu hohe Temperatur eine Kondensation verhinderte. Zu der Zeit muss eine gigantische dampfende Hülle die Erde umgeben haben. Doch irgendwann vor etwa vier bis 4,4 Milliarden Jahren ging diese Phase zu Ende. Die Temperatur war ausreichend weit gefallen, sodass der Wasserdampf kondensieren und das flüssig gewordene Wasser als Regen auf die junge Erde fallen konnte. „Die Ozeane konnten sich füllen." Das Wasser konnte seinen Kreislauf auf unserem Planeten beginnen.

Der Vollständigkeit halber sei angemerkt, dass die Wassermoleküle auf der Erde nicht auf ewig zusammengefügt sind. Es gibt sowohl natürliche Prozesse, die Wassermoleküle in ihre Bausteine Wasserstoff und Sauerstoff zerlegen, als auch solche, die Wasserstoff- und Sauerstoffatome zu neuen Wassermolekülen zusammensetzen. Die Photosynthese ist ein wesentlicher Vorgang, bei dem Wassermoleküle zerlegt werden. Die freigesetzten Wasserstoffatome werden zur Einbindung in Glukose verwendet. Der Sauerstoff wird nicht benötigt und in die Umgebung abgegeben (ohne Photosynthese würde die Atmosphäre der Erde keinen freien Sauerstoff enthalten).

Ein natürlicher Vorgang, bei dem Wassermoleküle aus ihren Ausgangselementen zusammengesetzt werden, ist die Sauerstoffatmung heterotropher Organismen, zu denen auch wir Menschen gehören. Unter Zuhilfenahme von Sauerstoff aus der Luft gewinnen wir Energie zum Beispiel aus Glukose und erzeugen in unserem Körper dabei neben Kohlendioxid auch Wasser. Immerhin 300 Milliliter pro Tag und Mensch werden auf diese Weise synthetisiert. Das Wasser auf der Erde besteht also nur noch zum Teil aus Molekülen, die außerhalb unseres Planeten entstanden. Ein anderer Teil stammt aus der „Eigenproduktion".

Wasser und Mensch

Lassen wir die Vergangenheit hinter uns und blicken in die Zukunft des Wassers in unserem Glas. Es hat seine Reise gerade unterbrochen und wartet auf einen Umweg, den es dieses Mal auf seinem Weg ins Meer nehmen wird. Der Umweg ist nicht besonders lang und für ein Wassermolekül im Prinzip nichts Ungewöhnliches. Für uns als Lebewesen aber ist er unverzichtbar. Es geht um die Passage durch den menschlichen Körper.

Für ihn ist diese Durchleitung von Wasser ein lebenswichtiger Vorgang. Er benötigt sie täglich, besser stündlich. Nur mithilfe eines regelmäßigen „Wasserdurchsatzes" ist unser Organismus in der Lage, alle lebens- und gesundheitsnotwendigen Stoffwechsel- und Energie-Regulierungsfunktionen aufrechtzuerhalten. Die Menge, um die es dabei geht, erscheint uns mitunter erschreckend groß. 2,3 Liter Wasser sollte ein Erwachsener pro Tag mindestens zu sich nehmen, empfiehlt die Deutsche Gesellschaft für Ernährung. Etwa ein Drittel dieser Menge stammt gewöhnlich aus der festen Nahrung, die ebenfalls zu einem Großteil aus Wasser besteht. Den Rest trinken wir.

Die Größenordnung dieser Empfehlung wird deutlich, wenn wir einen längeren Zeitraum betrachten. 2,3 Liter pro Tag bedeuten 840 Liter im Jahr, das sind etwa sechs Badewannen voll. In 70 Jahren kommt man so auf fast 60.000 Liter Wasser, das entspricht der Füllmenge eines kleinen Gartenschwimmbeckens. Aber wir leiten Wasser nicht nur durch uns durch. Wir nehmen auch eine „Zwischenspeicherung" in uns vor. Der Körper eines Erwachsenen besteht zu etwa zwei Dritteln aus Wasser. Wer also 70 Kilogramm wiegt, hat etwa 50 Liter Wasser in sich gespeichert.

Die Wasserstruktur

Nachdem wir das Wasser ein Stück weit auf seinen Wegen durch unsere Welt begleitet haben, wollen wir einen Blick auf die wasserbezogene wissenschaftliche Grundlagenforschung werfen. Diese findet überwiegend in internationalen Arbeitsgruppen statt, deren Mitglieder von Universitäten und spezialisierten Forschungsinstitutionen stammen. Beispielhaft seien hier die Arbeitsgruppen der Physiker Alfons Geiger, Professor an der Universität Dortmund, und Eugene Stanley, Professor an der Boston University, genannt. Die wissenschaftlichen Fortschritte der vergangenen Jahre, die auf diese und andere Wissenschaftler zurückgehen, sind durchaus beachtlich. Das liegt einerseits an hochentwickelten Untersuchungsmethoden, die heute einen sehr detaillierten Einblick in die Struktur des Wassers erlauben. Andererseits liegt es am Fortschritt in der Computertechnologie der vergangenen Jahre. Diese ermöglicht es mittlerweile, das Verhalten eines Wasserkörpers auf Molekülebene relativ zufriedenstellend zu simulieren.

Durch die neuere Forschung konnten Theorien verfeinert werden, die beschreiben, welche Auswirkungen die Molekülstruktur in einem Wasserkörper auf sein Verhalten hat. Zur Verdeutlichung blicken wir noch einmal auf unser Wasserglas, genauer gesagt auf die Moleküle darin. Vordergründig steht das Wasser in völliger Ruhe da. Was unserem Auge jedoch verborgen bleibt, ist der rasende Tanz, den die Wassermoleküle aufführen. Durchschnittlich jede Pikosekunde löst jedes Molekül eine bestehende Wasserstoffbrückenbindung zu seinem Nachbarmolekül und bildet eine neue. Anders ausgedrückt: Etwa 1.000 Milliarden Mal in der Sekunde „greift" ein Molekül nach einem Nachbarn.

Warum diese Unruhe? Dahinter steckt unter anderem das ausgeprägte elektrische Feld, das jedes Wassermolekül besitzt. Im Wassermolekül weisen das Sauerstoffatom eine negative Teilladung und die beiden Wasserstoffatome positive Teilladungen auf. Kein Molekül im Gesamtverband ist daher unabhängig in seinen Bewegungsmöglichkeiten. Über sein eigenes elektrisches Feld ist es an die elektrischen Felder seiner Nachbarmoleküle gebunden. Jedes sich bewegende Molekül löst quasi eine Kettenreaktion an Bewegung aus. Da sich eine Flüssigkeit gerade dadurch auszeichnet, dass seine Moleküle nicht in ein starres Kristallgitter eingebunden sind, ist der gesamte Molekülverband in ständiger Unruhe.

Diese ist jedoch nicht vollständig unsystematisch. Zwar wirken die Bewegung der Wassermoleküle und das Vorhandensein von Fremdstoffen (andere Moleküle, Ionen oder Partikel) einer Ordnung entgegen. Auf der anderen Seite gibt es aber eine Kraft, die eine Ordnung herzustellen versucht. Sie entsteht durch das Bestreben der Wassermoleküle, die energetisch günstigste räumliche Struktur einzunehmen. Diese Struktur wäre in reinem, flüssigem Wasser in einer tetraedrischen Raumordnung erreicht.

In einer tetraedrischen Raumordnung hat jedes Molekül vier unmittelbare Nachbarmoleküle, die exakt gleich weit voneinander entfernt sind. Der Raum baut sich also aus einer Abfolge identischer Tetraeder auf. Bei minimierter Bewegung und ohne das Vorhandensein von Fremdstoffen nähert sich ein flüssiger Wasserkörper der tetraedrischen Raumordnung an. Man kann dies feststellen, wenn man reines Wasser unterkühlt, es also unter Laborbedingungen unter den Gefrierpunkt abkühlt, ohne dass es dabei gefriert.

Trotz der Dynamik der Moleküle existiert in einem Wasserkörper je nach Temperatur oder Druck stets ein gewisses strukturelles Grundmuster. In jedem Augenblick gelingt es einem spezifischen Teil der Moleküle, die energetisch günstige tetraedrische Nahordnung einzunehmen. Der Rest der Moleküle ist dagegen durch „Unordnung" gezwungen, andere räumliche Strukturen zu bilden und hat zum Beispiel fünf oder sechs nächste Nachbarn. Es gibt also einen Grad der tetraedrischen Nahordnung, der sich in Abhängigkeit der äußeren Bedingungen einstellt. In kaltem Wasser sind beispielsweise verhältnismäßig viele Moleküle tetraedrisch angeordnet. Beim Erwärmen nimmt der Grad der tetraedrischen Nahordnung dagegen kontinuierlich ab.

Fest steht, dass die Nahordnung das Verhalten jedes einzelnen Moleküls beeinflusst. Ein Molekül mit vier benachbarten Wassermolekülen etwa ist weniger beweglich als Moleküle mit fünf oder sechs Nachbarn. Letztlich lassen sich über die detaillierte Struktur des Molekülverbands die Eigenschaften des Wassers als Ganzes heute recht gut verstehen. Der Dichteverlauf sowie das Verhalten beim Fließen, Ausdehnen, Komprimieren und anderen Vorgängen, Eigenschaften, die früher rätselhaft erschienen, werden somit nachvollziehbar. Ehemalige „Anomalien des Wassers", wie das Dichtemaximum bei vier Grad Celsius, sind Teil der allgemein erklärbaren Eigenschaften des Wassers geworden.

Wissenschaftlicher Grenzbereich

Überall wo Wissenschaft betrieben wird, existieren Grenzbereiche, in denen wissenschaftliche Aspekte teilweise berücksichtigt, aber nicht vollständig eingehalten werden. Beim Wasser ist dies möglicherweise besonders ausgeprägt. Die Grenzbereiche der Wasserforschung beschäftigen seit Jahrzehnten nicht nur viele Laien, sondern auch immer wieder die Wissenschaft. Übergeordnet geht es dabei um die Fragestellung, ob Wasser Informationen speichern kann, die es in der Natur erhält beziehungsweise die ihm künstlich aufgeprägt werden. Diese Fragestellung, die sich anfangs insbesondere im Hinblick auf die Wirkungsmöglichkeit der Homöopathie stellte, ist mittlerweile auch im Zusammenhang mit sogenanntem energetisiertem oder lebendigem Wasser von Interesse.

In seiner Gesamtheit ist dieses Thema nahezu uferlos. Unzählige Schriften existieren, in denen über Erfahrungen mit der Informierbarkeit von Wasser berichtet wird. In den Buchhandlungen sind vor allem in den Ecken „Esoterik" und „Naturheilverfahren" zahlreiche Bücher hierzu zu finden.

Die Thematik dennoch wissenschaftlich zu fassen, ist Ende 2003 im Wissenschaftsteil des Wochenmagazins *Die Zeit* gut gelungen. Im Rahmen mehrerer Artikel über das Forschungsthema Wasser wurde auch ein Überblick über die Versuche der vergangenen Jahre gegeben, das „Gedächtnis des Wassers" wissenschaftlich nachzuweisen. Die Auflistung beginnt mit der aufsehenerregenden Veröffentlichung des Immunologen Jacques Benveniste in der Zeitschrift *Nature* im Jahr 1988. Sein angeblicher Nachweis der Informierbarkeit von Wasser war damals eine Sensation. Nach einer Reihe sehr aufwendiger Überprüfungen durch andere Wissenschaftler kam aber letztendlich heraus, dass die Ergebnisse Benvenistes nicht reproduzierbar waren und daher wissenschaftlich als nicht relevant galten. Ähnlich erging es seitdem einer Reihe anderer Wissenschaftler, deren angebliche Nachweise einer Informierbarkeit von Wasser ebenfalls stets von Fachkollegen widerlegt werden konnten. Das damalige Fazit des *Zeit*-Artikels hat bis heute Gültigkeit: Eine Informierbarkeit von Wasser konnte bislang nach den Methoden der Wissenschaft nicht nachgewiesen werden. Das bedeutet freilich nicht, dass die Angelegenheit endgültig entschieden wäre. Der Autor rechnet vielmehr damit, dass „die Debatte um das Wassergedächtnis vermutlich noch ewig weitergehen" wird.

Aufmerksam gemacht wurde in diesem Zusammenhang auch auf den interessanten Fall des Ingenieurs Bernd Kröplin, Professor an der Universität Stuttgart. Dieser nähert sich dem Medium Wasser mithilfe der Kunst, indem er seit Jahren die Ausstellung „Welt im Tropfen" organisiert. Darin steht die Ästhetik von Mikroskopbildern getrockneter Wassertropfen im Vordergrund. „Brisant" sei die Ausstellung, so der Autor des *Zeit*-Artikels, weil sie neben Bildern auch Botschaften über Fähigkeiten des Wassers vermittle, „die dem naturwissenschaftlichen Weltbild zuwiderlaufen: etwa die Fähigkeit, Informationen zu speichern, auf menschliche Gefühle zu reagieren oder gar mit anderen Flüssigkeiten zu kommunizieren". „Irritierend" sei dabei, dass Kröplin in der Vergangenheit vor allem durch „wissenschaftliche Exzellenz" aufgefallen sei. Kröplin selbst wird in dem Artikel als Wissenschaftler beschrieben, der genau wisse, dass seine Beobachtungen, die er an tausenden getrockneten Tropfen machte, derzeit wissenschaftlich nicht greifbar seien. Auch könne er seine Beobachtungen selbst nicht erklären, und es sei ihm darüber hinaus nicht gelungen, Kollegen aus der Physik oder der Chemie für gemeinsame Veröffentlichungen zu gewinnen. Um dennoch auf seine Beobachtungen aufmerksam machen zu können, habe er also den Weg der Kunst gewählt. Schließlich sei Kröplin überzeugt, dass die Strukturen seiner Tropfenbilder von der Person des Experimentators abhängig seien. Auch dessen „Verfassung" hinterließe in reproduzierbarer Weise eine Spur in den Bildern. Folgerichtig müsse man „diese Einflüsse in der Wasserforschung berücksichtigen".

Was aus den Beobachtungen Kröplins werden wird, muss die Zukunft zeigen. Dass sie sich als eindeutig und reproduzierbar erweisen werden, beides Voraussetzungen für eine wissenschaftliche Verwertung, ist aus heutiger Sicht in hohem Maße unwahrscheinlich (wenn auch nicht ausgeschlossen). Mit den gegenwärtig bekannten physikalischen Kräften sind die Beobachtungen jedenfalls nicht erklärbar. Wie aus dem oben erwähnten Artikel hervorgeht, hat eine wissenschaftliche Auswertung bislang nicht stattgefunden. Stattdessen wurde vorerst der Weg der Kunst gewählt, um auf die gewonnenen Eindrücke aufmerksam zu machen. Das ist durchaus legitim, und man darf gespannt sein, was noch daraus werden wird. Der erwähnte Artikel endet folglich mit den Zeilen: „Wenn Kröplin recht hätte, würde dies mit einem Schlag erklären, warum die Erforschung der geheimnisvollen Eigenschaften des Wassers so ein mühsames Geschäft ist. Sollte wirklich jeder Tropfen mit der Körperflüssigkeit des Experimentators kommunizieren, wäre es kein Wunder, dass skeptische Forscher andere Ergebnisse erhalten als jene, die inbrünstig etwa an ein ‚Gedächtnis des Wassers' glauben. So wird vermutlich auch weiterhin jeder im Wasser den Spiegel seiner eigenen Seele erblicken."

Leitungswasser

Leitungswasser ist bei uns ein wichtiger Nahrungsbestandteil. Dieser Beitrag soll daher nicht das Thema Wasserversorgung aussparen, zumal auch hierfür die Naturwissenschaften die Basis darstellen. In Deutschland deckt die Bevölkerung ihren Flüssigkeitsbedarf in erheblichem Maße über Leitungswasser. Man bereitet Tee daraus zu, kocht Nudeln darin oder trinkt es pur. Dass dies bei uns möglich ist und in vielen anderen Ländern nicht, liegt insbesondere an unserem System der Wasserversorgung. Es ist so angelegt, dass die Erkenntnisse der wasserbezogenen Wissenschaft möglichst zeitnah und weitgehend in die Praxis der Wasserversorgung eingehen.

Profitieren können davon die Verbraucher, also wir alle. Im Allgemeinen steht uns jederzeit frisches und gesundheitlich unbedenkliches Wasser aus der Leitung zur Verfügung. Dies wird in aufwendigen Untersuchungen ständig überprüft. Die analytischen Anforderungen an diese Untersuchungen werden auf der Basis internationaler Wasser-, Umwelt- und medizinischer Forschung regelmäßig neu bewertet und aufgestellt.

Und die Umweltproblematik? Dass unsere Zivilisation der letzten Jahrhunderte in unserer Umwelt Spuren in Form von Schadstoffen hinterlassen hat, gehört zum Allgemeinwissen. Dass diese Schadstoffe zum Teil in unsere Oberflächen- und auch Grundwässer gelangen, ist Tatsache und leicht nachvollziehbar. Zu Recht weisen Berichte in den Medien regelmäßig darauf hin. Wer daraus aber schließt, dass unser Leitungswasser systematisch gesundheitsgefährdende Substanzen enthält, unterliegt einem starken Zerrbild.

Die Berücksichtigung aquatisch relevanter Umweltschadstoffe zählt zu den wichtigsten Aufgaben der Wasserversorgung. Gemeinsam mit den zuständigen Wasserbehörden und häufig auch der Wissenschaft analysieren die Versorgungsunternehmen daher die für sie spezifischen Gefahrenpotenziale. Überwiegend betreiben sie großen Aufwand, um die erkannten Gefahren im Vorfeld zu umgehen, sie einzudämmen oder, wenn nötig, zu beheben. Ohne Übertreibung kann man behaupten, dass die allgemeine Qualität unseres Leitungswassers bemerkenswert ist. Dafür erhalten wir weltweit Anerkennung.

Schlussgedanke

Wasser hat viele Facetten. Dies zeigt der Blick durch die Brille der Naturwissenschaften ebenso wie die anderen Ansätze in diesem Buch. Wasser ist Lebensstoff auf der einen Seite und Gebrauchsmittel auf der anderen. Man kann schlicht H_2O in ihm sehen, aber auch eine die Welt verbindende Substanz. Wie immer wir es betrachten, Wasser ist ein Stoff, für den es sich zu interessieren lohnt.

Der Brunnen

Thomas Lang

bin ich in einer misslichen Situation, da ich von Anbeginn rede fast ohne Unterlass, dabei jedoch, wie ich fürchten muss, von niemand verstanden werde, denn mit jedem meiner Worte entweicht ein reicher Schwall Wasser, es platscht und plätschert und rauscht und wässert in einem fort – angenehme, ja liebliche Geräusche, möchte ich sagen, derentwegen nicht wenige Menschen zu mir kommen, wie ich weiß. Was nützt es mir, der ich so viel zu sagen hätte, oft so viel mehr weiß als diejenigen, die vor mir am Beckenrand sich niederlassen und mich allzu oft, nicht böswillig zwar, aber auf so wehtuende Weise schmähen und von mir sprechen, als hätten sie keine Augen im Kopf, als könnten sie wie ich auf die Gestalt der Dinge bloß schließen? Hingebreitet nennen sie mich, oder -gefläzt, ein Trumm von einem Weib, eine Maschine gar – neinnein, rufe ich, seht doch her, ich bin nicht so, wie ihr sagt! Allein, indem ich es rufe, sprudelt und strudelt und blubbert und rieselt es wieder derart, dass niemand die Worte vernimmt, horch nur, wie schön er murmelt, rufen die Menschen, und: endlich haben wir ihn gefunden! Sodass ich annehmen muss, ich sei von meinem Schöpfer in irgendeinem Winkel der Stadt verborgen worden; wahrscheinlich, denke ich, ohne mich aufspielen zu wollen, weil ich von zu großer Anziehungskraft bin und nicht etwa, weil er mich Missratenen hätte verbergen wollen, denn es sind die Bemerkungen, die über mein Aussehen fallen, durchaus lobend, allerdings ungenau, als träfen Blinde sich dort am Beckenrand, oder doch solche, die nicht zu eigenen Anschauungen fähig sind. Ich höre sie über die Schönheiten unserer Stadt sprechen, das Rathaus, die Theatinerkirche, in deren Nähe ich, wie ich schließe, platziert bin, den Englischen Garten loben sie, und gleich darauf, in demselben Atemzug, mein Wasser: welch ein köstlicher Trunk, Labsal, Erfrischung, Erquickung, Kühlung – sie trinken, befüllen Flaschen und schöpfen mit Bechern, tauchen Hände und Füße ins Becken, loben den unaufhörlichen Strahl, der sie erfrischt, fangen gleich darauf an zu lachen und Bemerkungen über mich und meine Gestalt zu machen, die mich irrewerden lassen und traurig; ich werde stiller, säusele, murmele, flüstere, raune nur noch, mache keine Worte mehr, schweige

trotzdem plätschert und räuschert es weiter, denn eines, muss ich gestehen, hat derjenige, der mich schuf, an mir vergessen: das ist ein Mechanismus, anhand dessen ich selbst mich, wie es bei anderen Mündern geschieht (ich folgere das aus verschiedenen, häufig wahrgenommenen und gründlich bedachten Umständen), mir Pause gönnend, an- und abstellen, besser müsst' es wohl heißen, öffnen und schließen könnte. Ich schweige also, lausche den Menschen, die mich besuchen, und muss sogleich widersprechen, einsprechen, anschreien gegen den Unsinn, den sie von mir reden, wenn sie mich etwa als einen Schlitz bezeichnen und von prallen Schenkeln sprechen, zwischen denen ich platziert sein soll, und über stramme, „leckere" Backen kichern, die zum Zupacken verlockten, wo sie doch, wie ich aus vielen zärtlich lispelnden Mündern abgelauschten Gesprächen weiß, den viel zarteren Ausdruck „Wangen" gebrauchen sollten. Auch weiß ich gewiss, dass ich nicht von abstoßendem Äußeren sein kann – wie sonst hätte mein Schöpfer mit hingerissener Stimme ausrufen können, dies seien die schönsten Lippen, die er je aus dem Stein geschlagen? Schön also müssen sie sein, anziehend ihr Umfeld, und doch scheint manchen meine Natur zu entgehen, und mit groben Scherzen und schimpflichen Reden bringen sie mich zum Überlaufen. Sie reden, dreckig oder verlegen lachend, vom Reinstecken, wo doch alles aus mir herausquellt und quirlt und brandet und strömt, und scheinen Angst zu haben, dass ich sie verschlucken könnte, wohl weil es an einem anderen Ort, wenn ich die Reden meiner Besucher richtig zu deuten vermag, einen Wahrheitsmund gibt, der, so sagen sie, Lügnern die Hand abzubeißen vermag, aber kein Wasser führt! aber nicht spricht!, was mir, der ich seit Anbeginn darunter leide, von niemand verstanden zu werden, ein großes Rätsel ist: Wie wollte ich reden, schmeicheln, locken, loben, singen, wenn nur erst das Rauschen verstummt und des Wassers unaufhörliches Schwallen und Wallen gebannt wäre, wie es bei jenem Mund der Wahrheit der Fall zu sein scheint. Doch womöglich, denke ich nun, hat auch er einst gesprochen und dabei Wasser gespendet, bis ihm die Worte, das Wasser verdorrten, bis er zerknirscht sich entschloss zu schweigen, weil er wie ich über die Zeiten nicht einmal Gehör fand, und ich frage mich, wie jemand – warum? – uns mit so grausamem Sinn erschaffen konnte, und schweige doch es rinnt und schäumt und perlt und brandet weiter aus mir, Leute kommen, Leute gehen, sie trinken, laben sich, loben mein Wasser, aber lachen über mich, reden von einer anderen Stadt, in der, so sagen sie, ein mir in allem Äußern völlig entgegengesetztes, vor allem nicht wie ich – angeblich! – auf dem unteren Teil des Rückens liegendes, sondern auf seinen Füßen stehendes Männeken nur zur Belustigung des Publikums einen dünnen, niemandem nützenden Strahl Wassers von sich gibt, den es nicht mit dem Mund speit, wie es scheint. Mich bringen sie irgendwie mit dieser armseligen Gestalt in Verbindung, wollen Verknüpfungen sehen, wo doch kaum welche sein können, und belustigen sich hier wie da (was ja überhaupt eines der Hauptziele im Leben der Leute zu sein scheint). Sie sehen meine schönen Lippen (gewiss sprach mein Schöpfer die Wahrheit, tief empfunden schien mir sein Ruf) und machen sich künstlich darüber lustig, dass beständig das Wasser über meine Lippen purzelt und springt und strudelt und tost, und nur ein einziges Mal, während mein Reden verzweifelt schon wieder in ein Betteln, ein Zwitschern, Schmatzen und Gurgeln übergegangen war, wagte ein wackerer Mensch den Sprung ins Becken, ich hörte es platschen und tropfen und rauschen, er war nicht allein, doch nur er kam mir nah, wiederum unter dem abstoßenden Lachen seiner Begleiter, er fasste mich, das, was an mir Schenkel genannt wird, er zog daran sich hoch, so empfand ich und drückte seine Lippen, dem ihm entgegenbrandenden Nass widerstehend, auf meine und küsste und trank mich, ich jubelte auf vor Freude, vor Dankbarkeit über diese eine Berührung, vergaß die Rohheit der anderen und auch sein schnaufendes Lachen, das Wasser lief mir noch reichlicher im Mund zusammen, ich ließ es laufen, fühlte mich endlich erkannt, genoss und schwieg, bis

Trinkwasserschutz – Daseinsvorsorge für Bayerns Städte und Gemeinden

Albert Göttle, Walter Wenger

≈ **Wasserversorgung ist Daseinsvorsorge**

Trinkwasser kann durch kein anderes Lebensmittel ersetzt werden. Ist es verunreinigt, besteht die Gefahr, dass sein Genuss lebensgefährliche Erkrankungen verursacht. Dies klingt in den Ohren vieler Mitteleuropäer möglicherweise überholt. Es ist jedoch nur gut hundert Jahre her, dass in deutschen Städten Seuchen wüteten, die über das Trinkwasser übertragen wurden.

Wasserversorgung ist demnach Daseinsvorsorge. Sie muss vorausschauend angelegt sein. Es wäre nicht vertretbar, gesundheitsschädliche Verunreinigungen des Trinkwassers auch nur vorübergehend in Kauf zu nehmen und möglicherweise erst auf bereits eingetretene Erkrankungen oder gar Epidemien zu reagieren. Dies erkannten bereits unsere Altvorderen. Sie konzentrierten sich bei der Suche nach geeignetem Trinkwasser in erster Linie auf die Grundwasservorräte, die auf natürliche Weise geschützt in der Erde verwahrt liegen. Sie trennten die Gefahrenherde von Besiedlung, Verkehr sowie Gewerbe und die Gewinnung von Trinkwasser räumlich voneinander. Diese Entzerrung der Nutzungsinteressen zu erhalten ist die Aufgabe unserer Generation, und sie gelingt nicht ohne Einschnitte in konkurrierende

Ansprüche. Das gesellschaftliche Interesse an einer qualitativ gesicherten, gesundheitlich unbedenklichen Trinkwasserversorgung hat aber Vorrang.

Dieser in den Gesetzen verankerte Anspruch räumt nicht nur dem allgemeinen Gesundheitszustand der Bevölkerung einen hohen Stellenwert ein. Er sorgt auch dafür, dass Trinkwasser zu sozialverträglichen Preisen zur Verfügung gestellt werden kann. Solch günstige Bedingungen verschaffen auch der Wirtschaft unseres Landes einen nicht zu unterschätzenden Standortvorteil. Denn nur gesunde Arbeitskräfte erbringen Leistungen, die unsere Ökonomie in einer globalisierten Welt konkurrenzfähig erhalten. Der finanzielle Vorteil, kostengünstig Trinkwasser aus dem Wasserhahn zu genießen, ermöglicht uns den Kauf anderer hochwertiger Nahrungsmittel oder belebt den Markt für Konsum- und Luxusartikel. Zudem profitieren Gewerbe- und Industriebetriebe mit hohem Wasserverbrauch sowie die Landwirtschaft von den günstigen Wasserpreisen.

Die gesündeste Art, den Durst zu löschen

Solidarität im Interesse des Gemeinwohls

Das Gemeinwohlprinzip setzt jedoch einen gesellschaftlichen Konsens voraus, denn es greift in die Rechte Einzelner ein, auf deren Grund und Boden das Trinkwasser gewonnen wird. Wie in vielen anderen Bereichen unseres gesellschaftlichen Lebens legt auch hier das Grundgesetz den Eigentümern von Grundstücken Verpflichtungen auf. Es gibt kein uneingeschränktes Recht auf Nutzung des Eigentums. Seine Sozialpflichtigkeit gilt hier vielmehr in besonderer Weise, denn es dient auch dem Wohl der Allgemeinheit.

Die Nutzung eines Grundstücks darf die Versorgung der Bevölkerung mit dem notwendigen Lebensmittel Trinkwasser nicht gefährden. In diesem Zusammenhang stellen die Vorschriften der Schutzgebietsverordnung in der Regel lediglich Inhalts- und Schrankenbestimmungen dar und liegen somit unterhalb der Enteignungsschwelle. Das Bundesverfassungsgericht hat in seinem Beschluss vom 6. September 2005 konkret bestätigt, dass die wasserrechtlichen Regelungen des Bundes und des Freistaates Bayern alle Anforderungen des Grundgesetzes an den Eigentumsschutz erfüllen. Dies war von einer Interessengemeinschaft aus Industrie, Grundstücksbesitzern und der Landwirtschaft infrage gestellt worden.

Diese Rechtslage baut auf die Solidarität in unserer Gesellschaft. Jeder Einzelne ist irgendwann auf irgendeine Art und Weise von diesem Solidaritätsprinzip betroffen und muss Unannehmlichkeiten oder auch finanzielle Nachteile zugunsten der Allgemeinheit in Kauf nehmen.

Die Trinkwasserversorgung einer Großstadt kann in den meisten Fällen nicht auf ihrer eigenen Fläche erfolgen. Sie muss ins Umland ausweichen. Dort profitieren die Menschen andererseits von dem Angebot an Arbeitsplätzen, kulturellen Einrichtungen und Vergnügungsmöglichkeiten des städtischen Zentrums. Dessen Bewohner empfinden die täglichen Verkehrsströme in ihrem Wohnort, die Menschenmassen bei Sportveranstaltungen oder Volksfesten kaum als angenehm, tolerieren sie aber dennoch. Dies tun sie, obwohl nur wenige von ihnen an den Pendlern und Besuchern verdienen und obwohl sie in erster Linie selbst die Kosten für die erforderliche Infrastruktur, wie den öffentlichen Nahverkehr, tragen.

Die Akzeptanz dieses Rechtsgrundsatzes unterliegt dem politischen und gesellschaftlichen Widerstreit der Interessen. Daher ist entscheidend, welcher Stellenwert einem gesundheitlich unbedenklichen Trinkwasser in der Bevölkerung beigemessen wird, welche Wertschätzung es hier genießt. Denn von der Meinung des Wählers sind mitunter grundlegende politische Entscheidungen über die Sicherungsstrategien und Zukunftskonzepte der Wasserversorgung, aber auch Einzelentscheidungen abhängig.

Die große Verantwortung der Wasserversorgungsunternehmen

Die gesundheitlichen, sozialpolitischen und volkswirtschaftlichen Aspekte der Wasserversorgung bedeuten für Versorgungsunternehmen ein hohes Maß an Verantwortung. Nicht zuletzt aus diesem Grund sollte diese Aufgabe bei den Kommunen belassen werden – losgelöst von marktwirtschaftlichen Überlegungen und privaten Interessen. Die Gemeinden entscheiden in eigener Hoheit über die Versorgung ihrer Bürger. Dabei ist das Ziel, einwandfreies und möglichst naturbelassenes Trinkwasser aus bestgeschütztem Grundwasser zur Verfügung zu stellen.

Es gehört zur Pflicht der Kommunen, die jeweils optimale Lösung für anstehende Probleme zu wählen sowie die technischen Voraussetzungen für eine sichere Versorgung zu schaffen und sie instand zu halten. Die Gemeinden gewährleisten den vorsorglichen Schutz vor Trinkwasserbelastungen und halten für diese Aufgaben genug qualifiziertes Personal vor. So sorgen sie dafür, dass Trinkwasser jederzeit in ausreichender Menge und bester Qualität zur Verfügung steht. Sie werden bei diesen Aufgaben unterstützt von Verbänden, der Verwaltung und verschiedenen Fachbüros, die wiederum Arbeitshilfen zur Verfügung stellen, Beratung leisten und Ingenieurleistungen übernehmen. Die Kommunen können dabei auch untereinander kooperieren und sich so gegenseitig helfen.

Zukunft sichern

Die Initiative für eine zukunftssichere Gestaltung der Versorgung muss jedoch von den Wasserversorgungsunternehmen selbst ausgehen. Dies gilt auch beim Schutz des Trinkwassers durch Wasserschutzgebiete. Letztere werden von Amts wegen festgesetzt, allerdings geschieht dies auch im Interesse des Wasserversorgers. Es ist daher dessen Pflicht, die hierfür erforderlichen Verfahrensunterlagen zu erarbeiten oder in Auftrag zu geben. Die Kreisverwaltungsbehörden prüfen diese Unterlagen mithilfe des amtlichen Sachverständigen. Es ist allerdings äußerst bedenklich, wenn sich Gemeinden Initiativen gegen die Ausweisung von Wasserschutzgebieten anschließen und damit ihren Verfassungsauftrag zur Trinkwasserversorgung konterkarieren.

In einem ersten Schritt ermitteln die hydrogeologischen Büros in der Regel das Einzugsgebiet der Wassergewinnungsanlagen. Dabei wird ergründet, woher das Grundwasser stammt, das den Verbrauchern als Trinkwasser zur Verfügung gestellt wird, auf welchen Flächen es also durch die Versickerung von Niederschlägen gebildet wird (siehe Kasten S. 29). Erst dann lohnt es sich, Überlegungen zur Qualitätssicherung dieses Gutes anzustellen. Nur wenn das Versorgungsunternehmen weiß, welche gewerblichen oder anderen Nutzungen im Einzugsgebiet ihrer Gewinnungsanlagen liegen, können sie eventuelle Risiken absehen und frühzeitig Gegenmaßnahmen ergreifen sowie auf geplante Vorhaben Einfluss nehmen.

Die Abgrenzung der Einzugsgebiete ist – je nach hydrogeologischer Situation – oft nicht einfach und mit größeren Aufwendungen verbunden. In manchen Fällen sind die Einzugsgebiete so groß, dass weiter von der Wasserfassung entfernte Teile nur noch grob abgegrenzt werden können. Es hängt im jeweiligen Fall aber immer von der Schutzbedürftigkeit der Wassergewinnungsanlagen, das heißt der Sensibilität gegenüber jeglicher Verunreinigung, ab, ob oder wie präzise die Abgrenzung in größerer Entfernung von der Wassergewinnung erfolgen sollte.

Trinkwasser ist Risiken ausgesetzt und braucht besonderen Schutz

Zeitungsmeldungen und Nachrichten rufen uns täglich die Notwendigkeit ins Bewusstsein, vorbeugenden Trinkwasserschutz zu betreiben. Schlagzeilen machen meist Grundwasserbelastungen durch Nitrat und Pflanzenschutzmittel aus der Landwirtschaft oder bakterielle Verunreinigungen. Die Problematik geht jedoch weit darüber hinaus. Illegale Praktiken, wie die Ausbringung von Chemieabfällen auf Felder

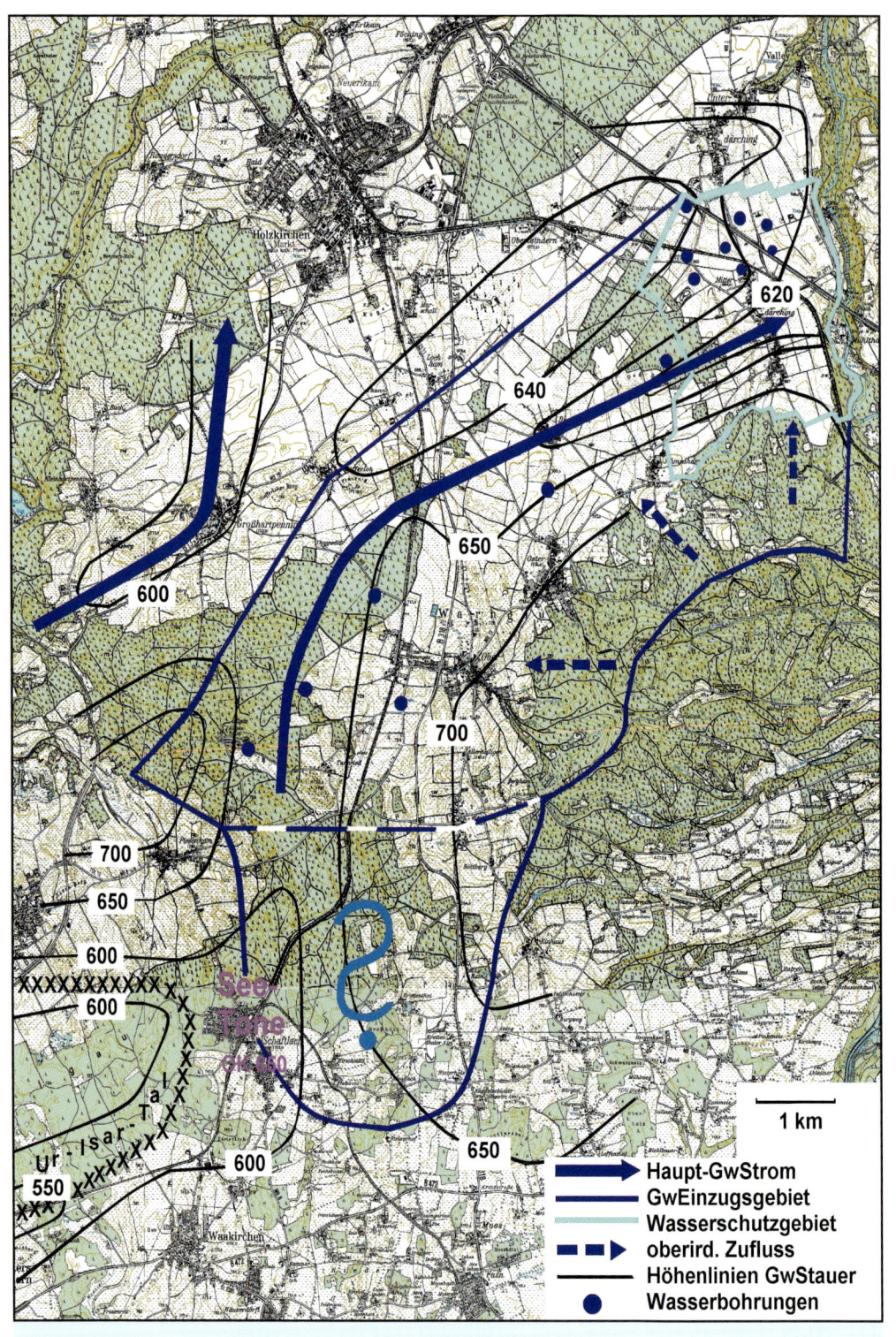

Einzugsgebietsabgrenzung am Beispiel der Mühlthaler Hangquellen

> Den Grundwasserleiter, also die Schicht, in der sich das Grundwasser bewegt, bilden ältere Schotter des Quartärs, die durch Schmelzwässer der Eiszeit abgelagert wurden. Sie liegen auf tonigen Sedimenten, der „Flinzschicht", des Tertiärs, die wegen ihrer geringen Durchlässigkeit als Grundwasserstauer wirken. Die Oberfläche der Gesteinsschichten des Tertiärs weist ein ausgeprägtes Relief auf, da sie als Festland einige Millionen Jahre lang der Erosion ausgesetzt war. Sie weist Erhebungen und Täler auf. Das Grundwasservorkommen, das die Mühlthaler Hangquellen speist, ist an eine derartige Rinnenstruktur, die sogenannte Darchinger Rinne, gebunden.
>
> Die Mächtigkeit dieses Grundwasserstroms ist relativ gering. Er fließt daher nicht über die angrenzenden Tertiärrücken, sondern wird in seinem Lauf ganz von der Rinnenstruktur geprägt und durch seitliche Zuflüsse von den Höhenrücken gespeist. Das Einzugsgebiet lässt sich daher anhand des Tertiärreliefs abgrenzen. Letzteres ist aufgrund seismischer Erkundungen zum Auffinden von Erdöllagerstätten gut bekannt. Die vorhandenen Bohrungen und Brunnen in diesem Gebiet bestätigen die Situation.
>
> Die Grundwasserneubildung auf dieser Einzugsgebietsfläche muss im Sinne der „Wasserbilanz" mit dem Grundwasserabfluss aus den Mühlthaler Hangquellen in Einklang stehen. Bei diesem Vergleich ergibt sich jedoch eine Diskrepanz. Daher muss es über die Abgrenzung anhand des Tertiärreliefs hinaus einen Teilbereich geben, der das Grundwasservorkommen der Mühlthaler Hangquellen zusätzlich speist. Dies ist aus einem südlich anschließenden Gebiet möglich. Von diesem Bereich weiß man durch Kohlebohrungen, dass auf dem Tertiär mächtige Seetone vorhanden sind, die hier den Grundwasserstauer bilden. Somit könnte – trotz des ansteigenden Tertiärreliefs – in jenem Bereich ein weiterer Zufluss liegen. Dieser Teil des Einzugsgebiets ist nur noch näherungsweise abgrenzbar.

in Neuendettelsau im Jahr 2002 oder gewerbliche Emissionen, wie die aktuellen Grundwasserverunreinigungen durch perfluorierte Tenside im Raum Burgkirchen, zeigen das breite Spektrum an Risiken auf. Allein durch industrielle und gewerbliche Nutzungen wurden in den letzten 15 Jahren etwa 1.700 sanierungsbedürftige Grundwasserschadensfälle verursacht. Ihre Sanierung ist kostspielig und sehr zeitaufwendig.

Auch über den zum Teil schlechten Zustand unserer Abwasserkanäle und deren teure und daher bisweilen zögerliche Überprüfung und Sanierung wurde berichtet. Eine Gefahr für das Grundwasser stellen auch Verkehrsunfälle dar, bei denen Treibstoffe, Heizöl oder Industriechemikalien auslaufen. Mitunter können sie nur teilweise durch die eingeleiteten Sofortmaßnahmen von Feuerwehr oder Technischem Hilfswerk aufgefangen werden.

Ziel des Trinkwasserschutzes ist es, solche Risiken in den empfindlichen Teilen des Einzugsgebiets der Trinkwassergewinnungsanlagen zu unterbinden oder durch technische Schutzeinrichtungen, Nutzungseinschränkungen und Größenbegrenzungen der Anlagen auf ein verträgliches Maß zu reduzieren. Auf Straßen müssen daher Niederschlagswasser und ausgetretene Kraftstoffe, Öle oder Chemikalien durch Sammeleinrichtungen aufgefangen, gereinigt und abgeleitet werden. Betriebe dürfen nicht mit großen Mengen an wassergefährdenden Stoffen umgehen. Die Lagerbehälter müssen bestimmten Anforderungen genügen, zum Beispiel bei den Auffangvorrichtungen. Alle Anlagen und Kanäle müssen regelmäßig auf Dichtheit überprüft werden. Bestimmte Einrichtungen sind gänzlich unzulässig. Die Landwirte sind bei der Flächennutzung verpflichtet, durch bedarfsgerechte Düngung, angepasste Fruchtfolge und ganzjährige Bodenbedeckung besondere Sorgfalt darauf zu verwenden, Nährstoffauswaschungen in die Gewässer zu vermeiden.

Insbesondere gilt es aber, den natürlichen Schutz für das Grundwasser zu erhalten, den die „Grundwasserüberdeckung" genannten Erdschichten gewährleisten, die über dem Grundwasserspiegel liegen. Sie sind ein natürliches Schutzpolster gegen Einträge aus der Flächennutzung und aus der Luft. Aber auch dieses Schutzpotenzial ist begrenzt und darf nicht durch hohe oder kontinuierliche Schadstoffbelastung überfordert werden.

Flächendeckender Grundwasserschutz – für Bayern unverzichtbar

Diese notwendigen Schutzmaßnahmen werden in Bayern durch ein abgestuftes System an Sicherungsinstrumenten umgesetzt. Ein wichtiger Grund dafür liegt in der dezentralen Versorgungsstruktur in Bayern. 2.400 Wasserversorgungsunternehmen beliefern rund 99 Prozent der Bevölkerung. Das Trinkwasser wird zu etwa 95 Prozent aus Grundwasser gewonnen. Dafür sind rund 10.000 Brunnen und Quellen im ganzen Land verteilt – eine Situation, wie sie in keinem anderen Bundesland gegeben ist.

Dieses ortsnahe Versorgungskonzept hat den Vorteil, dass der Verbraucher sich mit seinem Trinkwasser „identifizieren" kann, keine Überbeanspruchung der Wasservorkommen erfolgt und eine engere Verknüpfung und Absicherung der Versorgung durch technische Verbünde zwischen den Versorgungsanlagen möglich ist.

Andererseits sind an fast jede einzelne Wassergewinnungsanlage großflächige Grundwassereinzugsgebiete geknüpft. In Bayern haben deshalb die gesetzlichen Vorgaben des allgemeinen flächendeckenden Grundwasserschutzes besondere Bedeutung. Sie sorgen dafür, dass das Grundwasser bereits in der gesamten Fläche weitgehend vor Verunreinigungen geschützt wird. Es ist jedoch nicht möglich, alle Risiken im ganzen Land zu unterbinden, seien sie auf Unfälle, technische Mängel oder menschliche Fehlleistungen zurückzuführen.

Vorsorge in den Grundwassereinzugsgebieten

Im Grundwassereinzugsgebiet der Wassergewinnungsanlagen sind daher weitergehende Vorsorgemaßnahmen erforderlich. Der Schutz vor großflächigen Störungen der Grundwasserüberdeckung muss oft bereits hier sichergestellt werden. Dazu ist es nicht immer erforderlich, ein Wasserschutzgebiet auszuweisen. Die unbeschädigte Grundwasserüberdeckung kann auch einen ausreichenden natürlichen Schutz bieten und dadurch Nutzungen des Bodens erlauben, die eigentlich als riskant gelten. In diesen Fällen gewährleisten aber die ohnehin erforderlichen Planungs- und Baugenehmigungsverfahren sowie zusätzliche wasserrechtliche Vorgänge, dass ein großflächiger Rohstoffabbau oder tiefe Bodeneingriffe beim Verkehrswegebau verhindert werden.

Die Wasserversorgungsunternehmen können den Verwaltungsvollzug unterstützen, indem sie bei den Planungsverbänden der Bezirke beantragen, in den Regionalplänen die Vorrang- und Vorbehaltsgebiete für die relevanten Teile der Grundwassereinzugsgebiete auszuweisen. Damit wird die besondere Bedeutung der öffentlichen Wasserversorgung gegenüber konkurrierenden Vorhaben bei überregionalen Planungen örtlich konkretisiert und normativ gesichert, ganz wie es im Landesentwicklungsprogramm Bayern verankert ist. Auf diese Weise erhält der Planungsträger bereits früh wichtige Hinweise auf mögliche Konflikte seines Vorhabens mit dem Trinkwasserschutz. Damit lässt sich vermeiden, dass er in nicht genehmigungsfähige Projekte investiert und dies später zu Konflikten führt.

Einzugsgebietsmanagement – Grundlage für wirksamen Schutz

Um Risiken für das Trinkwasser zu erkennen, die sich aus Handlungen und Vorkommnissen im Einzugsgebiet ergeben, braucht der Wasserversorger ein gut organisiertes Einzugsgebietsmanagement. Die Anforderungen des Allgemeinen Gewässerschutzes sind flächendeckend verbindlich. Doch gilt es insbesondere im Zustrom zu den Wasserfassungen, die Bestimmungen optimal und standortangepasst umzusetzen. Die Grenzen der Einzugsgebiete sollen daher grundsätzlich über die örtliche Presse und Mitteilungen an die Haushalte öffentlich bekanntgemacht werden. Dies erhöht die Sensibilität der Bürger, Gewerbetreibenden und Kommunen für den Trinkwasserschutz und bewirkt die erforderliche Rücksichtnahme im Alltag sowie bei privaten wie kommunalen Planungen. Auf gezielten Informationsveranstaltungen oder in individuellen Beratungen informieren die Wasserversorgungsunternehmen vor allem die Landwirte, aber auch private Grundstücksbesitzer und Gewerbebetriebe über die Empfindlichkeit der Untergrundverhältnisse und eine grundwasserschonende Nutzung und Wirtschaftsweise.

Dazu führt das Wasserversorgungsunternehmen zunächst eine Bestandserhebung konkurrierender Nutzungen im Einzugsgebiet durch. Anschließend überprüft es diese im Einzelnen auf ihre Verträglichkeit mit dem Trinkwasserschutz. Geht von den anderen Nutzungen ein nennenswertes Risiko für die Trinkwassergewinnung aus, so müssen Abhilfe- oder Sanierungsmaßnahmen eingeleitet werden. Regelmäßige Vor-Ort-Kontrollen dienen als Maßstab für deren Erfolg. Um frühzeitig Qualitätsveränderungen des Wassers im Einzugsgebiet erkennen zu können – noch bevor die Trinkwasserfassungen Belastungen aufweisen –, betreiben die Wasserversorger ein Netz an Messstellen, an denen dem Grundwasser regelmäßig Proben entnommen und wasserchemisch untersucht werden. Außerdem misst man den Grundwasserstand.

Freiwillige Bewirtschaftungsverträge mit den Landwirten im Einzugsgebiet helfen, die ordnungsgemäße, also grundwasserschonende Nutzung zu fördern – und zwar nicht erst, wenn Belastungen mit Nitrat und Pflanzenschutzmittelrückständen bereits eingetreten sind. So lassen sich aber auch notwendige Sanierungsmaßnahmen zügig und aussichtsreich auf den Weg bringen. Es ist wichtig, dass Wasserwirtschaft und die Landwirte ihre Anforderungen gemeinsam erarbeiten. Die Versorger honorieren die vertraglichen Vereinbarungen durch freiwillige finanzielle Anreize. In Bayern gibt es inzwischen über 200 Wasserversorgungsunternehmen, die derartige Kooperationen mit Landwirten in ihren Einzugsgebieten anbieten.

Ein Musterbeispiel für diese Vorgehensweise ist neben den Stadtwerken München die „Aktion Grundwasserschutz" in Unterfranken, einer wasserärmeren Region mit erschwerter Versorgungssituation. Die Bilanz dort zeigt: Die intensiven Bemühungen um den Grundwasserschutz haben zwar den Trend der zunehmenden Wasserverschmutzung durch die Landwirtschaft gestoppt, jedoch noch keine wesentliche Verbesserung erreicht. Noch immer überschreiten 13 Prozent des gewonnenen Rohwassers den Grenzwert für Nitrat. Denn auch bei einer angepassten Landwirtschaft und der inzwischen nachweisbaren Verminderung der Nitratüberschüsse im Boden dauert es Jahrzehnte, bis sich diese Verbesserungen auch im Grundwasser bemerkbar machen. Es hat eben ein langes Gedächtnis. Wesentlich günstiger ist dagegen die Situation im Mangfalltal, wo sich die Grundwasserverhältnisse ausgehend von deutlich niedrigeren Belastungen sehr schnell verbessert haben.

Wasserschutzgebiete – unentbehrliche Ergänzung für einen wirksamen Trinkwasserschutz

Durch die differenzierten Instrumentarien lassen sich die Wasserschutzgebiete in Bayern im Unterschied zu anderen Bundesländern auf die besonders empfindlichen Teilbereiche der Grundwassereinzugsgebiete beschränken. Diese Bezirke sind, außer im unmittelbaren Umfeld der Wassergewinnungsanlagen, durch die Beschaffenheit des Untergrundes definiert. Für die Eingrenzung der Wasserschutzgebiete und die Trinkwasserqualität ist von entscheidender Bedeutung, wie die Grundwasserüberdeckung und der Grundwasserleiter vor Ort ausgebildet sind.

In der Grundwasserüberdeckung mit ihrem reichhaltigen Bodenleben und ihren langsamen Sickerbewegungen findet der intensivste Schadstoffabbau oder -rückhalt an den Bodenpartikeln statt. Im Grundwasserleiter selbst sind diese Vorgänge weniger effektiv, wobei sogenannte Porengrundwasserleiter in Kiesen und Sanden noch die günstigere Variante gegenüber den Karst- und Kluftgrundwasserleitern Nordbayerns oder der Alpen darstellen. In Letzteren ist die Fließgeschwindigkeit des Grundwassers so hoch, dass kaum noch eine Reinigung stattfindet. Belastungen werden allenfalls durch neu hinzusickernde unbelastete Niederschlagswässer verdünnt.

Aus den örtlichen Gegebenheiten ergibt sich die angebrachte Form eines Wasserschutzgebiets. Es kann sich rein auf den Nahbereich der Wasserfassung beschränken. Es kann aber auch größere empfindliche Bereiche des Grundwassereinzugsgebiets umfassen oder das gesamte Einzugsgebiet einschließen.

Das Wassereinzugsgebiet spiegelt stets die geologischen Verhältnisse vor Ort. Es gliedert sich in drei Schutzzonen, denen beim Trinkwasserschutz unterschiedliche Aufgaben zukommen: Die äußere Zone (III) dient dem Schutz vor weitreichenden chemischen Verunreinigungen. Sie zielt daher in erster Linie auf den Umgang mit wassergefährdenden Stoffen in Industrie, Gewerbe, Verkehr, aber auch im Haushalt und in der Landwirtschaft ab. Die engere Schutzzone (II) sorgt zusätzlich für den Schutz vor Bakterien und Viren. Daher dürfen in diesem Bereich weder Abwässer noch Gülle, Jauche oder Festmist auf oder in den Boden gelangen. Der Fassungsbereich umgibt als Zone I den unmittelbaren Standort der Wasserfassung und schützt diesen durch einen Zaun vor dem Zutritt durch Unbefugte und vor jeglicher Verunreinigung (siehe auch Abbildung S. 107).

Maßgeschneiderte Einschränkungen für jedes Schutzgebiet

Die Schutzgebietsverordnung legt die Verbote und Nutzungsbeschränkungen für die einzelnen Schutzzonen fest. Experten der betreffenden Fachgebiete passen sie gemeinsam mit der Kreisverwaltungsbehörde den jeweiligen örtlichen Verhältnissen an. Einerseits soll sie einen wirksamen Trinkwasserschutz sicherstellen, andererseits darf sie nach dem sogenannten Übermaßverbot keine überzogenen Beschränkungen enthalten. Bei der fallbezogenen Ausarbeitung muss strikt zwischen verhandelbaren und nicht verhandelbaren Bausteinen unterschieden werden. Im Vordergrund muss das Ziel der Qualitätssicherung stehen. Andernfalls läuft das Wasserversorgungsunternehmen Gefahr, dass die Nutzungsbeschränkungen untereinander unausgewogen sind und die Verordnung damit rechtlich anfechtbar wird.

Für konkrete Vorhaben erteilt die Kreisverwaltungsbehörde Ausnahmegenehmigungen von den Ge- und Verboten der Schutzgebietsverordnung. Sie können mit Auflagen zum Schutz der Trinkwassergewinnung verbunden werden.

Im Rahmen ihrer Eigenüberwachungspflichten kontrollieren die Wasserversorgungsunternehmen, ob die Vorschriften der Schutzgebietsverordnung eingehalten werden. Sie versuchen Zuwiderhandlungen so weit wie möglich in direktem Kontakt mit dem Grundstückseigentümer zu bereinigen. Gelingt dies nicht, wird die Kreisverwaltungsbehörde tätig.

Verstöße gegen die Schutzgebietsverordnung sind Ordnungswidrigkeiten und werden dementsprechend geahndet. Bei der Überwachung werden die Wasserversorgungsunternehmen durch die technische Gewässeraufsicht der Wasserwirtschaftsämter und die Gesundheitsämter der Kreisverwaltungsbehörden unterstützt. Diese staatlichen Kontrollen beschränken sich allerdings auf sporadische Ortseinsichten und Kontrollen von als risikoträchtig bekannten Einrichtungen. Die im Rahmen der Trinkwasserverordnung und der Eigenüberwachungsverordnung vorgeschriebenen wasserchemischen und mikrobiologischen Untersuchungen des Grund- und Trinkwassers werden von den zuständigen Behörden überprüft und stichprobenartig kontrolliert.

Schwierigkeiten durch konkurrierende Interessen

Trotz dieser differenzierten Vorgehensweise stößt die Festsetzung von Wasserschutzgebieten immer wieder auf Schwierigkeiten. Konflikte mit konkurrierenden Nutzungsinteressen bleiben nicht aus, obwohl in Bayern nur etwa vier Prozent der Landesfläche als Wasserschutzgebiete ausgewiesen sind und sich der Freistaat im Vergleich zu anderen Bundesländern genügend räumliche Ausweichmöglichkeiten offenhält. Der Anteil der Wasserschutzflächen liegt bundesweit bei durchschnittlich elf Prozent, in einigen Bundesländern gar bei 20 bis 30 Prozent.

Hauptgegner der Ausweisung von Wasserschutzgebieten sind Nutzer, die an ihren Grund gebunden sind, zum Beispiel die Landwirtschaft. Eine Nutzungsentflechtung ist hier allenfalls kleinräumig möglich, wie das Freihalten der engeren Schutzzone von Gülle, Jauche und Festmist. Ferner sorgen Eingriffe in die kommunale Planungshoheit bei der Ausweisung von Baugebieten, Gewerbeansiedlungen oder Infrastrukturmaßnahmen für Konfliktstoff. Oft befinden sich die Kommunen dabei selbst in einem Zwiespalt zwischen wirtschaftlichen Interessen und den Sicherungsbedürfnissen der eigenen Wassergewinnung.

Besonderen Sprengstoff bergen solche Interventionen, wenn die betroffene Gemeinde nicht selbst Nutznießer der Trinkwassergewinnung ist. Sowohl Landwirte als auch private Grundstücksbesitzer beklagen sich über Auflagen, die mit Kosten für den

Einzelnen verbunden sind, zum Beispiel beim Bau oder bei der Überprüfung von Heizöltanks oder Abwasserkanälen. Sie kritisieren hauptsächlich mögliche Wertminderungen der Grundstücke, die sich aus der Anwendung dieser Vorschriften und aus Bewirtschaftungserschwernissen ergäben. Damit meinen sie sowohl eine Minderung des Verkehrswerts als auch des Beleihungswerts bei der Kreditvergabe durch die Banken. Aber auch weiträumiger operierende Gewerbetreibende der Rohstoffindustrie oder Energiewirtschaft stoßen sich an den Beschränkungen ihrer Möglichkeiten in Wasserschutzgebieten.

Ansätze zur Entspannung der Konflikte

Die Wasserversorger bemühen sich, die Belastungen der Grundstücksbesitzer nach Kräften zu mildern. Durch Flächentausch, Grundstückskäufe und finanziellen Ausgleich für Erschwernisse und Einschränkungen bei der Landbewirtschaftung wird so weit Abhilfe geschaffen, wie es das Kommunalabgabengesetz zulässt. Es erlaubt nur Zahlungen, die sich aus der Erfüllung gesetzlicher Vorgaben ergeben. Ausgleichsleistungen für Bewirtschaftungsauflagen bei der Landwirtschaft sind im Vollzug des Wasserhaushaltsgesetzes in einer gemeinsamen Bekanntmachung zwischen Landwirtschafts- und Umweltministerium geregelt. Ebenso ist darin der Vorrang von freiwilligen Kooperationsvereinbarungen mit den Landwirten verankert.

Nach einer Teilbefragung bei den bayerischen Wasserversorgungsunternehmen im Jahr 2005 werden jährlich Zahlungen in Höhe von etwa acht Millionen Euro auf diesem Sektor erbracht. Hinzu kommen weitere Leistungen, die in diesen Betrag nicht eingerechnet sind, wie Pachtzinsvergünstigungen, Maschinenbereitstellungen und Kostenübernahmen von Bodenuntersuchungen.

Für bauliche Mehraufwendungen und häufigere Überprüfungen von Anlagen sehen die Gesetze keinen finanziellen Ausgleich vor. Nach einer Untersuchung der Technischen Universität München ist die Minderung des Verkehrswerts landwirtschaftlicher Grundstücke sehr vom konkreten Einzelfall, den örtlichen Gegebenheiten und der Marktsituation abhängig. Pauschale Wertminderungen oder gar eine Unverkäuflichkeit der Grundstücke lassen sich nicht feststellen, Abschläge sind im Einzelfall aber denkbar. Bei der Kreditvergabe durch die Banken und Sparkassen gibt in erster Linie die Kapitaldienstfähigkeit des Kunden den Ausschlag.

Um pauschale Wertabschläge bei der Beleihung von Grundstücken zu vermeiden, haben sich der Sparkassenverband Bayern und der Genossenschaftsverband Bayern e. V. im Rahmen des Umweltpaktes Bayern zu einer fallbezogenen Betrachtung verpflichtet. Sollte es zu Wertabschlägen kommen, können die Wasserversorgungsunternehmen abhelfen: Durch Kaufpreisgarantien können sie die Grundstückswerte stützen. Der Interessenausgleich zwischen den Erfordernissen des Trinkwasserschutzes und den kommunalen Entwicklungschancen steht im Vordergrund. Entscheidend dafür ist die Bereitschaft zu einer objektiven und situationsgerechten Standortauswahl und einer realistischen Einschätzung des kommunalen Entwicklungspotenzials. Es sei an dieser Stelle betont, dass nicht jede Art von Gewerbe zwangsläufig dem Trinkwasserschutz entgegenstehen muss. Den Möglichkeiten für Ausnahmen von der Schutzgebietsverordnung sind jedoch Grenzen gesetzt. Hierbei sind insbesondere der Umgang mit wassergefährdenden Stoffen und die vom Vorhaben berührte Schutzzone von Bedeutung. Bei den räumlich flexibleren Vorhaben der Rohstoffgewinnung sollten Standorte gewählt werden, die Wasserschutzgebiete und empfindliche Teile des Grundwassereinzugsgebiets nicht tangieren.

Viele Ängste der Betroffenen in Schutzgebietsverfahren sind unbegründet. Sie resultieren oft aus einer Unkenntnis der tatsächlichen Auswirkungen und werden nicht selten von Interessenvertretern geschürt. Diesen Befürchtungen kann nur durch eine umfassende Information schon im Vorfeld von Schutzgebietsverfahren, eine verbesserte Kommunikation zwischen den beteiligten Gruppen und eine größere Transparenz des Verwaltungsverfahrens begegnet werden. Um hier Fortschritte zu erzielen, haben die Vereinigung der Bayerischen Wirtschaft (vbw) und das Staatsministerium für Umwelt, Gesundheit und Verbraucherschutz im Jahr 2006 eine Vorgehensweise festgelegt, die in Schutzgebietsverfahren zu beachten ist.

Die Hauptlast bei diesem Informations- und Kommunikationsprozess fällt den Wasserversorgungsunternehmen zu. Die Behörden können nur beratend und in entscheidenden Stadien unterstützend mitwirken. Anhand von Beispielfällen wurden Möglichkeiten der Kommunikation und Information aufgezeigt, sei es die Konzeption eines „Info-Marktes" oder die Einrichtung von neutralen Vermittlungsstellen.

Gesellschaftliche Akzeptanz durch Bewusstseinsbildung

Letztendlich ist jedoch die Kommunikation der Wasserversorgungsunternehmen gegenüber den Verbrauchern entscheidend. Deren Ziel ist es, den Verbrauchern den großen Wert gesunden, naturreinen Trinkwassers zu vermitteln. Die Wertschätzung und Unterstützung breiter Bevölkerungsschichten entscheidet über Erfolg oder Misserfolg des Trinkwasserschutzes und damit über das Versorgungskonzept der Zukunft. In vielen, auch europäischen, Ländern ist Trinkwasser nur als Mineralwasser in Flaschenabfüllung verfügbar. Die Technologiegläubigkeit unserer Gesellschaft verleitet leicht dazu, in Aufbereitungsmaßnahmen eine Alternative zu Vorsorgestrategien zu sehen. Sie sind jedoch, wie jede Technik, nicht vor Störungen und Ausfällen sicher und von logistischen Voraussetzungen abhängig, die in Krisenzeiten nicht unbedingt gegeben wären. Viele europäische Großstädte stellen Leitungswasser zur Verfügung, das mangels ausreichender Grundwasservorkommen aus Flusswasser aufwendig aufbereitet wird. Es ist geschmacklich nicht mit naturreinem Grundwasser vergleichbar und reizt daher auch weniger zum Genuss.

Die Weichenstellung für die Versorgung der nachfolgenden Generationen beginnt schon in den Schulen. Für diese Bewusstseinsbildung wurde viel Informationsmaterial erarbeitet. Die Schulen sollten es nutzen. Die Wasserversorger bieten mit ihren Wasserwerksführungen und Veranstaltungen zum Tag der offenen Tür für alle Altersgruppen reichlich Gelegenheit zur Information. Mit Mitteilungen an die Haushalte unterrichten sie die Verbraucher regelmäßig über die Trinkwasserqualität und Maßnahmen zur Sicherung der Versorgung. Dabei erhalten sie fachliche und organisatorische Unterstützung von Verbänden und Fachbüros. Die Wasserversorger sind hier als Partner unerlässlich, damit die Öffentlichkeitsarbeit die notwendige Breitenwirkung erzielt. Sie sind Anlaufstation für den Verbraucher und Kontaktstelle zu den örtlichen Medien.

Trinkwasserschutz als Gemeinschaftsaufgabe

Die Herausforderungen an die Sicherstellung der Wasserversorgung nehmen nicht ab. Ständig ändern sich die Rahmenbedingungen, ob es um die Auswirkungen des Klimawandels auf die Grundwasservorräte geht oder um das Auftreten neuer Schadstoffe im Grundwasser, zum Beispiel Abbauprodukte von Pflanzenschutzmitteln oder Rückstände von Arzneimitteln für Mensch oder Tier. Daher brauchen wir Anpassungsstrategien, die von den Verbrauchern unterstützt werden. Die Wasserversorger und Behörden können nicht für jeden einzelnen Aspekt des Trinkwasserschutzes die Verantwortung übernehmen.

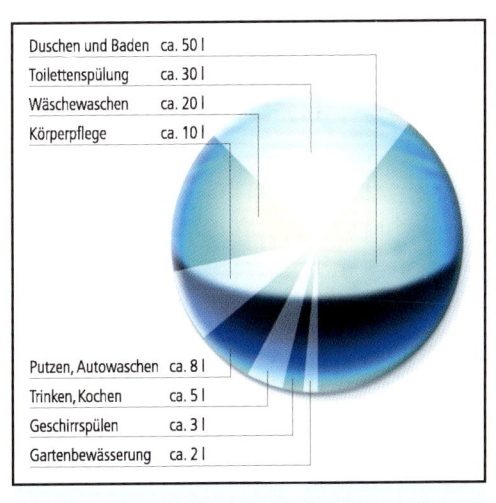

Duschen und Baden	ca. 50 l
Toilettenspülung	ca. 30 l
Wäschewaschen	ca. 20 l
Körperpflege	ca. 10 l
Putzen, Autowaschen	ca. 8 l
Trinken, Kochen	ca. 5 l
Geschirrspülen	ca. 3 l
Gartenbewässerung	ca. 2 l

Verwendung des täglichen Wasserbedarfs

Auch die Bürgerinnen und Bürger sollten ihren Beitrag zur Zukunftssicherung leisten. Deshalb sollten zum Beispiel Heizöltanks und Abwasserkanäle regelmäßig kontrolliert werden, mindestens jedoch in dem Turnus, den die Anlagenverordnung beziehungsweise die kommunale Entwässerungssatzung vorgeben.

Lösungsmittel, Lackreste oder Medikamente gehören weder in den Abfluss und damit in die Kanalisation noch auf den Erdboden. Sie müssen umweltgerecht entsorgt werden.

Was der Einzelne für den Trinkwasserschutz tun kann		
Bereich des täglichen Lebens	**Belastungsfaktor**	**Bewusster Umgang**
Einkauf von Lebensmitteln, Gartenbepflanzung	Pflanzenschutz- und Düngemittel enthalten Nitrate und andere Schadstoffe.	Grundwasserverträglich erzeugte Produkte aus der Region verwenden, auf Pflanzenschutzmittel verzichten, Kompost verwenden, Nährstoffgehalt des Bodens untersuchen lassen
Nutzung von Verkehrsmitteln	Abgasschadstoffe durch Autofahren	Energiesparendes Autofahren, öffentliche Verkehrsmittel oder das Fahrrad benutzen
Heizungs- und Abwasseranlagen	Durch Lecks treten Schadstoffe aus.	Heizöltank und Abwasserkanal regelmäßig überprüfen lassen
Umgang mit Reinigungsmitteln, Farben, Lacken usw.	Durch Tropfverluste, versehentliches Verschütten oder falsche Entsorgung geraten Schadstoffe in die Umwelt.	Haushaltschemikalien vermeiden, sichere Lagerung gewährleisten, Undichtigkeiten beheben
Hausapotheke	Bei Entsorgung abgelaufener Medikamente, z. B. in die Toilette, geraten Schadstoffe ins Abwasser, sie werden aber in den Kläranlagen nicht abgebaut.	Rückgabe alter Medikamente in der Apotheke

Mit seinem Kaufverhalten kann jeder Einfluss darauf nehmen, wie Lebensmittel bei uns erzeugt werden: billig und minderwertig oder grundwasserschonend. Im eigenen Garten sollte sich jeder Hobbygärtner gesundheits- und geschmacksbewusst verhalten und auf künstliche Düngemittel und Pestizide verzichten – zu seinem eigenen und zum Wohl der Umwelt. Auch Emissionen aus dem Autoverkehr schaden dem Grundwasser. Öffentliche Verkehrsmittel fahren zumindest wesentlich umweltschonender, das Fahrrad ist völlig emissionsfrei.

Dem Verbraucher sollte bewusst sein, welch intensive Arbeit hinter dem Produkt steckt, das so kostengünstig aus dem Wasserhahn fließt. Erst dann kann er sparsam und bewusst damit umgehen. Die Einsparmöglichkeiten von Leitungswasser liegen allerdings weniger beim Verbrauch durch das Trinken. Der Großteil des Trinkwassers wird zum Waschen, Baden und für die Toilettenspülung verwendet. Durch wassersparende Armaturen, Duschen statt Baden, Gartenbewässerung mit Regen- oder Brauchwasser und Autowäsche in Waschanlagen kann erheblich dazu beigetragen werden, dass das kostbare Nass auch in Trockenzeiten nicht knapp wird. Bei Baumaßnahmen sollte man darauf achten, dass Flächen nicht unnötig versiegelt werden. Sonst fließt das Niederschlagswasser in den Kanal oder in ein Gewässer ab, statt der Neubildung von Grundwasser zugute zu kommen.

Die Wasserversorgung ist eine gesellschaftliche Aufgabe, zu der jeder durch einen bewussten Umgang, durch Solidarität und ein entsprechendes Kaufverhalten beitragen kann. Dies sichert nicht nur die eigene Lebensqualität, sondern auch die nachfolgender Generationen. Der Klimawandel und seine Folgen stellen auch die Wasserversorger vor neue Herausforderungen. Dafür müssen vorausschauende Anpassungsstrategien weiterentwickelt werden. Die verstärkte Zusammenarbeit in Verbundnetzen und die Nutzung der vielfältigen Möglichkeiten zur Kooperation werden dazu beitragen, diese Herausforderungen zu meistern und die gewohnte Versorgungssicherheit beim Lebensmittel Nummer eins auch in Zukunft zu gewährleisten.

Kleines Wasserlexikon – Irrtümer über Trink- und anderes Wasser

Johannes Prokopetz

≈ **Wasser und Wissenschaft**

Was ist nicht schon alles im Verlauf der Menschheitsgeschichte über Wasser gedacht, vermutet oder mit unbezweifelbarer Sicherheit gewusst worden? Und wie viele dieser felsenfesten Gewissheiten haben sich nicht schon als Irrtum, Messfehler oder gedankliche Schlamperei erwiesen? Zum Stichwort Wasser sind im Folgenden ein paar solcher Irrtümer dargestellt. Gelehrte Fehlleistungen, populäre Irrtümer, grandioser akademischer Humbug in Ernährungswissenschaft, Physik, Epidemiologie, Astronomie, Ökologie und – immer wieder – Medizin.

Wasser und das Wannenbad

Ein mittelgroßes Glas fasst etwa 0,2 Liter Trinkwasser. Entsprechend sind etwa 750 mittelgroße Gläser Wasser nötig, um eine mittelgroße Badewanne zu füllen. Dass ein Bad in der Wanne ein verschwenderischer Umgang mit Trinkwasser ist, findet in neuester Zeit glücklicherweise immer öfter Erwähnung. Dass ein solches Bad im 17. Jahrhundert in den relevanten Kreisen der europäischen Gesellschaft als Dummheit galt, hatte andere Gründe.

Die Krone der Wissenschaft, nämlich die Leibärzte des Sonnenkönigs Ludwig XIV., warnte generell vor Bädern. Die menschliche Haut sei bekanntlich wasserdurchlässig, weshalb beim Bade eindringendes Wasser Krankheiten in den Körper einschleppen könne, die Organe schwäche und den Verstand beeinträchtige. Und obwohl der Sonnenkönig in Versailles über eine besonders große Badewanne verfügte, vermutet man heute, dass er aufgrund dieser nicht ganz korrekten Erkenntnisse nur ein einziges Mal in seinem Leben gebadet habe, nämlich im Jahr 1665.

Was allerdings entgegen gern verbreiteten Gerüchten nicht bedeutet, Ludwig XIV. habe gestunken. Im Gegenteil: Mehrmals am Tag wechselte er die Wäsche und ließ den Körper mit feuchten Tüchern abreiben. Wirklich tragisch wirkte sich beim Sonnenkönig nicht die verordnete Wasserphobie, sondern die Neigung seiner Ärzte zum Zähneziehen aus.

Gemäß der allgemeinen Erkenntnis, dass die meisten Krankheiten ihre Ursache in den Zähnen hätten, beschlossen Ludwigs Leibärzte, ihm schlicht und radikal alle Zähne zu ziehen, gerade weil diese noch gesund seien. Nach Ludwigs Zustimmung sowie einer Reihe von Operationen – und zahlreichen Komplikationen und weiteren Operationen – hatte der Sonnenkönig tatsächlich keine Zähne mehr, dafür mehrere Brüche in den Kieferknochen und ein Loch in der Gaumenplatte. Wenn er nun beispielsweise ein Glas Wasser trank, lief ihm ein Teil davon durch die Nase wieder hinaus. Und auch das ist – man muss es so sagen – eine Verschwendung von Trinkwasser.

Wasser und Sauerstoff

Bei den Münchner Marathon- und Stadtläufen der letzten Jahre war für die Läufer neben dem normalen Trinkwasser, das normale Helfer aus normalen Leitungen oder Hydranten reichten, oft noch anderes Wasser verfügbar. Egal ob als Werbeprobe (gratis und extrakalt) oder im Verkauf: Dieses andere Wasser war allerbestes Wasser, leistungsstärker, mit Sauerstoff angereichert – Powerwasser!

Der Gedanke ist gerade für Freizeitsportler wie mich so simpel wie begeisternd: Wer lange und schnell läuft, der holt nicht einfach Luft, nein, er ringt nach Sauerstoff, er schnappt danach, atmet schnell und gierig, keucht nicht nur bei Steigungen, sondern auch zwischendurch – eigentlich immer, wenn ihn der Ehrgeiz seiner Seele heftiger antreibt als der Bewegungsdrang seines Körpers. Wenn es da noch einen anderen Weg gäbe, dem Körper Sauerstoff zuzuführen? Das könnte helfen, die eigenen, viel zu engen Leistungsgrenzen komplett zu sprengen! Ungeahnte Möglichkeiten – oder ist sauerstoffangereichertes Powerwasser vielleicht sogar Doping? Nein? Gott sei Dank …

Nun, wie sollte etwas Doping sein, das eine derartige Wirkung überhaupt nicht haben kann? Eine simple Rechnung genügt, um den geschäftstüchtigen Unsinn einer Leistungssteigerung durch sauerstoffangereichertes Wasser zu verdeutlichen: Wasser kann Sauerstoff aufnehmen – aber nur bis zu maximal 150 Milligramm pro Liter. Handelsübliche Powerwässer bleiben meist unter 100 Milligramm pro Liter. Im Gegensatz dazu nimmt der Mensch mit der Atmung pro Stunde bis zu 500 Gramm Sauerstoff auf. 100 Tausendstel eines Gramms in einem Liter, 500 Gramm pro Stunde über die Atmung? Gut 5.000 Liter angereicherten Wassers müsste ich innerhalb einer Stunde trinken, um auf diesem Weg in eine dem Luftholen vergleichbare Dimension der Sauerstoffanreicherung zu gelangen.

Mein Körper, beschwert und ausgedehnt von 5.000 Litern Powerwasser – eine unangenehme Vorstellung ...

Wasser und Zeit

Zeit verrinnt. Warum aber „verrinnt" die Zeit? Wenn aus Zukunft Gegenwart und aus Gegenwart Vergangenheit wird, warum zerbröselt die Zeit bei diesem Vorgang nicht, schrumpft, zerfällt oder vermodert sie nicht? Warum ist das zentrale sprachliche Bild, das sich der Mensch für den Verlust von Zeit gewählt hat, das Bild einer sich bewegenden Flüssigkeit?

Irgendwann in der Antike kam der Mensch auf die Idee, von seinen knappen Trinkwasservorräten einen Teil abzuzweigen, um Zeit zu messen. Er erfand technisch aufwendige Apparate, „Wasseruhren", wie sie Ktesibios für den Mittelmeerraum und Vorderen Orient etwa folgendermaßen beschrieb: Aus einem ersten Gefäß, das durch Zu- und Ablauf einen immer gleichen Wasserstand aufweisen musste, lief Wasser durch eine Düse in ein zweites Gefäß. In diesem hob sich nach und nach ein Schwimmer, und auf dem Schwimmer gab eine Figur die Zeit mit einem Zeigestock auf einer Skala an, beispielsweise an einer Säule neben der Apparatur. Oft wurde auch statt der Figur über eine Zahnstange ein Getriebe in Bewegung gesetzt, das in einem komplizierten astronomischen Modell die Zeitverläufe und Bewegungen der Himmelsmechanik abbildete.

So wurde Wasser schon früh zum Maß der Zeit, stiegen mit den Schwimmern der Wasseruhren auch die Hoffnungen ihrer Benutzer auf den Sieg der Pünktlichkeit. Was für ein Irrtum! Als zu ungenau erwies sich diese Methode der Zeitmessung, zu wenig transportabel die Konstruktion, zu fehleranfällig der Mensch. Trotzdem haben die Wasseruhren der Antike Spuren hinterlassen. Als Meilenstein in der Geschichte der Wassermechanik, als grundlegender Zweifel am Konzept der Pünktlichkeit bei den Menschen in Mittelmeerraum und Vorderem Orient. Wer dort je auf exakte Einhaltung von Terminen angewiesen war, wird wissen, wovon die Rede ist.

Wasser und Verbrauch

Wovon sprachen wir gerade? Genau. Ökologisch gesehen macht uns so schnell niemand auf der Welt etwas vor. Wir trennen unseren Müll, drehen ständig Lichter aus, haben beim letzten Renovieren eine schicke Dusche statt der Badewanne einbauen lassen und besitzen sogar einen „50-prozentigen Reduktions-Wasserspar-Brausekopf"! Wir wollen nicht prahlen, aber unser täglicher Pro-Kopf-Wasserverbrauch kann sich in seiner Bescheidenheit wahrscheinlich sehen lassen. Sicher deutlich unterm Bundesdurchschnitt von 126 Litern. Das glauben Sie nicht? 4.000 Liter? Das könnten wir gar nicht bezahlen und außerdem …? „Virtuelles Wasser"? Nein, nie. Liebling, hast du mal gehört von …

Im Jahr 1995 prägte der Geograf Tony Allen den Begriff „virtuelles Wasser". Damit bezeichnete er die Gesamtmenge an Wasser, die nötig ist, um ein bestimmtes Produkt zu erzeugen. Die Zahlen, die bei seiner Berechnung herauskommen, sind schockierend: Der Genuss einer Tasse Tee ist mit 35 Litern Wasser erkauft, der einer Tasse Kaffee mit 140 Litern. Eine Maß Bier benötigt in der Produktion 300 Liter, ein Baumwoll-T-Shirt etwa 2.000 Liter und ein Durchschnitts-Pkw zwischen 20.000 und 300.000 Liter Wasser. Bei all diesen Zahlen sind immer auch die verdeckten Verbrauchsmengen eingerechnet. Da ein Rind beispielsweise nicht nur literweise *selbst* trinkt, sondern für die Bewässerung der von ihm verzehrten Futterpflanzen indirekt zusätzlich enorme Mengen Wasser verbraucht, schlägt ein Kilo Rindfleisch mit rund 15.000 Litern Wasser zu Buche. Die Folge ist eine horrende Wasserbilanz eines jeden Durchschnittsdeutschen: etwa 4.000 Liter pro Tag. Fast ausschließlich Süßwasser, zum großen Teil Trinkwasser. Gesammelt und erhoben werden diese Fakten vom Unesco-Institut für Wasserkunde vor allem zu dem Zweck, sinnlose und verschwenderische Anbau-, Konsum-, Import- und Exportgewohnheiten zu verändern. Mit dem Kauf einer 70-Gramm-Tomate aus dem wasserarmen Südspanien (ca. 13 Liter) tragen wir in München beispielsweise dazu bei, diese eh schon trockene Region zunehmend in eine Wüste zu verwandeln.

Übrigens – die Produktion von einem Kilo Papier verbraucht 750 Liter Wasser. Denken Sie daran, wenn Sie mit dem Gedanken spielen sollten, dieses Buch achtlos beiseite zu legen …

Wasser und Gift

Wo Trinkwasser knapp und kostbar war, herrschte immer auch die Angst, ein anderer könnte dieses Wasser unbrauchbar oder zur Gefahr für die daraus Trinkenden machen. Brunnenvergiften galt schon in der Antike als schweres Verbrechen. Wer den Vorwurf auf sich zog, Trinkwasser zu verunreinigen, brachte sich in große Gefahr. Oder wurde bewusst durch einen solchen Vorwurf in Gefahr gebracht …

In den Jahren 1347 bis 1349 starben Millionen Europäer eines unerwarteten Todes. Die meisten von ihnen – etwa 25 Millionen – als Opfer der Pestpandemie jener Jahre. Viele andere starben, weil ihnen der Vorwurf des Trinkwasservergiftens gemacht wurde. Das Resultat der gezielt verbreiteten Vorwürfe während jener Pestjahre: 350 ausgelöschte jüdische Gemeinden, hunderttausende Juden, die auf Scheiterhaufen verbrannt oder auf dem Rad zu Tode gefoltert wurden.

Meist begann es mit falschen Anschuldigungen: Jüdische Ärzte oder Apotheker hätten Brunnen und Quellen vergiftet. Dann folgten gefälschte Beweise, unter Folter erzwungene falsche Geständnisse, nur halbherziger Schutz durch die städtischen Patriziate und schließlich offene Ausschreitungen: Raub, Plünderung, Diebstahl, Mord und Folter, Zerstörung von Synagogen und Friedhöfen, erzwungene Bekehrung von Kindern, die man den Eltern weggenommen hatte. Pogrome in Spanien und Frankreich. Pogrome in der Schweiz, in Süddeutschland, später auch am Rhein.

Befördert und ermöglicht wurden diese Ausschreitungen auch durch die allgemeine aber irrtümliche Annahme, die Pest würde durch Gifte im Wasser entstehen und sich ausbreiten. Dazu kam die Beobachtung, dass die Seuche in vielen Städten die jüdischen Viertel später erreichte als den Rest der Stadt, was aber nur mit der Isolierung der Juden und ihren aufwendigeren Hygienevorschriften zu tun hatte. Und schließlich der materielle Aspekt: Ausgeplündert wurden nicht irgendwelche Bürger, sondern diejenigen, die zum Teil bedeutende Vermögen besaßen. Weitgehend ungeschützt vom städtischen Patriziat blieben damit auch solche (jüdischen) Bürger, bei denen die städtischen Honoratioren Schulden hatten. In Ulm schrieb ein christlicher Chronist, man habe die Juden „von irs gut wegen" verbrannt, in Straßburger Chroniken heißt es, die Löschung der Pfandbriefe und die Verteilung des Bargelds im Verlauf des Pogroms seien die eigentliche „vergift, die die juden dote" gewesen – die eigentliche Vergiftung, die die Juden tötete.

Und das Wasser? Das war nie vergiftet oder verschmutzt worden, nur politisch missbraucht – als Vorwand zu Verbrechen, Lügen und Verleumdungen. Biologisch war es wahrscheinlich trotzdem so sauber wie damals eben üblich: nämlich weniger sauber als heute.

Wasser und Weltraum

Genügend Trinkbares mitzunehmen ist für viele Reisende ein Problem. Für die Seefahrer zu Beginn der Neuzeit genauso wie für zukünftige Raumfahrer auf dem Weg zum Mars. Auf dem gibt es gerade mal ein paar bescheidene Eisvorkommen. Einst war man allerdings auf der Erde überzeugt, es gäbe auf dem Mars mehr Wasser. Gerade so viel, dass die Menschen Grund hätten, sich zu fürchten. Denn: Im Jahr 1877 entdeckte der italienische Astronom Giovanni Schiaparelli längliche Strukturen in der Landschaft der Marsoberfläche. Die nannte er „Canali", auf Deutsch also „Rinnen". In englischsprachigen Berichten von seiner Entdeckung wurden daraus irrtümlich „canals" – „Kanäle" – und weckten bei Fachleuten wie beim breiten Publikum die Vorstellung von Wasserversorgungs-, Schifffahrts- und Bewässerungskanälen. Der Astronom Percival Lowell entwickelte daraus die Theorie, eine hochstehende Marszivilisation würde ihren wasserarmen Planeten mit künstlichen Zuflüssen aus ihren Polregionen bewässern. Zu jener Zeit betrieben hierzulande vor allem aggressive Kolonialmächte große Kanalprojekte, und dies vor allem, um ihre Machtsphären zu erweitern. Kein Wunder, dass die Menschen bald auf den Gedanken kamen, die Marszivilisation könnte ähnlich eroberungsfreudig sein. Angst machte sich breit.

Und führte zu einer Reihe von fachlich nahezu indiskutablen populärwissenschaftlichen Abhandlungen und teilweise recht brauchbaren literarischen Erzeugnissen. Im Mittelpunkt stand fast immer die Invasion der Erde durch – mal durstige, mal kriegerische, technisch den Menschen aber stets überlegene – „Marsianer". Als lesenswerte Beispiele seien nur genannt die Erzählung *War of the worlds* von H.G. Wells (berühmt geworden durch die Hörspieladaption von Orson Welles im Jahr 1930) und der deutsche Roman *Auf zwei Planeten* von Kurd Lasswitz. Marsianer-Invasionsängste hielten sich noch weit ins 20. Jahrhundert. Nur langsam konnten sich wissenschaftlich begründete Zweifel gegen diese lieb gewordene Schauervorstellung durchsetzen. Und nur nach und nach gelang es den Menschen, sich gegenseitig hier auf der Erde das Leben so schwer zu machen, dass durstige Marsianer dagegen an Bedrohlichkeit verloren.

Wasser und Erinnerung

Eine Versuchsanordnung: In 50 kleine Glasschalen gibt man jeweils einen Tropfen einer ganz bestimmten Wassersorte, in weitere 50 Glasschalen je einen Tropfen einer anderen Sorte. Dann werden alle diese Tropfen bei minus 20 Grad gefroren, die Eiskristalle unterm Mikroskop fotografiert, jeweils eines dieser 50 Fotos pro Wassersorte ausgewählt und: Es erweist sich, dass auf diesen ausgewählten Fotos die jeweiligen Wässer unterschiedliche „Gesichter" machen. Sie unterscheiden sich, je nachdem, was für ein Schicksal das betreffende Wasser zuvor durchlebt hat. Das eine Wasser kommt aus einem Erdbebengebiet und zeigt ein „unglückliches Gesicht", ist unharmonisch und unschön – ähnlich den Wässern, die mit Heavy-Metal-Musik beschallt oder denen böse Gedanken laut vorgesprochen wurden. Anderes Wasser, beispielsweise aus einer reinen Quelle, zeigt originellerweise ein „glückliches" Gesicht und ist schön anzusehen – ähnlich den Wässern, die mit Mozart beschallt oder mit positiven Gedanken besprochen wurden.

Der Versuch stammt von dem Japaner Masaru Emoto und soll – so jedenfalls seine Hoffnung – belegen, dass Wasser Emotionen und Informationen speichert. Das Interessanteste daran: Emoto steht mit dieser These nicht allein, sondern ist einer der Stars einer sich ausbreitenden Wasser-Esoterik-Szene.

Wasser ist eine rätselhafte Flüssigkeit. Die bekannteste Anomalie des Wassers – dass es bei plus vier Grad Celsius seine höchste Dichte hat – ist nur eine unter vielen Eigenschaften, mit denen Wasser nicht den Erwartungen der Wissenschaft entspricht. Diese Unkalkulierbarkeit begünstigt allerdings auch das Blühen von Thesen, die eher durch Fantasie oder Geschäftssinn als durch stets zweifelnden wissenschaftlichen Geist angeregt sind.

Die These, Wasser habe ein Gedächtnis, führt dabei nicht nur zu Emotos Fotos. Sie inspiriert – über den Gedanken, dass Wasser mit positiven Erinnerungen beziehungsweise Informationen dem Menschen guttue – auch eine Reihe kommerziell recht erfolgreicher Unternehmungen. Ob nun „Granderwasser", „levitiertes", „vitalisiertes" oder „belebtes" Wasser – all das ist im Handel zu erwerben. Gemeinsam ist diesen Wässern, dass sie nicht ganz billig sind, von einer großen Schar von Gläubigen für gesundheitsfördernd bis lebenswichtig gehalten werden und dass ein tatsächlicher Unterschied zu normalem Leitungswasser genauso wenig nachweisbar ist wie jeder noch so geringe medizinische Effekt.

Nicht erforscht ist übrigens bislang, welches Gesicht diese Grander- oder levitierten Wässer auf Masaru Emotos Fotos machen. Würden sie weinen? Würden sie lächeln? Würden sie uns die Zunge rausstrecken?

Wir wissen es nicht.

Die Wasserversorgung in München – eine historische Betrachtung

Rainer List, Jörg Schuchardt

Wasser ist ein besonderes Element, gleichsam der Zaubertrank, der Leben auf der Erde erst ermöglicht. Wasser ist Lebensgrundlage, ist das wichtigste Lebensmittel überhaupt.

> Wasser, du hast weder Geschmack noch Farbe noch Aroma.
> Man kann dich nicht beschreiben.
> Man schmeckt dich, ohne dich zu kennen.
> Es ist nicht so, dass man dich zum Leben braucht:
> Du selber bist das Leben.
>
> *Antoine de Saint-Exupéry*

Die Übergänge von einer historischen Epoche zur nächsten sind häufig mit bedeutenden technischen Leistungen oder Schlüsselerfindungen verbunden. Diese Innovationen wären ohne Wasser als Lebensgrundlage und Energieträger überhaupt nicht denkbar gewesen.

So ist die Entwicklungsgeschichte der Zivilisation vor allem eine Geschichte der Wassernutzung und -versorgung. Menschen siedelten immer bevorzugt dort, wo es einen leichten Zugang zum Wasser gab: Sie gründeten ihre Dörfer und Städte meist an Quellen, Bächen, Flüssen oder Seen, denn diese Reservoire spendeten in ausreichender Menge Trinkwasser. Mit dem Entstehen größerer Kulturräume und Siedlungskonzentrationen entwickelte sich die „künstliche" Bereitstellung von Wasser zu einer übergeordneten Aufgabe des Gemeinwesens. Bereits aus der Antike sind uns zahlreiche Beispiele hoher „Wasserkünste" überliefert.

Vitruv, der große Baumeister des Altertums, widmete den achten Band seines Werkes „Baukunst" dem Wasser. Darin gibt er genaue Anleitungen für den Bau von Wasserversorgungsanlagen. Außerdem veranschaulicht er, wie zu seiner Zeit die Qualität eines natürlichen Wasservorkommens geprüft wurde:

> Ist es ein am Tage fließendes Wasser, so beobachte man mit vieler Aufmerksamkeit, bevor man es zu leiten anfängt, die körperliche Beschaffenheit – membratura – der in der Nähe wohnenden Menschen. Sind diese stark, von frischer Gesichtsfarbe und leiden weder an Fußkrankheiten noch an triefenden Augen: so ist das Wasser bewährt.

Die frühen Siedlungen und Städte sammelten ihr Wasser in Zisternen. Bereits die Städte der Antike bauten Fernleitungen, wovon die wenigen erhaltenen Aquädukte der Römer noch heute Zeugnis ablegen. Mit dem Zerfall des Römischen Reiches gerieten für lange Zeit allerdings auch großartige Wasserversorgungstechniken in Vergessenheit. Viele Aquädukte wurden im Mittelalter buchstäblich zu Steinbrüchen umfunktioniert und damit zerstört.

Erste Wasserversorgung in München

Ab dem 12. Jahrhundert kamen neu gegründete Städte zu den historisch gewachsenen Orten im Gebiet des heutigen Deutschlands hinzu. Heinrich der Löwe gründete München 1158 einerseits gezielt an einem wirtschaftlich günstigen Standort, andererseits auch in der Gewissheit, dass das Wasser der Isar den Menschen einen guten Lebensraum schuf.

Die Stadt München entwickelte sich, und mit ihr bildete sich ein System der Wasserversorgung aus. Die Isar und ihre Arme sowie später auch eigens geschaffene Stadtbäche flossen durch die Viertel. Dabei erfüllten die Bäche mehrere wichtige Funktionen: Sie versorgten die Menschen mit Brauch- und Trinkwasser und ihr Wasser diente als Löschmittel gegen die immer wieder auftretenden Feuersbrünste in der Stadt.

Für die wirtschaftliche Entwicklung Münchens war die Verfügbarkeit ausreichender Wassermengen eine wesentliche Voraussetzung. Das kühle Nass der Stadtbäche trieb eine Vielzahl von Mühlen für die verschiedensten Handwerke an. Es gab Mahlmühlen, in denen Korn zu Mehl verarbeitet wurde. Die Sägemühlen fertigten Bauholz, Papier-, Gewürz- und Pulvermühlen schufen begehrte Alltagsprodukte. Mühlen trieben aber auch die Hammerwerke der Schmiede oder der Kupfer- und Messingverarbeitung an. Auch Braustätten waren vom Wasser abhängig. Weitere Handwerke machten sich das Wasser in anderer Form zunutze. So siedelten und arbeiteten die Färber und Tuchmacher, die Metzger, Gerber und Lederer in der Nähe der Bäche. Noch heute zeugen Straßennamen von den früher offen durch die Stadt verlaufenden Bächen und ihrer Nutzung: Am Glockenbach, Brunnstraße, Färbergraben, Lederergasse, Hofgraben, Kanalstraße, Quellenstraße oder Westermühlstraße.

Mit dem heutigen hygienischen und ökologischen Verständnis lässt sich nur schwer nachvollziehen, mit welcher Wasserqualität sich die Menschen zur damaligen Zeit nach dieser intensiven Nutzung der Fließgewässer durch die Handwerke zufriedengeben mussten. Schließlich boten die Bäche gleichzeitig eine bequeme Gelegenheit, sich des menschlichen Unrats und des Abfalls zu entledigen. Die Bachläufe dienten zwar der Reinerhaltung der Stadt, sie wurden selbst aber immer mehr zu Kloaken. Als München im 15. und 16. Jahrhundert von schweren Rattenplagen heimgesucht wurde, belohnte der Rat jeden Einwohner, der eine tote Ratte zum Isartor brachte, mit einem Pfennig. Entsorgt wurden die Tierkadaver in die Isar.

Nicht zuletzt aufgrund solcher Umstände gewannen Brunnen zur Versorgung von Haushalten und Gewerbe schon früh an Bedeutung. Der erste öffentliche Brunnen in

„Prospect des grossen Marckt, gegen U. L. Frauen Kirch zu München", Nordseite des Marienplatzes um 1730, kolorierter Kupferstich, Münchner Stadtmuseum (Sammlung Graphik und Gemälde, Inventar-Nr. P 347)

München wird 1318 in einer Urkunde erwähnt. In einem anderen Bericht finden wir 1364 einen Hinweis auf die Tischlerwitwe Adelheid Perchtold, Besitzerin des Hauses „Am Oberen Brunnen", der vermutlich eine öffentliche Wasserstelle war.

Die ersten Brunnen waren Schöpf- und Ziehbrunnen, aus denen das Grundwasser mit einem Eimer geschöpft wurde, der dann über eine galgen- oder kranartige Vorrichtung hochgezogen wurde. Erst im 17. Jahrhundert lösten Pumpbrunnen, sogenannte Gumper oder Gumpter, nach und nach die meisten Schöpf- und Ziehbrunnen ab.

Man unterschied in öffentliche Brunnen, für die sich im 18. Jahrhundert auch die Bezeichnung „Stadtbrunnen" einbürgerte, und Genossenschafts- oder Gemeinbrunnen. Die öffentlichen Brunnen waren allerorts beliebter Treffpunkt und Ort der Kommunikation für „Frauen und Mägde".

Die Brunnengenossenschaften bezeichnete man als „Brunn-Gemein" oder „Brunn-Nachbarschaft". Seit dem Beginn des 15. Jahrhunderts bis ins 18. Jahrhundert hinein blieb der genossenschaftliche Brunnen die übliche Art der Quartiersversorgung. Außerdem gab es noch zahlreiche private Brunnen in Einzelanwesen.

Aus dem Jahr 1489 stammt der erste erhaltene Hinweis auf die Bedeutung des Grundwasserschutzes. Damals bestimmte die Münchner Bauordnung, niemand dürfe durch den „Letten" graben, wenn eine neue Abortgrube gebaut wurde. Der „Letten" ist die Flinzschicht, ein feinsandig-toniges und daher wasserundurchlässiges Gestein im Untergrund.

Die Anzahl der öffentlichen Brunnen und ihre oft künstlerisch aufwendige Gestaltung waren deutliche Zeichen des Wohlstandes und der wirtschaftlichen Macht einer Stadt. 1492 besuchte Andrea de Franceschi, der spätere Großkanzler von Venedig, München. Beeindruckt von ihrer Schönheit, schrieb er in seinem Reisebericht, München sei eine sehr vornehme Stadt, città nobilissima, mit prächtigen kieselsteingepflasterten Straßen und mit weiten Plätzen, in deren Mitte Brunnen stünden. Bei diesen handelte es sich vorwiegend um „Laufbrunnen", die gegen Ende des 15. Jahrhunderts entstanden. Aus ihnen lief ständig frisches Wasser, so wie wir es heute noch von vielen Zierbrunnen kennen. Die Funktionsweise der Laufbrunnen setzte die Kenntnis und Nutzung von Wasserleitungen voraus.

In der Folgezeit wurden immer mehr Brunnhäuser als Sammel- und Verteileinrichtungen gebaut. Das Wasser wurde an den Quellen gefasst und den Brunnhäusern zugeleitet. Diese waren mit Wasserrädern als Hebeeinrichtungen ausgestattet, um das Wasser zu höher gelegenen Verbrauchsstellen zu verteilen. Die Rohre, damals Deicheln oder Teucheln genannt, bestanden zunächst aus ausgehöhlten und zu Röhrenfahrten zusammengefügten Baumstämmen. Ab dem 18. Jahrhundert wurden sie mehr und mehr durch Leitungen aus Metall abgelöst. Bald schon gab es auch erste Wasserbriefe, mit denen der Stadtrat die öffentliche Wasserabgabe regelte. Die Wasserbriefe sind Vorläufer der späteren Wasserbücher, die heute, als offizielle Dokumente mit den Katasterbüchern zu vergleichen, Eigentums- und Nutzungsrechte am

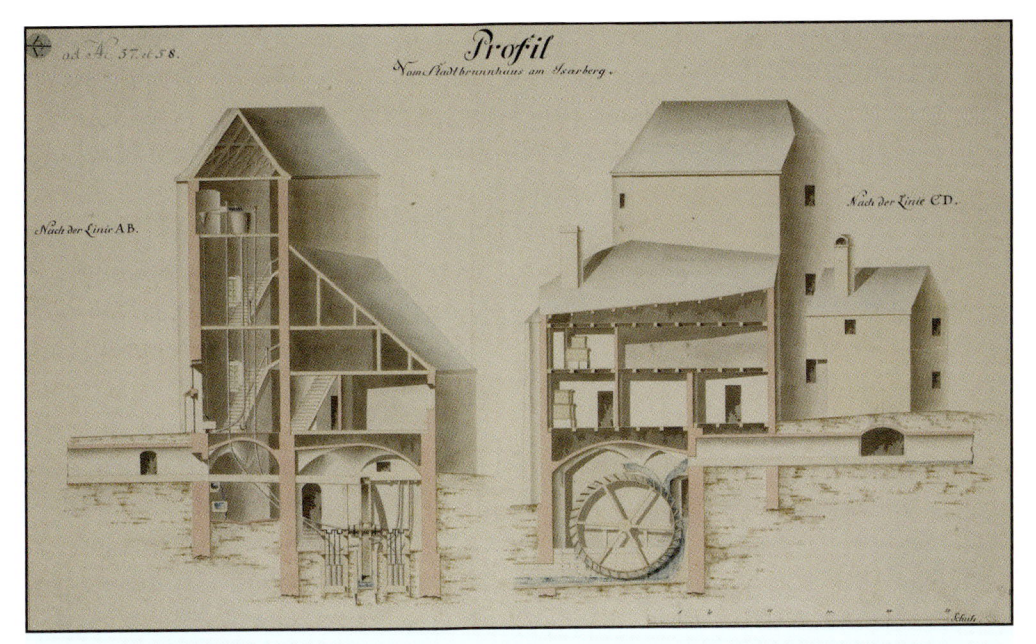

Profil vom Stadtbrunnhaus am Isarberg 1798, zwei Schnitte, Tusche und Blei, aquarelliert, 1798, Münchner Stadtmuseum (Sammlung Graphik und Gemälde, Inventar-Nr. VIII 4/14)

Wasser amtlich verzeichnen. In den damaligen Wasserbriefen ist unter anderem die Verpflichtung der Stadt dokumentiert, „niemals von Ersparung wegen des Uncostens die Unterhaltung der Brunnenanlagen zu vernachlässigen", gleichsam eine Verpflichtung zur Sicherstellung einer geordneten Versorgung.

Münchner Wasserbriefe von 1555 zeugen von der Entstehung des städtischen Brunnwesens. Die Bezugsmenge für die Abnehmer war in jener Zeit zunächst begrenzt auf die Lieferung einer „Anzahl" Wassers, was zwei „Münchner Eimern" zu je 60 Liter in der Stunde entsprach. Dafür hatten die Grundstücks- oder Hauseigentümer der Stadt eine einmalige Zahlung von 150, später 200 Gulden zu tätigen. Sie erwarben damit „auf ewig" das Recht auf Wasserlieferung.

Als Eichmaß wurde später der „Ewigsteften", ein geeichter eiserner Stift zum Verschluss der Ausflussöffnung in der Wasserleitung, eingeführt. Mit der Zeit bildete sich ein eigenes städtisches Aufsichtsorgan heraus, dem als erster städtischer Brunnmeister Hans Gasteiger diente. In späteren Jahren wurden dem Brunnmeister, der nun die Aufsicht über die städtische Trinkwasserversorgung, die Stadtbrunnhäuser und über die öffentlichen Brunnen hatte, mehrere Brunnknechte zur Seite gestellt.

Mit dem städtischen Brunnwesen entstand auch das unabhängige Hofbrunnwesen zur Versorgung der Residenz in München mit den Bediensteten und der Hofgesellschaft. Im Jahr 1875 werden sieben Stadtbrunn- und sechs Hofbrunnhäuser erwähnt. Das letzte Brunnhaus, nach Max von Pettenkofer benannt, wurde noch 1864/1865 bei Thalkirchen in Betrieb genommen.

Alle Brunnhäuser lieferten zusammen 23.172 Liter pro Minute, dies entspricht 33.367 Kubikmetern am Tag. Legt man diese Menge auf die damalige Einwohnerzahl Münchens um, ergibt sich im Jahr immerhin ein Wasserverbrauch von 53 Kubikmetern pro Kopf, also ungefähr die Menge, die ein Münchner auch heute noch für den häuslichen Bedarf verbraucht.

Die Rohrleitungen hatten Ende des 19. Jahrhunderts bereits eine Länge von 120 Kilometern. Daneben existierten 69 öffentliche Brunnen zur Versorgung von 3.163 Häusern. Die Brunnhäuser verloren mit dem Bau der Wasserleitung aus dem Mangfalltal ihre Bedeutung. 1885 gab es aber immerhin noch 3.516 private Brunnen in der Stadt.

Doch hatten sich bereits um 1800 die Probleme mit der Wasserversorgung zusehends gehäuft. In dieser Zeit bewarb sich Joseph von Baader, „Oberbergrat, Hofbrunnwesensdirektor und Akademiker", um die Stelle eines Maschinen- und Wasserbaudirektors bei Hof. Er schrieb, dass es in Deutschland keine Stadt mit so viel fließendem Wasser gäbe wie München, aber auch keine Stadt, die ihr Wasservorkommen so schlecht nutze und in der die Wasserversorgung in so schlechtem Zustand sei. Vergeblich bemühte er sich, Hof- und Stadtbrunnwesen unter seiner Direktion zu vereinen.

Immer häufiger kam es aufgrund des mächtigen Wachstums der Stadt zu Wassermangel und Versorgungsengpässen. Nicht selten behalf man sich, indem Bachwasser in die Brunnhäuser gepumpt und dann als „Trinkwasser" weitergeleitet wurde. Die Fischer verweigerten 1841 sogar die Marktgebühr, da die schlechte Wasserqualität die Fische im Fischbrunnen am Viktualienmarkt verenden ließ. Der Brunnentrog diente den Fischern dazu, ihren Fang für den Verkauf frisch zu halten.

Dass die Wassernutzung nicht immer ganz einvernehmlich verlief, bezeugt die noch heute gebräuchliche Redewendung vom „Abgraben des Wassers". Von einem

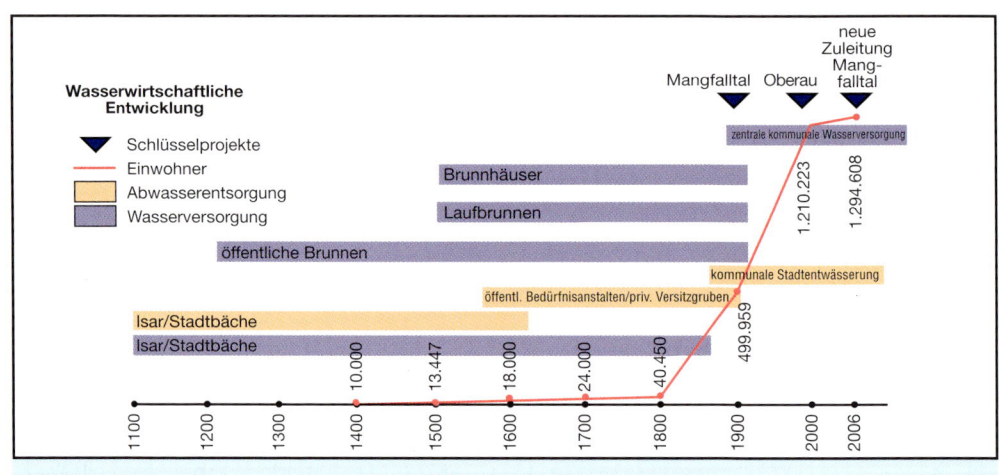

Entwicklung der Bevölkerung sowie der Wasserver- und Abwasserentsorgung in München

solchen „unfreundlichen Akt" sprach man, wenn ein Hausbesitzer seinen Brunnen so anlegte, dass er dem Nachbarn das Wasser buchstäblich abgrub.

Wasser aus dem Mangfallgebiet

Am Anfang großer Innovationen stehen oft Katastrophen. Mitte des 19. Jahrhunderts befand sich München wie viele andere Städte im industriellen Aufbruch. 1854 beherbergte die Stadt die „Erste Allgemeine Deutsche Industrieausstellung". Im selben Jahr brach die Cholera zum zweiten Mal innerhalb weniger Jahre aus. Bereits 1836 waren bei einer Epidemie etwa 6.000 Menschen erkrankt, von denen fast die Hälfte ums Leben gekommen war.

Eine umgehend eingerichtete „Commission für wissenschaftliche Erforschung der indischen Cholera" beauftragte den renommierten Professor der medizinischen Chemie Max von Pettenkofer, die Ursachen und Ausbreitungswege der Cholera zu erforschen, um sie eindämmen zu können. Bald identifizierte er die Ursache im Fehlen einer geregelten Trinkwasserversorgung. Aber auch an einer geordneten Abfall-, Fäkalien- und Abwasserentsorgung mangelte es. Die Frage der „Assanierung", also der Schaffung gesunder Verhältnisse, in der Stadt wurde zum Hauptthema der gemeindlichen Kollegien erhoben. Wie mühsam die weiteren Entscheidungen getroffen wurden, lässt sich an der Tatsache ablesen, dass es erst einer weiteren großen Epidemie im Jahr 1872 bedurfte, bis der Magistrat die Aufgaben einer Gesamtsanierung der Stadt wirklich aufgriff und in die Tat umsetzte.

In diesem Zusammenhang ist es interessant festzustellen, dass nahezu zeitgleich in allen großen europäischen Städten, ja sogar in Japan, die gleichen Fragen anstanden. Hamburg, London oder Tokio hatten mit vergleichbaren Problemen zu kämpfen. Stets waren durch verunreinigtes Wasser verursachte Epidemien wie Cholera oder Typhus Auslöser für die Schaffung neuer Versorgungsstrukturen.

Auf Antrag des Magistrats-Bauausschusses wurde im Januar 1874 beschlossen, eine Kommission aus Mitgliedern der Gemeindekollegien unter Hinzuziehung anerkannter Sachverständiger, unter anderem Max von Pettenkofers, einzusetzen. Schnell kam man zu der Erkenntnis, dass die Zuführung von mehr frischem Wasser allein das Problem nicht lösen konnte. Zusätzlich wurde eine Kanalisation der Straßen, eine möglichst rasche und geordnete Abfallbeseitigung und eine regelmäßige Entleerung der Abortgruben gefordert.

Über die Frage, wie die Neuordnung der Wasserversorgung aussehen sollte, gingen die Meinungen auseinander, und es wurden unterschiedliche Ansätze vorgeschlagen. Bereits 1874 erläuterte der Königliche Baurat und Ingenieur B. Salbach aus Dresden sein Modell der Wassergewinnung im Mangfalltal. Streitigkeiten über die Urheberschaft dieser Idee machten jedoch weitere Untersuchungen erforderlich.

Im November 1876 legte der Leipziger Zivilingenieur Adolf Thiem eine Gegenüberstellung bisher ausgearbeiteter Projektideen vor. Der Kumulativausschuss für die Beratung der Wasserversorgung, Kanalisation und Fäkalabfuhr bildete im April 1877 eine „Subkommission". Ihr gehörten der Oberbergrat Dr. Gümbel, der Bankoberinspektor Erhard, der Baurat Zenetti, der Magistratsrat Schanzenbach und der Gemeindebevollmächtigte Eckardt an. Die Experten hatten zu entscheiden, welcher Vorschlag aus den fünf interessantesten Projektmodellen realisiert werden sollte. Zur Diskussion standen folgende Ideen:

- Das Projekt Isartal mit Nutzung der Quellen bei Großhesselohe
- Das Projekt Gleisenthal
- Die Nutzung von Wasservorkommen bei Buchendorf und Baierbrunn
- Die Nutzung der Kesselbergquellen und des Walchensees
- Das Projekt Mangfalltal

Außerdem dachte man über eine Wassergewinnung aus dem Würmsee, dem heutigen Starnberger See, und der Pupplinger Au nach. Diesen Vorschlägen stand ein Gutachten des Architekten- und Ingenieurvereins gegenüber, das empfahl, vorhandene oder in Stadtnähe gelegene Wasserwerke in Betracht zu ziehen. Im Übrigen sei erst die endgültige Wahl eines Abortsystems abzuwarten, da vorher der wirkliche Wasserbedarf nicht festgestellt werden könne.

Schließlich beantragte das Gremium am 17. Dezember 1879, „die Wasserversorgung der Stadt München aus den Quellen des Kasperlbaches und jenen zwischen Weigl- und Maxlmühle (später „Mühlthaler Hangquellen" genannt) nach dem von der Subkommission vorgeschlagenen Projekt durchzuführen".

In der Magistratssitzung vom 24. Februar 1880 wurde der Antrag nach Vortrag von Baurat Zenetti bei einer Gegenstimme genehmigt. Nun galt es noch, das Projekt durch das Gemeindekollegium bestätigen zu lassen, wo zahlreiche Gegner des Vorhabens vertreten waren. Nach Abwägung der unterschiedlichen Interessen sprach schließlich alles für die Nutzung des Mangfalltals. Insbesondere das Unterfangen des Bierbrauers Sedlmayr, der mit Genehmigung und auf Kosten der Stadt 100 Hektoliter Wasser per Achse nach München bringen ließ, um Bier daraus zu brauen, wurde vom Magistrat für gut befunden.

Nach langer Debatte stimmte am 24. März 1880 auch das Gemeindekollegium mit einer knappen Mehrheit dem Antrag des Magistrats zu.

Bereits kurz nach dieser Entscheidung beantragte der Magistrat beim Königlichen Bergamt die Festsetzung eines Schutzgebietes für die Mühlthaler Quellen. 1883 sprudelte quellfrisches Mangfalltal-Wasser aus einer Brunnenfontäne am Sendlinger-Tor-Platz. Schnell zeigte sich die Überlegenheit der neuen städtischen Wasserversorgung, sodass man 1904 deren Vereinigung mit dem Hofbrunnwesen vertraglich festlegte.

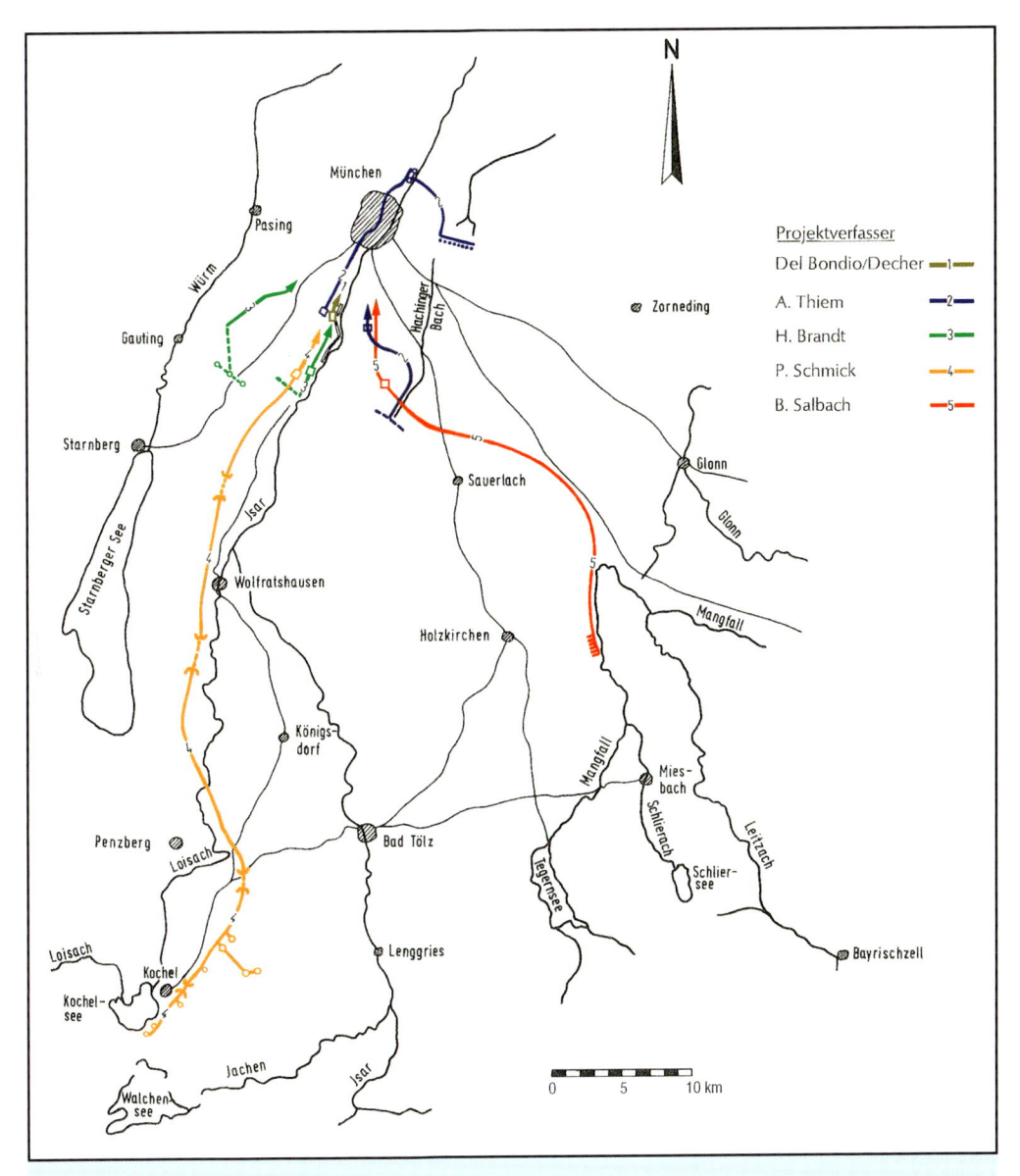

Vergleichende Übersicht der untersuchten Wasserversorgungsprojekte von 1876–1879. Zusammengestellt aufgrund des Vortrags von Herrn Baurat Zenetti in der Magistratssitzung vom 24. Februar 1880.

Die Entscheidung, das Wasser aus so weiter Entfernung vom Mangfalltal aus nach München zu leiten, erforderte einigen Mut. Sie sollte sich jedoch als sehr weitsichtig erweisen: Noch heute stammen 80 Prozent des jährlichen Wasserbedarfs der Stadt aus diesem Gewinnungsgebiet. Die Bürgerinnen und Bürger der Stadt München zapfen aus ihren Leitungen quellfrisches und naturbelassenes Wasser.

Max von Pettenkofer (1818-1901)

Wolfgang G. Locher

≈ Der Innovator der Münchner Trinkwasserversorgung

Max von Pettenkofer hat als Hygieniker im 19. Jahrhundert nicht nur den Ruf Münchens als Wissenschaftsstandort mitbegründet. Er verhalf der bayerischen Metropole auch zum Image einer besonders „gesunden Stadt".[1] Kernstück dieser Metamorphose Münchens von einem „Typhusnest" zu einem Standort mit gesundheitlichem Renommee war der von Pettenkofer gedanklich erstmals entworfene Aufbau einer effizienten Wasserversorgung und eines untrennbar damit verknüpften modernen Abwassersystems.

Der am 3. Dezember 1818 in Lichtenheim im Donaumoos geborene Max von Pettenkofer war im Alter von acht Jahren nach München gekommen. 75 Jahre lang blieb er anschließend durch Leben, Erziehung und Beruf mit München verbunden. Sein eindrückliches wissenschaftliches Lebenswerk erstreckt sich von der analytischen, physiologischen und technischen Chemie über die Hygiene und Stoffwechselforschung bis zur Epidemiologie, in deren Rahmen er sich intensiv mit der Entstehung und der Ausbreitung der Cholera beschäftigte. Bemerkenswert ist, dass nahezu alle seine Erkenntnisse von unmittelbar praktischem oder wirtschaftlichem Nutzen waren.[2] Dies gilt auch mit Blick auf seine Rolle bei der Versorgung der Münchner Bevölkerung mit der Ressource Wasser.

Drei Aspekte sind dabei hervorzuheben. Grundsätzlich stand hinter allem die allgemeine Gesundheitspflege, die Pettenkofer zu einer anspruchsvollen Wissenschaft formte und mit der er gegen niedere Hygienestandards vorging. Als Zweites ist sein Blick auf das Lebenselixier Trinkwasser zu gewichten. Und schließlich kommt man in unserem Zusammenhang auch an dem verheerenden Auftritt der Cholera im 19. Jahrhundert und an Pettenkofers kühner Choleratheorie nicht vorbei. Die Cholera machte die Trinkwasserversorgung zu einem Gipfelthema in Wissenschaft und Politik und veranlasste Pettenkofer zu seinem nachhaltigen Plädoyer für sauberes Wasser und reinen Boden.

Max von Pettenkofer, fotografiert 1872 von J. Albert (Pettenkofer-Archiv/Institut für Geschichte der Medizin, LMU München)

Pettenkofer als Pioniergestalt der Hygiene

Der gelernte Apotheker und Arzt Max von Pettenkofer fand seine berufliche Erfüllung nicht in der Behandlung von einzelnen Patienten. Er begnügte sich auch nicht damit, Leiden möglichst frühzeitig erkennen zu wollen. Pettenkofer suchte nach Mitteln und Wegen, um Krankheiten zu verhüten. Mit diesem Ziel vor Augen formte er die traditionelle Gesundheitslehre zu einer modernen Wissenschaft. Zum einen entwickelte er die alten, schon seit der Antike vertrauten Regeln persönlicher Hygiene auf der Basis der experimentellen Forschungsmethode weiter. Zum anderen forderte Pettenkofer auch ein neues hygienisches Bewusstsein für die Umwelt.

Unter Pettenkofer reifte die Hygiene überdies zu einer Disziplin, die präzise und verlässliche Antworten auf gesundheitliche Fragen liefern konnte. Intuitiv hatten Menschen die Beziehung zwischen persönlichem Lebensstil, sauberer und verschmutzter Umgebung einerseits und Gesundheit und Krankheit andererseits schon seit langem gesehen – trotz Unkenntnis der tatsächlichen Kausalketten. Und auch die Ärzte wussten eigentlich darüber meist nicht mehr, als was jedem Laien das Gefühl sagte.[3] Wie der Zusammenhang zwischen menschlichem Organismus und seiner Umwelt in naturwissenschaftlicher Prägnanz tatsächlich ist, dieser Frage widmete Pettenkofer sein Lebenswerk. Er wollte wissen, was „frische Luft" und „sauberes Was-

Das 1879 eröffnete Hygienische Institut der Ludwig-Maximilians-Universität München – ein wichtiges Zentrum für die Trinkwasserkontrolle (das heutige Max von Pettenkofer-Institut, Pettenkoferstr. 9a)

ser" in wissenschaftlicher Terminologie sind, was eine „gute Nahrung" und „gute Kleidung" ausmacht und wann eine Wohnung „gesund" ist. Die Entschlüsselung der Zusammenhänge zwischen dem menschlichen Organismus und seiner Umgebung bildete für Pettenkofer die Grundvoraussetzung jeder erfolgreichen Krankheitsvorbeugung.

Um auf diesem Weg voranzukommen, verknüpfte Pettenkofer die medizinische Expertise mit Physik, Chemie, Technik und Statistik.[4] Mit diesem heute hochmodernen „Crossover-Denken" schuf Pettenkofer mit seiner Version von Hygiene das erste moderne interdisziplinäre Fach in der Medizin. Zu Recht gilt Pettenkofer daher als Wegbereiter der modernen hygienischen Wissenschaft. Seine Anstrengungen führten 1865 auch zur Integration des Faches Hygiene in die ärztliche Studienausbildung und zur Einrichtung von Ordinariaten für Hygiene an allen bayerischen Universitäten. International war Bayern damit auf diesem Sektor führend. Pettenkofer selbst erhielt den neu gegründeten Lehrstuhl für Hygiene in München. Mit dem 1879 eröffneten Hygieneinstitut schuf Pettenkofer schließlich das weltweit erste Kompetenzzentrum für Hygiene und Umwelt.[5]

Pettenkofer als Trinkwasserexperte

Da Wasser im menschlichen Leben eine zentrale Rolle spielt, richtete Pettenkofer vor dem substanziellen Hintergrund einer konsequent entwickelten und kartografierten Hygiene den Blick naturgemäß auch auf hygienisch einwandfreies Wasser. Auch in diesem Fall konnte Pettenkofer an die alte Wissenstradition anknüpfen. Die Sorge um reines Trinkwasser spielte schon im Altertum eine große Rolle, wo technische Meisterleistungen wie Wasserfernleitungen oder Abwassersysteme erstmals eindeutig in den Dienst der Gesundheit gestellt wurden. Auch im Mittelalter wurde die Sorge um das Element Wasser als kommunales Aufgabenfeld angesehen. Seit dem 14. Jahrhundert befassten sich zahlreiche städtische Verordnungen mit der Überwachung des Trinkwassers. Allerdings blieb hygienisch einwandfreies Wasser bis in die Mitte des 19. Jahrhunderts eine Mangelware.[6]

So stand die Sorge um die Trinkwasserqualität für Pettenkofer im Gesundheitsschutz auch ganz oben. Der Analyse und Begutachtung von Wasser schenkte er höchste Priorität. An seinem Institut entwickelte Pettenkofer eine moderne Qualitätskontrolle für das kostbare Nass. Eingehend instruierte Pettenkofer die Kursteilnehmer in der korrekten Entnahme von Wasserproben. Physikalisch wurde das Wasser zunächst auf Phänomene untersucht, die den Menschen ganz einfach gefallen oder missfallen. Dazu gehörten Klarheit, Farbe, Temperatur, Geruch und Geschmack. Mit dem Mikroskop fahndete man nach gelösten Partikeln.

An die physikalische Prüfung schloss sich die aufwendigere chemische Analyse des Wassers an, um Belastungen mit Schadstoffen wie Nitrat (Salpetersäure, HNO_3) und Nitrit (salpetrige Säure, HNO_2) festzustellen. Als weitere Problemstoffe galten damals auch schon Chlorid, Kalk, Magnesium, Ammoniak (NH_3), Schwefelsäure (H_2SO_4) und schließlich auch Schwefelwasserstoff (H_2S). Dieses farblose Gas entstand bei der Verwesung von tierischen und pflanzlichen Abfällen in Latrinen und Abwasserkanälen. Aus diesen sickerte immer wieder eine trübe und ungeklärte Brühe in Trinkwasserbrunnen ein. Über die Hofbrunnen wurden zu jener Zeit sowohl Trink- als auch Nutzwasser vielfach noch aus einem durch Fäkalien und Haushaltsabfälle verunreinigten Boden entnommen. Um Wasser effizient zu reinigen, schenkte Pettenkofer schließlich auch der Filtration von Trinkwasser die nötige Aufmerksamkeit. Ab Mitte der 80er Jahre des 19. Jahrhunderts wurden in die Prüftabelle zunehmend auch mikrobiologische Untersuchungen eingebaut, die zeigen sollten, ob Wasser mit Mikroorganismen kontaminiert war.[7]

Mit diesem Untersuchungsprogramm trug Pettenkofer ganz wesentlich zur Bestimmung von Qualitätskriterien für hygienisch einwandfreies Trinkwasser bei. Daran orientierte sich auch die Stadt München, als sie vor über 130 Jahren den Plan zu einer modernen zentralen Wasserversorgung fasste. Das erschließbare Wasser sollte klar, farb- und geruchlos und frei von jeder Trübung sein. Die Temperatur des Wassers musste am Ursprungsort übers Jahr möglichst konstant sein. Zu beachten war auch eine Obergrenze für den Kalkgehalt, wobei damals maximal 20 Härtegrade als zulässig angesehen wurden. Grenzwerte wurden auch für Rückstände, wie zum Beispiel Salpetersäure, festgelegt.[8]

Sauberes Wasser für den Trinkgenuss zu beschaffen, war für Pettenkofer jedoch nur ein Teil der von ihm als elementar betrachteten Aufgabe. Im Dienste der Gesundheit forderte Pettenkofer ein weit darüber hinausgehendes umfassendes Wassermanagement. Dieses Gesamtprojekt findet seine Ableitung explizit in der von Pettenkofer vertretenen Choleratheorie.

Pettenkofer als Choleraforscher

In die Choleraforschung schaltete sich Max von Pettenkofer um die Mitte des 19. Jahrhunderts ein. Die in Indien endemische und auch als „asiatische Brechruhr" bezeichnete infektiöse Darmerkrankung steuerte ab den 20er Jahren des 19. Jahrhunderts in hohem Tempo auch europäische Ziele an. Ein erster Choleraschub erreichte das Königreich Bayern Anfang 1830 und nahm München 1836 in den Würgegriff. Eine weitere Welle rollte 1854/1855 über die bayerische Hauptstadt.[9] Als explosive Epidemie raffte die verheerende Seuche Menschen dahin und erinnerte fatal an den Schwarzen Tod im Mittelalter. Kurativ musste die Medizin Konkurs anmelden. Die Statistik sprach eine deutliche Sprache. 50 Prozent der Infizierten überlebten die Krankheit in der Regel nicht. So kamen auf die rund 4.200 in der Münchner Epidemie 1854/1855 amtlich bezifferten Cholerafälle etwa 2.100 registrierte Todesfälle. Guter Rat war teuer: Wie konnte man die Plage fernhalten und die Menschen schützen?

Wir wissen heute, dass der Krankheitserreger von den Patienten im Stuhl ausgeschieden wird und die Cholera von Mensch zu Mensch durch verschmutztes Wasser oder kontaminierte Nahrungsmittel übertragen wird. Der Choleraerreger, das 1883 von Robert Koch entdeckte Kommabazillus (Vibrio cholerae), erzeugt im Darm ein auf den Verdauungskanal wirkendes Toxin (Gift), das für alle pathologischen Veränderungen und Krankheitssymptome verantwortlich ist. Als die Cholera Mitte des 19. Jahrhunderts in Europa wütete, herrschte in Bezug auf Ursache und Übertragungsmechanismus der Seuche größte Konfusion.[10]

Max von Pettenkofer wollte das Choleraproblem unbedingt knacken.[11] Wie kein anderer schaute er der Seuche auf die Finger und analysierte deren Auftreten in München und andernorts. Mit großem Bedacht spielte Pettenkofer verschiedene Varianten der Choleraausbreitung durch und feilte an seinen epidemiologischen Schlussfolgerungen. Dabei gelangte er zu der Überzeugung, dass es im Darm einen Cholerakeim geben müsse, der durch die menschlichen Ausscheidungen verbreitet wird, selbst jedoch nicht ansteckend ist. Erst wenn dieser Cholerakeim, der allein nicht ausreichte, eine Seuche auszulösen, mit bestimmten im Boden befindlichen Faulstoffen zusammentreffe, entstehe – so Pettenkofer – im Erdreich ein hochinfektiöser Stoff als Ursache der Cholera. Entweiche dieser Stoff dem Boden, so fordere er seinen Tribut unter den Menschen.[12]

Pettenkofer zufolge spielte sich der für die Seuchenausbreitung entscheidende Vorgang also nicht im menschlichen Körper, sondern im Boden ab. Das Erdreich hatte nach Pettenkofer zwei Kriterien zu erfüllen, um als Vehikel für eine Infektion zu dienen. Es musste zum einen eine bestimmte geologische (poröse) Beschaffenheit und eine gewisse Bodenfeuchtigkeit aufweisen, die mit den Schwankungen des Grundwassers korrelierte. Zum anderen – so Pettenkofer – musste das Erdreich aber auch einen gewissen Verschmutzungsgrad aufweisen. Diese für den Reifeprozess des selbst nicht ansteckenden Cholerakeimes gleichsam als Dünger notwendigen Ingredienzien waren im Boden in Hülle und Fülle vorhanden. Nach Pettenkofers Berechnungen produzierte eine Person pro Jahr enorme Mengen an Ausscheidungen und Abfall – summarisch etwa 560 Kilogramm kompakte und 7.300 Kilogramm flüssige Abfälle –, die vom Säubern, Waschen und anderen Verrichtungen herrührten. Dieser gesamte Abfall werde – so Pettenkofer – durch ein „natürliches Spülsystem", den porösen Boden, entsorgt und verunreinige diesen.[13]

Da man zum einen die geologische Beschaffenheit nicht verändern und zum anderen seuchengefährdete Siedlungsorte auch nicht einfach entvölkern konnte, blieb als realistische Rettungsmaßnahme nur die Möglichkeit, den Boden für den Reifevorgang des Krankheitskeimes unfruchtbar zu machen. Daher riet Pettenkofer, das Erdreich von den in den undichten Abortgruben vor sich hinfaulenden Fäkalien und von allen mit dem Schmutzwasser in den Boden gelangenden Abfallstoffen zu befreien. Dies aber erforderte große Mengen sauberen Wassers als Reinigungs- und Transportmittel. Ziel einer durchdachten Gesundheitspolitik musste es folglich sein, sauberes Wasser in ausreichender Menge und mit hohem Druck in die Städte einzuleiten und Schmutzwasser und Unrat vermittels einer effizienten Schwemmkanalisation aus den Städten abzuleiten. Auf diese Weise sollte der Boden gereinigt und sollten die Menschen vor der Choleragefahr geschützt werden.[14] Damit erklärte Pettenkofer den Kampf gegen die Cholera für machbar.

Die epidemiologische Rolle des Trinkwassers

Im Rahmen der Seuchenbekämpfung ging es Pettenkofer also nicht primär um sauberes Trinkwasser, sondern um die Bodenverunreinigung und um die Sanierung des Stadtbodens. Er machte deutlich, dass der Genuss von etwa zwei Litern verunreinigtem Trinkwasser pro Tag einem Menschen wegen der Desinfektionskraft seines Magens in keinem Fall schaden könne. Epidemiologisch viel bedenklicher waren in seinen Augen die riesigen Mengen des von Haushalt und Gewerbe genutzten Haus- und Brauchwassers, die zusammen mit den Ausscheidungen und als Träger der Abfallstoffe den Stadtboden verunreinigten. Erst sie schufen in Pettenkofers Augen die Voraussetzung für die Entstehung des Infektionsstoffes im Boden.[15] Deswegen müsste erstens sauberes Wasser in ausreichender Menge und mit ausreichendem Druck in die Städte eingeleitet und zweitens verschmutztes Wasser wieder aus den Städten hinausgeleitet werden, damit es nicht den Boden verunreinigte.

Wie bereits erwähnt, glaubte auch Pettenkofer an den Wert eines sauberen und schmackhaften Trinkwassers. „Ich selbst bin Trinkwasserfanatiker", betonte Pettenkofer ausdrücklich, „aber nicht aus Furcht vor Typhus oder Cholera …"[16]. Unreines Wasser, so Pettenkofer, könne wie unreine Luft, schlechte Nahrung, ungesunde Kleidung oder Exzesse in der individuellen Lebensführung die physiologischen Prozesse im menschlichen Körper stören und damit den Einzelnen für Krankheiten wie die Cholera anfälliger machen.[17] Als direkter Auslöser oder als Infektionsquelle für Seuchen käme hygienisch nicht einwandfreies oder gar mit den Ausleerungen von Cholerakranken verunreinigtes Trinkwasser allerdings nicht infrage.

Kurz zusammengefasst kann man also sagen: Wasser war nach Meinung Pettenkofers nicht als Trinkwasser seuchenerregend, sondern als Nutz- und Brauchwasser, das den Boden verunreinigte und dort das Choleragift erzeugte.[18] Pettenkofer verfolgte seine Choleratheorie und die aus seiner frappierenden Lösung abgeleiteten Schlussfolgerungen mit großer Konsequenz. Ausgiebig stritt er sich darüber mit Robert Koch (1843–1910). Im Gegensatz zu Pettenkofer vertrat der Entdecker des Cholerabakteriums denn 1892 auch die Ansicht, dass die damals in Hamburg grassierende Choleraepidemie durch kontaminiertes Trinkwasser ausgelöst worden war.

Gleichsam auf dem Höhepunkt seines Streites mit Robert Koch trank Pettenkofer am 7. Oktober 1892 prestigeträchtig und völlig bedenkenlos ein Glas Wasser mit einer verdünnten Kultur des Seuchenerregers, der nach Meinung Robert Kochs für die gerade abgelaufene verheerende Epidemie in Hamburg verantwortlich war. Pettenkofer überstand diesen spektakulären Selbstversuch wie durch ein Wunder heil.

Bemerkenswerterweise gingen die Implikationen des Konzepts von Pettenkofer weit über die Ansätze der Wissenschaftler hinaus, die glaubten, Krankheiten und Seuchen könnten mit dem Trinkwasser übertragen werden. Während sich diese mit sauberem Trinkwasser begnügten, wollte Pettenkofer hygienisch nicht nur befriedigendes, sondern einwandfreies Wasser für alle Verwendungen in Haushalt und Gewerbe und ging damit weit über die Forderungen seiner wissenschaftlichen Kontrahenten hinaus.

Das Pettenkofer-Brunnhaus in Thalkirchen 1865 (Institut für Geschichte der Medizin, LMU München)

Große Pläne

Das von Pettenkofer entwickelte Choleramodell und die von ihm propagierten Rettungsmaßnahmen erschienen manchen als wissenschaftliche Groteske und ingenieurtechnische Tollheiten. Gleichwohl führte Pettenkofers nachhaltiges Plädoyer für eine Säuberung von Boden und Umgebung in vielen Städten zum Ausbau leistungsfähiger Wasserversorgungen und aufnahmefähiger, also an eine Druckwasserversorgung angeschlossener Kanalisationsnetze. Städte wie Lübeck, Halle und Danzig waren unter den Ersten, die Pettenkofers Ruf nach sauberen Städten folgten und sanitäre Reformen einleiteten.

Auch in München griffen die Stadtväter Max von Pettenkofers Ansatz auf. Die bestehenden Trinkwasseranlagen wie auch die wenigen bereits vorhandenen Abwasserkanäle waren Mitte des 19. Jahrhunderts in München sanierungs- und ausbaubedürftig. Die Stadt entnahm zu diesem Zeitpunkt ihr Wasser teils aus Quellen vom rechten Isarufer (Gasteig, Brunnthal, Lilienberg, Nockherberg), teils erfolgte die Versorgung aus sogenannten Brunnwerken am linken Isarufer. Dort schöpfte man mit der Wasserkraft der Stadtbäche Grundwasser aus größeren Brunnenschächten und führte es über Leitungen den Gebäuden zu. Vielfach benutzte man auch noch einfach in den Kies gegrabene Hausbrunnen.[19] Nur wenige Straßen verfügten über eine Kanalisation. Die menschlichen Exkremente wurden in sogenannten Schwindgruben gesammelt, deren flüssiger Inhalt vom Boden aufgesaugt wurde. Daneben existierten noch viele Versitzgruben für Regen-, Küchen-, Putz- und anderes Brauchwasser.[20]

Unter dem Einfluss Max von Pettenkofers begann man in München noch 1854 mit ersten und einfachen Vorsorgemaßnahmen. Bei Neubauten schrieb man wasserdichte Abtrittgruben vor, und wenig später wurden auch die alten Schwindgruben in undurchlässige Abortgruben verwandelt. Ab 1860 ging die Stadt auch daran, die Versitzgruben für das Brauchwasser zu beseitigen und es – wo möglich – in Siele einzuleiten. Zwischen 1858 und 1873 wurden unter der Leitung des Bauingenieurs Arnold von Zenetti (1824–1891) viele Straßen, die noch keine Kanäle besaßen, mit solchen versehen und nach dem neuesten technischen Stand mit eiförmigen Profilen, Ventilations- und Spülvorrichtungen ausgestattet.[21]

Zielgerichtet wurde nicht nur das Kanalnetz ausgebaut, sondern – wie von Pettenkofer gefordert – auch die Versorgung der Stadt mit Wasser optimiert. Einen ersten Schritt auf dieser Marschtabelle stellte 1865 das „Pettenkofer-Brunnhaus" in Thalkirchen dar. Aus den Hängen der Isar wurde dort hygienisch einwandfreies Wasser gesammelt. Allerdings ersetzte dieses sehr reine Wasser keines der bis dahin gebrauchten Versorgungssysteme, sondern vermehrte nur für manche Stadtteile die verfügbare Wassermenge.[22] Ebenso wenig genügte das limitierte Leistungsvermögen dieses Brunnhauses für den Betrieb einer effizienten Schwemmkanalisation. Hier halfen nur große Wassermengen „aus der Ferne".[23]

Wasser aus dem Mangfalltal

Nach erneuten Ausbrüchen von Typhus (1872) und Cholera (1873/1874) in München wurde das Programm beschleunigt. Unter dem direkten Einfluss von Pettenkofer lancierte die Stadt München 1874 ein „Allgemeines Assanierungs-Programm", das auch den Rahmen für eine Wasserversorgung von morgen bildete.[24] Ab 1874 machten sich Planer ans Werk und arbeiteten verschiedene Projekte zur Deckung des Wasserbedarfs aus. Darunter war auch die Herleitung von Wasser aus dem rund 40 Kilometer südlich von München gelegenen Mangfalltal. Andere Lösungen sahen den Zugang zu ausreichenden Mengen sauberen Trinkwassers im Isartal-, Gleisental- und Loisachtalprojekt sowie in einer Wassergewinnung aus der linksseitigen Hochebene Isar aufwärts gewährleistet.[25] Wie eng dabei die Sorge um reines Trinkwasser mit dem Konzept der Bodenreinigung verknüpft war, zeigt die am 23. Dezember 1875 vermerkte Äußerung von Bürgermeister Alois von Erhardt (1831–1888), der in München für Pettenkofer politisch die Brücke baute:

> Die Qualität des Wassers allein macht eben eine Stadt noch nicht gesund, ja es vermag, wenn die übrigen Bedingungen der Assanierung einer Stadt erfüllt sind, die Unreinheit des Wassers durch seine Gesundheitsschädlichkeit die Mortalitätsziffer noch nicht wesentlich zu beeinflussen. Die übrigen Bedingungen der Assanierung verlangen aber eine Wasserversorgung, welche außer der guten Qualität auch den Anforderungen nach Druck und Quantität entspricht, damit nicht gerade jene Einrichtungen ausgeschlossen bleiben, welche den Gesundheitszustand mehr zu verbessern vermögen als reines Trinkwasser an sich.[26]

Anfang der 1880er Jahre ging man in München schließlich daran, die alten Brunnhäuser überflüssig zu machen. Nach eingehender Evaluierung aller zur Diskussion gestellten Projekte genehmigten der Magistrat und die Gemeindekollegien am 24. Februar beziehungsweise 24. März 1880 die Wasserversorgung aus den Quellen im Mangfalltal und die damit verbundene Hochdruckleitung.[27] Damit sollte München ins Werk gesetzt werden, genügend Trinkwasser in einwandfreier Qualität und mit ausreichendem Druck fördern zu können. Die Baukosten verschlangen über 26 Millionen Mark.[28] Zur Finanzierung mussten alle Kräfte einbezogen werden. Die Stadt München musste sich hoch verschulden, und von den Haus- und Grundbesitzern wurden beachtliche Anschlussgebühren erhoben. Für ihre Pläne ernteten Pettenkofer und die Münchner Stadtväter daher auch viel Kritik.[29] Doch Pettenkofer bemühte sich mit Erfolg um eine ausführliche Begründung seines Standpunktes.

Am 1. April 1883 aber strömte zum ersten Mal Wasser aus den Quellen im Mangfallgebiet nach München.[30] Die Mangfall-Quellfassung lieferte damals eine tägliche Trinkwassermenge von 56.000 Kubikmetern.[31] Mit dieser Menge war nicht nur für einen langen Zeitraum die Versorgung der rasch wachsenden Großstadt mit hygienisch einwandfreiem Wasser gesichert. Wassermenge und Fließdruck ermöglichten auch den Betrieb einer effizienten Schwemmkanalisation samt dem von Pettenkofer in England abgeschauten und als „Hightech" für das stille Örtchen favorisierten Wasserklosett.

Gute Resultate und Ehrungen

Wir wissen heute, dass Pettenkofer mit seiner Choleratheorie irrte und die Bedeutung des Trinkwassers für die Übertragung von lebensbedrohenden Krankheiten unterschätzte. Gleichwohl lohnte sich in der Seuchenbekämpfung das hygienische Gegensteuern nach dem Konzept Max von Pettenkofers. Die Stadt München blieb fortan von der Cholera verschont. Auch der von der Forschung als Referenzkrankheit für die nur sporadisch auftretende Cholera benutzte endemische Typhus ging in München drastisch zurück. Während 1866 in München bei 155.000 Einwohnern 444 und im Jahre 1870 bei einer Bevölkerungszahl von 100.000 noch 407 Personen dem Typhus zum Opfer fielen, wurde diese Krankheit 1900 bei einer Einwohnerzahl von 500.000 in nur mehr 25 Fällen als Todesursache registriert.[32] Hygienisch einwandfreies Trinkwasser, eine zentrale leistungsfähige Druckwasserversorgung und das hohe Fassungsvermögen des Kanalisationsnetzes trugen ganz wesentlich dazu bei, das Leben und den Alltag in München ungefährlicher zu machen. Pettenkofer hat damit einen großen Beitrag zu der uns heute gewohnten Sicherheit des menschlichen Lebens, das heißt zur Abnahme der Sterblichkeit und zur Verlängerung der Lebenserwartung, geleistet. Wie das führende Blatt am Ort, die „Münchner Neuesten Nachrichten", retrospektiv einmal anmerkte, habe dies auch die wirtschaftlichen Motoren in München ins Laufen gebracht.[33]

Für seine Leistungen wurde Pettenkofer vielfach geehrt. 1882 erhielt er vom bayerischen König den erblichen Adel. Die Stadt München verlieh Pettenkofer am 14. Dezember 1872 das Ehrenbürgerrecht und errichtete ihm 1909 am vornehmen Maximiliansplatz ein stattliches Steindenkmal. 1962 fand eine Büste Max von Pettenkofers Aufnahme auch in der Walhalla, dem Ruhmestempel berühmter Deutscher.

1 München, eine gesunde Stadt. Zwei Gutachten der Professoren M. v. Pettenkofer u. Dr. H. v. Ziemssen. Wissenschaftliche Rundschau der Münchner Neuesten Nachrichten, Separatdruck, München 1889
2 Vgl. hierzu Locher, W.: „Max von Pettenkofer – Life stations of a genius. On the 100th anniversary of his death (February 9,1901)", in: Int. J. Hyg. Environ. Health, 203, S. 379–391 (2001)
3 Pettenkofer, M. v.: Ueber die Funktion der Kleider, in: Z.Biol. 1, 180 (1865)
4 Pettenkofer, M. v.: Ueber das Studium der Medicinal-Policei an den Universitäten, J. Rösl: München 1863, S. 9
5 Locher, W.: Max von Pettenkofer (1818–1901) as a pioneer of modern hygiene and preventive medicine, in: Environmental Health and Preventive Medicine. Official Journal of the Japanese Society for Hygiene, 12 (2007)
6 Vgl. Locher, W. u. Unschuld, P.: Geschichtliches zur Umweltmedizin. In: Handbuch der Umweltmedizin. Hrsg. v. H. E. Wichmann, H. W. Schlipköter, G. Füllgraff, Ecomed: Landsberg 2000, Bd. 1. S. 1–2
7 Pettenkofer, M. v.: Das Hygienische Institut der königl. bayer. Ludwigs-Maximilians-Universität München, Vieweg: Braunschweig 1882, S. 18
8 Vgl. Münch, Peter: Stadthygiene im 19. und 20. Jahrhundert. Die Wasserversorgung, Abwasser- und Abfallbeseitigung unter besonderer Berücksichtigung Münchens, Vandenhoeck & Ruprecht: Göttingen 1993, S. 186

9 Mühlauer, Elisabeth: Welch' ein unheimlicher Gast. Die Cholera-Epidemie 1854 in München, Münchner Beiträge zur Volkskunde 17, Waxmann: Münster/München 1996
10 Vgl. Locher, W.: Pettenkofer and Epidemiology. Erroneous Concepts – Beneficial Results, in: History of Epidemiology. Proceedings of the 13th International Symposium on the Comparative History of Medicine – East and West 1988, hrsg. von Y. Kawakita, S. Sakai und Y. Otsuka, Ishiyaku Publishers: Tokyo 1993, S. 93–99
11 Vgl. ebd., S. 93–120
12 Ebd., S. 99–100
13 Pettenkofer, M. v.: Vorträge über Canalization, Vieweg: Braunschweig 1876, S. 16–22
14 Locher, W.: Pettenkofer and Epidemiology, a.a.O., S. 110
15 Pettenkofer, M. v.: Vorträge über Canalization, a.a.O., S. 14
16 Pettenkofer, M. v.: Die Cholera. S. Schottlaender, Breslau/Berlin 1894, S. 32
17 Pettenkofer, M. v.: Untersuchungen und Beobachtungen über die Verbreitungsart der Cholera nebst Betrachtungen über Maßregeln, derselben Einhalt zu thun, München 1855, S. 61
18 Pettenkofer-Archiv/Institut für Geschichte der Medizin, Sammlung Briefwechsel, S. 46, Konzept für Antwort Pettenkofers an Jarrs (England), dat. 5.9.1867
19 München eine gesunde Stadt, a.a.O., S. 13–15
20 Ebd., S. 23
21 Ebd., S. 23–24
22 Ebd., S. 15
23 Münch, P.: Stadthygiene im 19. und 20. Jahrhundert. Die Wasserversorgung, Abwasser- und Abfallbeseitigung unter besonderer Berücksichtigung Münchens, Vandenhoeck & Ruprecht: Göttingen 1993, S. 186
24 Wolffhügel, G.: Ueber die neue Wasserversorgung der Stadt München, Jos. Ant. Finsterlein: München 1876, S. 2
25 Münch, P.: Stadthygiene im 19. und 20. Jahrhundert, a.a.O., S. 186–189
26 Zit. n. Wolffhügel, G.: Ueber die neue Wasserversorgung der Stadt München, a.a.O., S. 10
27 Die Wasserversorgung der kgl. Haupt- und Residenzstadt München, ihre Entwicklung und gegenwärtiger Stand. Ohne Verlag, München 1912, S. 78; Münch, P.: Stadthygiene im 19. und 20. Jahrhundert, a.a.O., S. 189
28 Ebd., S. 78
29 Münch, P.: Stadthygiene im 19. und 20. Jahrhundert, a.a.O., S. 163–172
30 Ebd., S. 193
31 Die Wasserversorgung der kgl. Haupt- u. Residenzstadt München, a.a.O., S. 50
32 Nachruf auf Max von Pettenkofer. Münchner Neueste Nachrichten, Nr. 72, vom 13.2.1901 (Vorabendblatt); vgl. auch Locher, W.: Pettenkofer and Epidemiology, a.a.O., S. 114, und: Die Wasserversorgung der kgl. Haupt- u. Residenzstadt München, a.a.O., S. 50
33 Nachruf auf Max von Pettenkofer, a.a.O

Wassergewinnung, Transport und Speicherung – eine Zeitreise

Rainer List, Georg Maier, Jörg Schuchardt

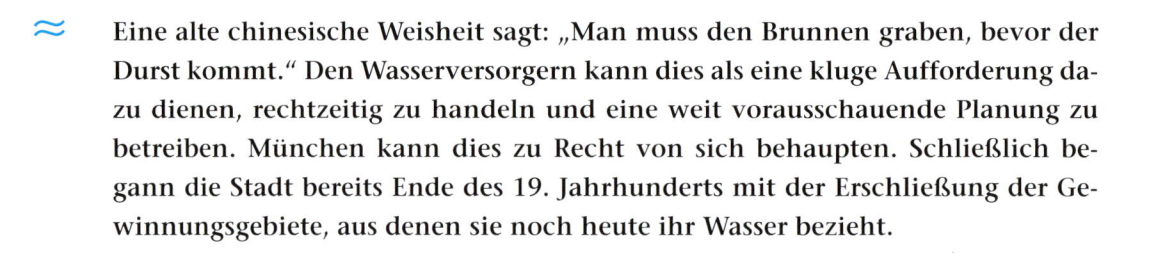

≈ Eine alte chinesische Weisheit sagt: „Man muss den Brunnen graben, bevor der Durst kommt." Den Wasserversorgern kann dies als eine kluge Aufforderung dazu dienen, rechtzeitig zu handeln und eine weit vorausschauende Planung zu betreiben. München kann dies zu Recht von sich behaupten. Schließlich begann die Stadt bereits Ende des 19. Jahrhunderts mit der Erschließung der Gewinnungsgebiete, aus denen sie noch heute ihr Wasser bezieht.

Grundzüge der Wassergewinnung

Die Möglichkeit, Wassergewinnungsanlagen zu bauen und zu erschließen, hängt im Wesentlichen von den hydrogeologischen und den Untergrundverhältnissen der Landschaft ab. Als erste Voraussetzung muss die Qualität des Trinkwassers stimmen. Weiterhin müssen entsprechende Nutzungsmengen auch über den jeweils aktuellen Bedarf hinaus zur Verfügung stehen. Dies erfordert umfangreiche Vorarbeiten.

Die möglichen Gewinnungsgebiete werden mit verschiedenen Methoden untersucht, die im Laufe der Jahrzehnte immer weiter verfeinert wurden. Dabei handelt es

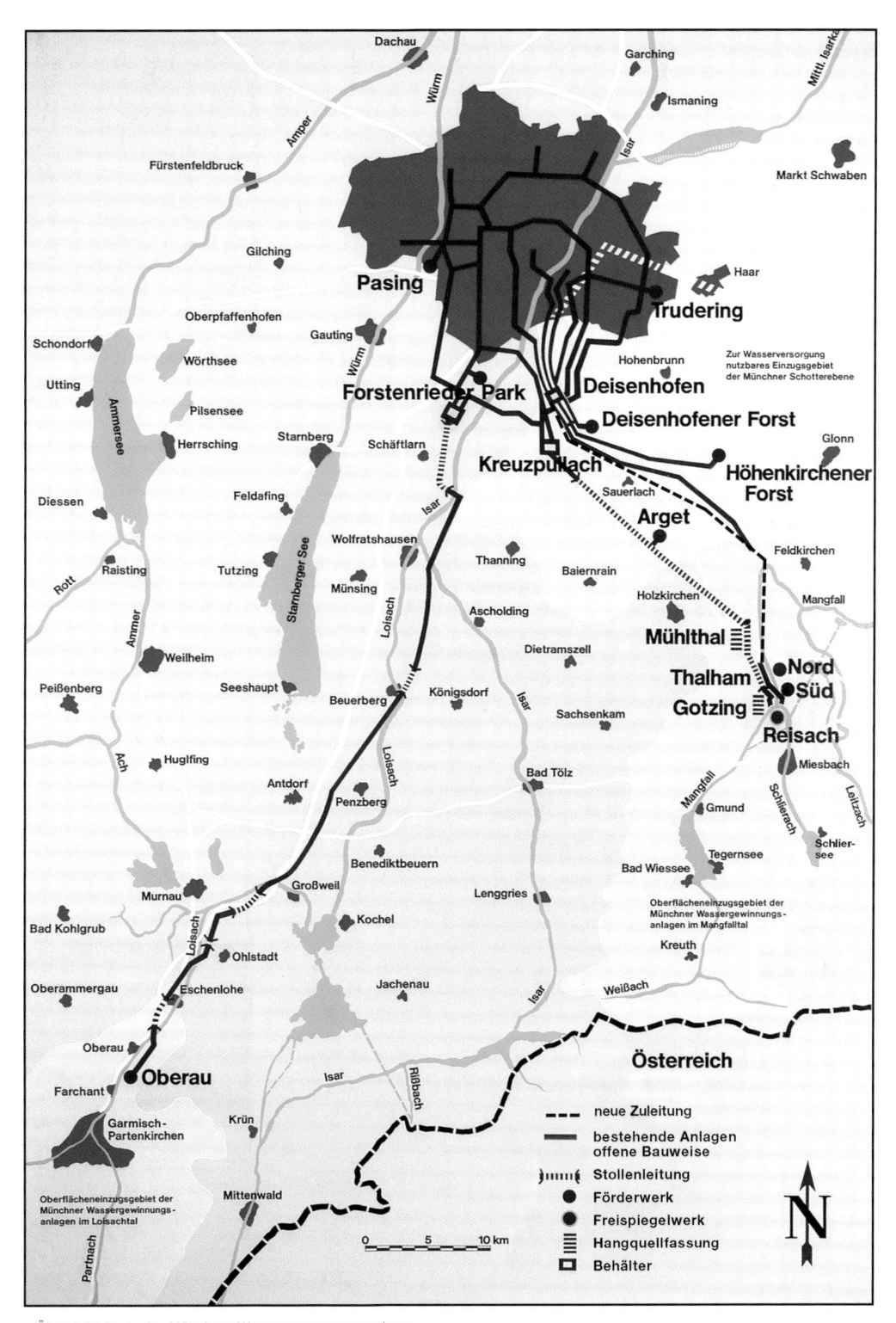

Übersichtskarte der Münchner Wasserversorgungsanlagen

sich zum Beispiel um Bohrungen sowie um seismische und geoelektrische Untersuchungen und Sondierungen. Um die Qualität des Grundwassers festzustellen, werden zahlreiche Laboruntersuchungen durchgeführt. Entspricht das Resultat den Vorgaben, stellt man die Grundwasserergiebigkeit, die Zustromrichtung und die Mächtigkeit, das heißt die Höhe, des Grundwasserstroms fest. Viele der Untersuchungsmethoden kamen bereits im 19. Jahrhundert bei der Erschließung der Wassergewinnungsgebiete der Stadtwerke München zur Anwendung.

Im Mangfallgebiet waren schon 1875 Röhren in einem Quellbach verlegt worden, um die Versinterung beurteilen zu können. Dabei handelt es sich um eine mineralische Ablagerung, die sich durch das Abscheiden von in Wasser gelösten Mineralien bildet. Nach zwei Jahren war nicht einmal ein Anflug von Versinterung feststellbar. Zusätzlich beauftragte man den Brauer Sedlmayr, mit dem Wasser aus den Mangfallquellen Bier zu brauen. Es war von sehr guter Qualität.

Bakteriologische und chemische Untersuchungen rundeten das Bild des hervorragenden Wassers aus dem Mangfalltal ab.

An anderen für die zukünftige Wassergewinnung ausgewählten Stellen wurden Versuchsbrunnen angelegt, die bis auf die wasserführende Schicht abgeteuft wurden, um die Ergiebigkeit des Grundwasserleiters durch Entnahme von Grundwasser und Messung der Menge in Litern pro Sekunde abschätzen zu können.

Geologie und Hydrogeologie des Mangfalltal- und des Schlierachtals

Das Mangfall- und das Schlierachtal bestehen zu großen Teilen aus Kalkschotter-Verwitterungsböden. Über den jüngsten Schottern liegen dünne, flachgründige Auenböden aus tonig-lehmiger Deckschicht. Sie sind sehr durchlässig.

Auf etwas älteren, nach der letzten Eiszeit entstandenen Schotterflächen in den Talbereichen von Mangfall und Schlierach gibt es mittel- bis tiefgründige Auenböden mit hoher Durchlässigkeit und geringem Filtervermögen. Für diesen Bereich ist Parabraunerde charakteristisch. Dies ist ein Boden, bei dem Tonmineralien aus primär kalkhaltigem Lockergestein und Braunerde vom Oberboden in den Unterboden verlagert wurden. Zusätzlich treten schluffig-lehmige bis tonige Schotterverwitterungsböden auf.

Das Grundwasser wird im Mangfall- und Schlierachtal durch ein System alter Rinnen geführt, die sich in den wassertragenden tertiären Untergrund, also in die älteren, tiefer liegenden Erdschichten eingegraben haben. Man nennt solche Furchen daher auch „Tiefenrinnen". Sie sind mit eiszeitlichen Schottern angefüllt, die eine hohe Wasserdurchlässigkeit besitzen. Die Grundwasserströme haben hier eine Mächtigkeit, also Höhe, von bis zu 25 Metern. Außerhalb der Tiefenrinnen sind die Bereiche grundwasserfrei oder führen lediglich Sickerwasser.

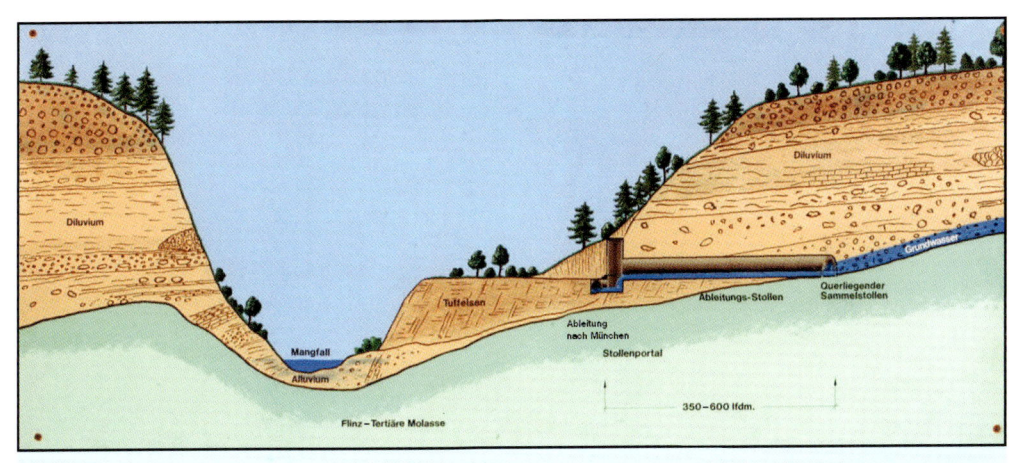

Geologisches Querprofil des Mangfalltals bei Mühlthal mit einer Hangquellfassung

Der Talbereich wird durch zwei Hauptzuströme gebildet, die Mangfallrinne aus südlicher Richtung und die Schlierachrinne aus östlicher Richtung. Ihr heutiger Verlauf weicht zum Teil erheblich von dem der alten, erdgeschichtlich früher vorhandenen Talrinnen ab. Die Flusssohlen der Mangfall, des Tegernsee-Abflusses und der Schlierach, die aus dem Schliersee fließt, liegen heute durch die Auffüllungen mit Schottermaterial um bis zu 30 Meter höher als die ursprünglichen voreiszeitlichen Talrinnen. Daher ist die grundwasserleitende Schicht durch mächtige schützende Deckschichten überlagert, und zwar dort, wo sich im Gebiet oberhalb der Schlieracheinmündung der heutige Talverlauf nicht mit dem der alten Tiefenrinnen deckt. Die Entfernung zwischen Erdoberfläche und Grundwasser, der sogenannte Flurabstand, ist also relativ groß. Wo der heutige Talverlauf mit den alten Talrinnen übereinstimmt, beträgt die Distanz nur wenige Meter.

Unmittelbar nördlich der Schlieracheinmündung führt eine alte Tiefenrinne von Westen her in die Mangfallrinne hinein. Dieser Grundwasserstrom speist die Gotzinger Hangquellfassungen. Hier beträgt der Flurabstand 30 bis 70 Meter.

Im nördlichen Gebiet zwischen der Grundwasserfassung Reisach und dem Förderwerk Thalham-Nord deckt sich der Verlauf der alten Tiefenrinne mit dem des heutigen Mangfalltals. Der Abstand zwischen der heutigen Talsohle und der Sohle der voreiszeitlichen Tiefenrinne nimmt dabei nach Norden hin stetig ab. Dadurch verringert sich auch der Flurabstand. Nördlich des Förderwerkes Thalham-Nord treten Quellen aus, und das gesamte Grundwasser fließt in die Mangfall.

Als Abfluss des Tegernsees hat sich die Mangfall bei Gmund in einem kaum 100 Meter breiten Tal tief in die Nagelfluhschicht und weiter in die darunterliegenden Schichten des Tertiärs eingegraben. Als „Nagelfluh" wird in der Geologie ein Sedimentgestein bezeichnet, das aus Kies oder Geröll besteht und durch sandige Zwi-

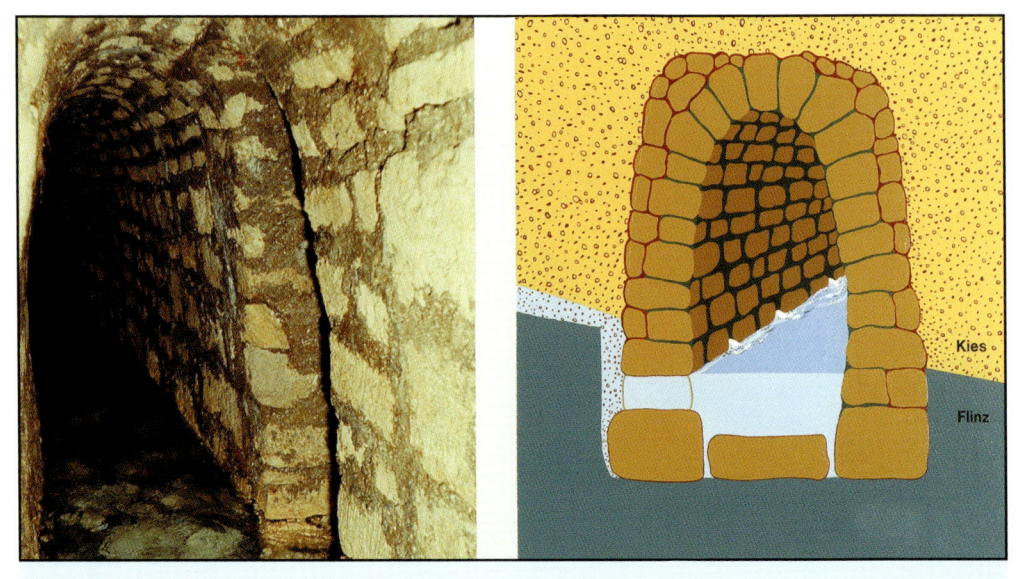

Quellsammelstollen Mühlthal

schenmittel „verbacken" ist. Deutlich erkennbar sind Nagelfluhbänke bei einem Spaziergang durchs Isartal bei Pullach und Grünwald.

Bei Reisach, oberhalb von Thalham, mündet die Schlierach in die Mangfall. Hier hat sich das Tal geweitet. Die Talsohle ist in der Form eines Troges ausgebildet und besitzt eine grundwassertragende Flinzschicht als Sohle. Flinz besteht aus einem wasserundurchlässigen Gemisch aus Mergel und Sand. Es handelt sich dabei um die feinste und jüngste Ablagerungsschicht aus dem Tertiär. Der Trog ist mit über 20 Metern Mächtigkeit mit quartären, also erdgeschichtlich jüngeren, Kiesen angefüllt.

Weiter nördlich hebt sich der Flinzuntergrund wieder. Als Abfluss für den Grundwasserstrom verbleibt an dieser Stelle nur noch eine Durchbruchspalte von etwa sechs Metern. Damit hat sich in diesem Gebiet ein Kiespolster gebildet, durch das Grundwasser strömt.

Dadurch dass der Untergrund trogartig ausgebildet ist und der Kies in den Kornzwischenräumen viel Platz für Wasser lässt, hat die Natur einen natürlichen unterirdischen Stauraum geschaffen. Er bietet äußerst günstige Voraussetzungen für die Wassergewinnung.

An den westlichen Talflanken neigen sich die wasserundurchlässigen Flinzschichten zur Mangfall hin. Das Niederschlagswasser sickert durch eine mächtige Kiesschicht und tritt nach einer natürlichen Filterung in reinster Qualität aus zahlreichen Quellen zutage. Die Ausdehnung der Kiesschicht und die darüberliegende Deckschicht aus Mutterboden und Rotlage bewirken bei den Gotzinger und Mühlthaler Hangquellen eine zeitliche Verzögerung von nahezu sechs Jahren, bis das Niederschlagswasser schließlich als Quelle wieder an die Oberfläche gelangt.

Erste Ausbaustufe der Wassergewinnung vom Mühlthal nach Deisenhofen 1881–1883

Quellfassungen im Mangfalltal

Das Mangfalltal liegt mit seinen Quellfassungen etwa 100 Meter höher als das Stadtzentrum von München. Bis zum Hochbehälter bei Deisenhofen in der Nachbarschaft der Kugler-Alm beträgt der Höhenunterschied etwa 40 Meter. Damit ist ausreichend natürliches Gefälle vorhanden, um das Wasser ohne den Einsatz von Pumpen in die Stadt zu führen.

In einer ersten Ausbaustufe wurde das Grundwasser der Mühlthaler Hangquellen aus dem Talhang heraus gesammelt. Durch Erkundungsbohrungen stellten die Geologen fest, dass die hier vorkommende wasserundurchlässige Flinzschicht eine leichte Neigung zum Tal hin aufweist. Auf ihr fließt das versickernde Grundwasser nach der Passage der mächtigen Kiesüberlagerung zur Talflanke.

Hangquellfassung Mühlthal mit Obelisk

Diesen Umstand machten sich die Ingenieure zunutze und trieben einen leicht geneigten, später zur Ableitung verwendeten Stollen in den Berg, bis sie auf den Flinz trafen. Dann bauten sie quer zum Ableitungsstollen – immer der wasserundurchlässigen Schicht folgend – einen Sammelstollen in gleicher Höhenlage. Er wurde zum Hang hin mit Öffnungen versehen, durch die das Grundwasser eintritt. Als Baumaterial diente meist Tuffstein, der vor Ort ausreichend vorhanden war.

Das Wasser fließt, nachdem es in den Sammelstollen gefasst worden ist, über mehrere Ableitungsstollen in die Zuleitungen und wird nach München geleitet. So gelang es, die Mühlthaler Hangquellen mit zunächst vier Ableitungsstollen in den Jahren 1881 bis 1883 für die Wassergewinnung zu fassen.

Den Beginn der modernen Münchner Wasserversorgung markiert noch heute der Obelisk am Portal des ersten Mühlthaler Hangquell-Ableitungsstollens, wo ursprünglich einmal der Kasperlbach zutage trat.

Erste Zuleitungen nach München

Die Hangquellfassungen im Mühlthal liegen heute südlich und nördlich der Autobahnbrücke München – Salzburg. Die Bauform der Leitungen wurde von den Kanalprofilen der Münchner Abwasserleitungen übernommen, denn wenige Jahre zuvor war im Stadtgebiet mit dem Bau von Abwasserkanälen begonnen worden. Die Stollen wurden dabei so konstruiert, dass das Wasser mit nahezu gleichbleibender Geschwindigkeit fließt: je stärker das Gefälle, desto kleiner der Leitungsquerschnitt und umgekehrt.

Durch größere Talmulden wurden gusseiserne Rohre von 800 Millimetern Durchmesser als Druckleitungen verlegt. Die übrigen Leitungsabschnitte folgten den Höhenlinien als Freispiegelleitungen mit einem entsprechenden Querschnitt bis zum Hochbehälter Deisenhofen. Freispiegelleitungen sind im Gegensatz zu Druckleitungen nur zum Teil gefüllt. Das Wasser fließt mit einem freien Wasserspiegel, ähnlich einem unterirdischen Bachlauf.

Ebenfalls in den Jahren 1881 bis 1883 wurden die ersten beiden Kammern des Hochbehälters Deisenhofen mit einem Speichervolumen von 38.000 Kubikmetern gebaut. Er dient bis heute dazu, den schwankenden Wasserbedarf im Stadtgebiet auszugleichen. Bei gleichmäßigem Zulauf kann je nach Bedarf im Tagesverlauf eine größere oder geringere Wassermenge an die Verbraucher abgegeben werden. Der Hochbehälter wurde möglichst nahe am Versorgungsgebiet errichtet, wodurch die benachbarte Bahnlinie als Transportmittel für den Bau genutzt werden konnte.

Es ist sehr beachtlich, dass die Baumaßnahme nach der langen Dauer der Entscheidungsfindung von fast zehn Jahren in einer Bauzeit von nur zwei Jahren realisiert werden konnte. Kaum mehr vorstellbar ist heute, dass diese Leistungen größtenteils in Handarbeit und mit Pferdefuhrwerken und Ochsengespannen als Transportmittel erbracht wurden.

Immerhin errichtete man in dieser Zeit zwei Kilometer Sammel- und Ableitungsstollen, 30 Kilometer Zuleitung, den Hochbehälter in Deisenhofen, neun Kilometer Druckleitung und erweiterte das Verteilungsnetz in der Stadt um 34 Kilometer. Das städtische Versorgungsnetz wuchs damit auf eine Gesamtlänge von 154 Kilometern an.

Am Nachmittag des 1. Mai 1883, einem Dienstag, fuhren die Mitglieder beider städtischer Kollegien mit einem Extrazug nach Deisenhofen und besichtigten den bereits an den Vortagen befüllten Hochbehälter. Aus Anlass dieser Eröffnungsfeier wurde das Innere des Reservoirs über der Wasseroberfläche festlich mit 2.000 Lampen ausgeleuchtet. Kurze Zeit darauf konnte die Bevölkerung eine beachtliche Wasserfontäne im Springbrunnen am „Sendlingerthorplatze" bewundern. Mit dieser ersten Leitung konnten der Stadt München täglich durchschnittlich 56.000 Kubikmeter Trinkwasser zugeführt werden.

Erweiterung der Gewinnungsanlagen und Zuleitungen 1883–1983

Bevölkerungswachstum und Wasserbedarf

Die Einwohnerzahl der Stadt München war im Jahr 1890 bereits auf fast 350.000 angestiegen. München war zur Großstadt geworden. Mit dieser Entwicklung ging eine rege und oft turbulente Bautätigkeit einher. Im städtischen Verwaltungsbericht von 1894 heißt es dazu fast schwärmerisch:

> Mächtig pulsiert das Leben des Verkehrs durch die Straßen einer großen Stadt. Die alten Bestände, dem intimen Sinne der Vorfahren und dem verhältnismäßig geringen Verkehr zur Zeit der Anlage des alten Straßennetzes entsprechend traulich zusammengerückt, vermögen den flutenden Strom des modernen Lebens, dessen Forderung nach freier, ungehemmter, individueller Bewegung, nach Licht und Luft in unbeschränkter Fülle nicht mehr zu genügen. Das alte Kleid ist zu enge und muss geweitet werden. Die Verkehrseinrichtungen verlangen neue Bahnen oft mitten durch bebaute Quartiere zum schlanken Anschlusse an jenseits der letzteren weiterführende Straßenzüge, es müssen Verkehrswege verbreitert, Ecken beseitigt, Plätze verändert oder neugeschaffen werden ... So ändern sich fortwährend die Bilder in buntem Wechsel; wo Straßen und Plätze sich dehnten, erheben sich ragende Gebäude, und Gebäude fallen, um Straßen und Plätzen Raum zu machen.

Die Versorgungseinrichtungen mussten mit der rasanten städtischen Entwicklung Schritt halten. Schon bald sollte sich die Wahl des Mangfalltals als Wassergewinnungsgebiet als ausgesprochen klug erweisen. Stufenweise baute man die Gewinnungsanlagen aus und passte die Wasserzuleitungen dem Bedarf an. Zunächst wurden zwischen 1893 bis 1902 die Mühlthaler Hangquellen erweitert und die Gotzinger nach dem gleichen Prinzip wie Erstere erschlossen. Damit konnten im Mittel bereits rund 2.000 Liter pro Sekunde bestes Trinkwasser gewonnen werden. Das Rückgrat der modernen Münchner Wasserversorgung war geschaffen.

Gotzinger Quellsammelstollen

Die Rohrleitungsbrücke über dem Teufelsgraben

Um diese Wassermengen auch abführen zu können, wurde eine zweite Zuleitung nach Deisenhofen gebaut und 1897 fertiggestellt. Dadurch wurde die Ausfallsicherheit der Anlage erhöht, denn für den Fall der Reparatur einer Leitung stand eine zweite zur Verfügung. So konnte der Mindestbedarf an Wasser immer abgedeckt werden.

Beim Bau der zweiten Leitung folgte man dort, wo tiefe Taleinschnitte zu queren waren, dem römischen Vorbild. Mit Aquädukten wurden der Höllgraben und der Teufelsgraben, zwei eiszeitliche Trockentäler im Mangfalltal, überquert.

Vermutlich entschied man sich für diese Baumethode, weil beim Bau der ersten Leitung Probleme mit dem rutschgefährdeten Hang aufgetreten waren. Vielleicht wollte man aber auch die Wasserversorgung sinnfälliger gestalten, da die meisten unterirdischen Bauwerke von der Öffentlichkeit nicht als besondere Leistung wahrgenommen werden. Hochhäuser, Brücken, Schulen oder Museen, auch U-Bahnen, sind Bauwerke, die sich dem Auge des Betrachters erschließen. Doch die Bauleistung selbst einer großen Wasserleitung ist – liegt das Rohr erst einmal in der Erde – nur durch ihren Nutzen vermittelbar.

Weitere Erschließung des Mangfalltals

Wie ertragreich das Mangfalltal für die Wassergewinnung war, zeigt sich daran, dass bereits 1902 mit der dritten Ausbaustufe begonnen wurde. In geringer Entfernung südwestlich der Gotzinger Hangquellen, im Mündungsdreieck der Schlierach in die Mangfall, trat der grundwasserführende Kaltenbach in mehreren Quellen zutage. Ihre Schüttung, also die in einer Zeiteinheit zutage tretende Wassermenge, hatte man bereits seit einigen Jahren beobachtet und für sehr ergiebig befunden.

Für die Ingenieure bedeutete dies eine neue Herausforderung. Der Grundwasserstand ist jahreszeitlichen und auch Schwankungen über mehrere Jahre unterworfen. Daher musste das Grundwasser über sternförmig angeordnete Sammelkanäle in möglichst großer Tiefe gefasst und einem ebenso tief zu gründenden Sammelbauwerk zugeführt werden.

Die Bauarbeiten stellten sich als sehr schwierig heraus, galt es doch, die Kanäle und den zentralen Sammelschacht in Tagebauweise zu errichten. Die Baugruben

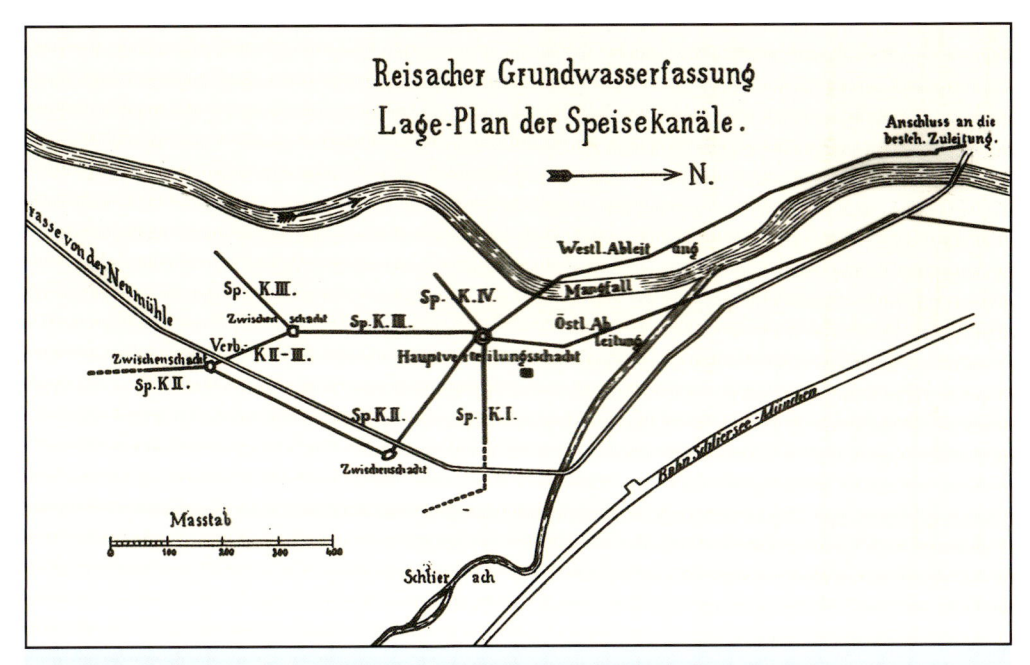

Lageplan Reisach

Reisacher Fassung während der Bauphase

reichten bis zu 11,5 Meter in die Erde. Die gemauerten Sammelkanäle haben eine lichte Höhe von zwei und eine lichte Breite von 1,3 Metern. Auch hier wird das Grundwasser über seitliche Öffnungen gefasst. Die Sammelkanäle wurden als Filterstränge gestaltet. Dazu umpackte man sie außen mit Kies, um das Eindringen von Feinstoffen zu verhindern. Die Sammelkanäle münden in den Sammelschacht von fünf Metern Innendurchmesser.

Vom Hauptsammelschacht führen zwei Freispiegelleitungen das gewonnene Grundwasser in Richtung München ab. Im Reparaturfall kann der Zulauf so gesteuert werden, dass das Wasser über ein Entleerungsrohr in die Mangfall fließt.

Da die Grundwasserentnahme im obersten Bereich der grundwasserleitenden Schicht erfolgt, ist die Schüttung naturgemäß Schwankungen unterworfen. Der langjährige Mittelwert liegt bei 1.450 Litern pro Sekunde.

Die technischen Möglichkeiten der damaligen Zeit, das Grundwasser während des Baus zu beherrschen, bildeten eine natürliche Grenze für die Tiefe des Bauwerks. Außerdem durfte es bei ansteigendem Grundwasser keinen Auftrieb erfahren. Die Reisacher Grundwasserfassung kann in ihrer heutigen Form als Vorläufer eines Horizontalfilterbrunnens (siehe Abbildung S. 83) angesehen werden, bei dem das gewonnene Wasser über radial angeordnete Filterstränge zufließt.

Im Zusammenhang mit dem Bau der Gewinnungsanlagen Reisach kam es zu den ersten wasserrechtlichen Auseinandersetzungen. Der Streit drehte sich um die Entnahmerechte, die nach den Vorstellungen einflussreicher ortsansässiger Grundbesitzer wesentlich eingeschränkt werden sollten. Zwar entschied der Verwaltungsgerichtshof zugunsten der Stadt München, dennoch gab es gewaltsame Übergriffe aus der örtlichen Bevölkerung mit dem Ziel, das Baugeschehen zu stören. Zum Schutz der Arbeiten mussten sogar bayerische Soldaten eingesetzt werden.

Neuer Speicherbedarf

Die Kapazität der Zuleitungen erreichte mit den drei Fassungen inzwischen die Grenzen der Leistungsfähigkeit. In der Folgezeit wurden weitere Leitungen notwendig, um das gewonnene und von der Stadt benötigte Wasser abzuleiten. Das Stadtgebiet hatte sich inzwischen auch auf höher gelegene Bereiche ausgedehnt. Für diese Bereiche in Obersendling wurde zunächst eine Druckerhöhungsanlage eingerichtet. Diese Lösung schuf aber nur vorübergehend Abhilfe.

Zur dauerhaften Verbesserung der Druckverhältnisse im höher gelegenen Stadtgebiet lag es nahe, einen neuen Hochbehälter zu bauen. Als Standort wurde ein Platz nahe der Ortschaft Kreuzpullach gewählt, der einen 30 Meter höheren Wasserspiegel als in Deisenhofen ermöglichte; der Höhenunterschied zum Gewinnungsgebiet war also deutlich geringer. Auch dieser Behälter sollte vom Gewinnungsgebiet aus im freien Gefälle beschickt werden. Deshalb wurde für die neue Leitung ein Verzweigungspunkt gewählt, der möglichst nahe an den Fassungsanlagen im Mangfalltal

Das Verteilungsschacht-Gebäude Maxlmühle

lag. Von dort aus führt die neue, dritte Zuleitung vom Gewinnungsgebiet in direkter Linie zum neuen Behälter in Kreuzpullach. Die Leitung wurde deshalb überwiegend im bergmännischen Verfahren gebaut. Der Stollen besitzt ein einheitliches Gefälle von vier Zentimetern Höhenunterschied auf zehn Meter Länge. Seine hydraulische Leistungsfähigkeit wurde mit 2.650 Litern pro Sekunde berechnet. Tatsächlich beträgt sie 2.950 Liter pro Sekunde und entspricht damit optimalen Bedingungen.

Bei einer Radtour auf dem „M-Wasserweg" kann der Freund der Münchner Wasserversorgung die Trennung von Niederzone und Hochzone am besten an der Maxlmühle abschätzen. Der Höhenunterschied zwischen der Hochzonen- und der Niederzonenleitung beträgt hier bereits sechs Meter. An dieser Stelle sind beide Systeme über ein Pumpwerk miteinander verbunden.

Der Hochzonenbehälter Kreuzpullach und der Behälter Deisenhofen sind über eine Druckleitung miteinander verbunden. Sie besteht aus Stahlbeton und besitzt eine innere Blechmanteldichtung. Aufgrund der Verbindung der beiden Behälter miteinander und des Höhenunterschiedes von 30 Metern zwischen ihnen wurde ein Überlaufturm in Deisenhofen notwendig, der ein „Leerlaufen" des Behälters Kreuzpullach verhindert. Hier wird das System verbundener Gefäße in großer Anwendung sichtbar.

Die Förderwerke Thalham-Nord und Thalham-Süd

Schon in den Jahren 1888/1889 hatte die Stadt erste Grundstücke für eine spätere Nutzung der Heidebachquellen nördlich von Reisach erworben. Zwar kam man damals zunächst zu dem Schluss, die Quellen lägen zu tief und passten damit nicht in das System der bestehenden Zuleitungen. Doch aufgrund des Ausbauvorschlags von 1936 wurden im Jahr 1942 – also mitten im Krieg – nicht allein im Bereich der eigentlichen Heidebachquellen, sondern auch südlich davon Aufschlussbohrungen unternommen und Versuchsbrunnen errichtet.

Im Trockenjahr 1947 traten erstmals ernsthafte Schwierigkeiten bei der Wasserversorgung auf, denen man 1948/1949, kurz nach der Währungsreform, mit dem Bau von zwei Pumpwerken begegnete. Dadurch gelang eine bemerkenswerte Steigerung der Wassergewinnungsmengen. Auf diese Weise waren die letzten Reserven im Mangfalltal genutzt. Es entstanden die Brunnengruppen Thalham-Süd und Thalham-Nord, die durch ihre Ausbautiefe jenes Grundwasser fördern, das über das Reisacher Werk nicht erfasst wird.

Der Bau eines Brunnens muss von der Wasserrechtsbehörde genehmigt werden. Diese benötigte einen Nachweis, dass keine negativen Einflüsse auf die Umgebung zu befürchten seien, und ordnete daher einen Pumpversuch an. Nach Auswertung der Ergebnisse wurde Thalham-Süd eine Entnahme von 500 Litern zugebilligt.

Schwierigkeiten machte die Schutzgebietsausweisung wegen der landwirtschaftlichen Nutzung. Obwohl man sich jahrzehntelang darum bemühte, konnte ein bestimmtes landwirtschaftliches Anwesen mit einem großflächigen Weidebetrieb nicht erworben werden. 1973 wurde daher die Brunnengruppe von fünf auf drei Brunnen reduziert, das Schutzgebiet wurde entsprechend verkleinert. Die neuen Brunnen erhielten bei wiederum 800 Millimetern Filterdurchmesser eine Tiefe von 26 Metern und wurden im Unterschied zu den alten Brunnen im oberen Bereich mit Sperrrohren ausgerüstet, um eine Zuströmung von oberflächennahem Wasser auszuschließen. So konnte die Entnahmemenge von 500 Litern pro Sekunde aufrechterhalten werden.

Die Brunnenanlage Thalham-Nord entstand unweit der Heidebachquellen. Die vorgefundenen Bedingungen ähnelten jenen beim Bau der Reisacher Fassung, wo die Kaltenbachquellen zutage traten. Ursprünglich bestand die Anlage Thalham-Nord aus sechs Flachbrunnen mit einer Tiefe von sechs Metern und Filterdurchmessern von je 800 Millimetern.

Die Brunnensammelleitung verlief zunächst als Provisorium über Land. Die Brunnenüberbauten fertigte man behelfsmäßig aus Holz. Diese provisorische Anlage bestand – allerdings mit nur vier Brunnen – bis 1980. Der Brunnen 6 war wegen eines technischen Defektes abgebrannt, und Brunnen 1 musste 1956 wegen starker Verockerung außer Betrieb genommen werden. Durch den Mineralstoffgehalt im Wasser bilden sich an den Filterschlitzen gelegentlich Ablagerungen, die schließlich die Einlassöffnungen verschließen. Dies nennt man Verockerung.

Die Fördermenge der Brunnenanlage beträgt insgesamt 680 Liter pro Sekunde, die mit Kreiselpumpen in die vorbeiführende Zuleitung Thalham-Mühlthal (Hochzonenleitung) gepumpt werden. Für diese Brunnengruppe gibt es aufgrund von Einsprüchen von Mangfall-Anliegern aus dem Gebiet unterhalb der Brunnen bis heute nur eine beschränkte wasserrechtliche Erlaubnis.

Nach dem Wegfall von Gebäuden, die in die neue Schutzzone gefallen wären, wurden die vier Brunnen durch drei neue ersetzt. Sie wurden weiter nach Süden in ein hydrologisch günstigeres Gebiet verlegt. Dort sind die Grundwasservorkommen mächtiger, und die Tiefe der Brunnen beträgt nun 24 statt sechs Meter. Auch hier wurden die Brunnen als Schutz gegen Verunreinigung mit Sperrrohren ausgestattet.

Das Gewinnungsgebiet Schotterebene

In den 50er Jahren wuchs die Bevölkerung Münchens stark an. Damit stieg auch der Wasserverbrauch. So standen die Stadtwerke München vor der Aufgabe, kurzfristig neue Gewinnungsgebiete zu erschließen und die erforderlichen Anlagen zur Wassergewinnung zu bauen.

Als Gewinnungsgebiet wählte man die östliche Münchner Schotterebene. Sie ist mit einer Fläche von 1.800 Quadratkilometern einer der ergiebigsten natürlichen Wasserspeicher mit einem mächtigen Grundwasserstrom. Bereits 1876 hatte man dieses Gebiet mit in Erwägung gezogen. Als günstig erwies sich, dass bereits die Zubringerleitungen aus dem Mangfalltal nach München den Weg durch dieses Vorkommen kreuzten und damit eine Einspeisung in diese Rohre leicht möglich war.

Die Münchner Schotterebene liegt zwischen den Randmoränen des Isargletschers im Westen und denen des Inngletschers im Osten. Über der wasserundurchlässigen Flinzschicht lagerten Gletscher während der Eiszeit ungeheure Mengen von sehr wasserdurchlässigen Kiesschottern ab. Diese quartären Kiese erreichen im Süden bis zu 100 Meter Stärke und dünnen im Norden Münchens bis auf eine Stärke von zehn Metern aus. Ein etwa 15 bis 20 Meter mächtiger unterirdischer Grundwasserstrom durchfließt den Kieskörper von Süden nach Norden. Im Dachauer und Erdinger Moos tritt er an die Oberfläche. Zusätzlich speichert dieser Grundwasserleiter die Niederschläge.

Bereits 1948 wurden hydrologische Vorarbeiten zur Planung und verschiedene Untersuchungen eingeleitet. Aufschlussbohrungen und seismische Messungen zeigten die vielgestaltige Gliederung der Sohlschicht und die Mächtigkeit der Grundwasservorkommen in der Schotterebene. Die Ergebnisse der Voruntersuchung waren mehr als ermutigend und führten in der Folge zur Erschließung mit Vertikal- und Horizontalfilterbrunnen.

Das Förderwerk Trudering

Zwischen 1949 und 1962 wurde die Förderanlage Trudering errichtet und weiter ausgebaut. Das heutige Förderwerk Trudering besteht aus drei Vertikalfilterbrunnen und einem Horizontalfilterbrunnen mit etwa 23 Metern Ausbautiefe. Dort können 103.680 Kubikmeter Grundwasser pro Tag beziehungsweise zwölf Millionen Kubikmeter pro Jahr gefördert werden. Das Werk Trudering speist als einziges Pumpwerk direkt Trinkwasser in das Münchner Versorgungsnetz ein.

Das Förderwerk Deisenhofen

Ein weiteres Standbein in der Schotterebene stellt das Förderwerk Deisenhofen dar, wo in den Jahren 1952 bis 1954 zwei Horizontalfilterbrunnenanlagen entstanden. Die zweite Ausbaustufe mit zwei Vertikalfilterbrunnen folgte in den Jahren 1956/1957. Die Ausbautiefen liegen hier zwischen 26 und 35 Metern. Dort können 95.040 Kubikmeter pro Tag beziehungsweise 15 Millionen Kubikmeter pro Jahr gefördert werden. Die Fördermengen werden über eine eigene Leitung zum Niederzonenbehälter Deisenhofen abgeführt.

Das Förderwerk Höhenkirchen

In den Jahren 1959 bis 1962 folgte ein weiteres Förderwerk am Ostrand der Schotterebene im Höhenkirchner Forst. Der Ausbau des Werkes umfasst fünf Vertikal- und einen Horizontalfilterbrunnen. Die Ausbautiefen liegen in diesem Bereich zwischen 42 und 55 Meter. Hier können maximal 103.680 Kubikmeter pro Tag beziehungsweise 15 Millionen Kubikmeter pro Jahr zur Versorgung mit Trinkwasser beitragen. Die Fördermengen werden in die erste Zubringerwasserleitung zum Niederzonenbehälter in Deisenhofen eingespeist.

Das Förderwerk Arget

Das in den Jahren 1963 bis 1972 erstellte Förderwerk in Arget unterstützte die Versorgung im Bereich der Hochzone, was besonders während der 1972 in München ausgetragenen Olympischen Spiele mit ihrem erhöhten Verbrauch wichtig war. In Arget wurden vier Vertikalfilterbrunnen mit einer Ausbautiefe von 70 bis 72 Metern gebaut. Das Förderwerk Arget kann maximal 86.400 Kubikmeter pro Tag beziehungsweise acht Millionen Kubikmeter pro Jahr zur Trinkwasserversorgung beitragen. Die geförderten Mengen werden über die dritte Zubringerwasserleitung zum Hochzonenbehälter Kreuzpullach abgeführt.

Das Förderwerk Forstenrieder Park

Je näher Grundwasservorkommen am Versorgungsraum liegen, desto wirtschaftlicher sind sie zu nutzen. Aus dieser Überlegung heraus wurden in den Jahren 1961 bis 1965 im Forstenrieder Park zwei Vertikalfilterbrunnen mit Tiefen von 48 und 50 Metern gebaut. Das Trinkwasser wird von hier aus direkt in die Hauptwasserleitung nach München gelenkt. Das Förderwerk Forstenrieder Park wurde zwischen 1965 und 1969 um einen Horizontalfilterbrunnen mit einer Tiefe von 65 Metern erweitert. Diese Fördermengen werden über den Verteilerbau des Hochbehälters abgeleitet. Die maximale Fördermenge beträgt 51.840 Kubikmeter pro Tag beziehungsweise sieben Millionen Kubikmeter pro Jahr.

Das Projekt Oberau

Der ständige Zuzug nach München und die fortdauernde weitere Ansiedlung von Industrie- und Gewerbebetrieben ließen den Wasserbedarf unaufhaltsam steigen. Das seit 1883 entstandene Versorgungssystem hatte über 60 Jahre vollkommen ausgereicht und die Bevölkerungszunahme von 246.400 im Jahr 1883 auf 823.892 Personen im Jahr 1950 verkraftet. In den Folgejahren nahm die Münchner Bevölkerung jährlich jedoch weiter um bis zu 30.000 Personen zu. 1968 lebten schließlich 1,3 Millionen Menschen in der Stadt.

Der Wasserbedarf stieg stetig mit an. Prognosen sagten zu Beginn der 70er Jahre einen Verbrauch von 300 Litern pro Einwohner und Tag voraus, denn mit dem Anwachsen der Bevölkerung verbesserte sich auch die sanitäre Ausstattung der Wohnungen. „Nasszellen" oder richtige Bäder gehörten inzwischen zum Standard. Auch der Wasserverbrauch in den Haushalten und Gärten nahm zu, unter anderem durch die Verbreitung der elektrischen Waschmaschine.

Mit dieser Entwicklung traten Engpässe in der Versorgung auf. Es war nur glücklichen Umständen zu verdanken, dass es im Jahr 1972 und in den Folgejahren nicht zu Notsituationen kam. Rechtzeitige Regenfälle beendeten die lang andauernden Trockenperioden.

Die Wasserreserven aber waren ausgeschöpft. Schon die nächste Trockenperiode hätte den Notstand bringen können. Es zeichnete sich ab, dass die Wasserversorgung der Stadt allein mit dem Gewinnungsgebiet Mangfalltal und den Förderwerken in der Schotterebene langfristig nicht mehr sichergestellt werden konnte. Diese Werke sollten nach Auffassung der Wasserwirtschaftsbehörde in der Zukunft nur noch als „Spitzen-

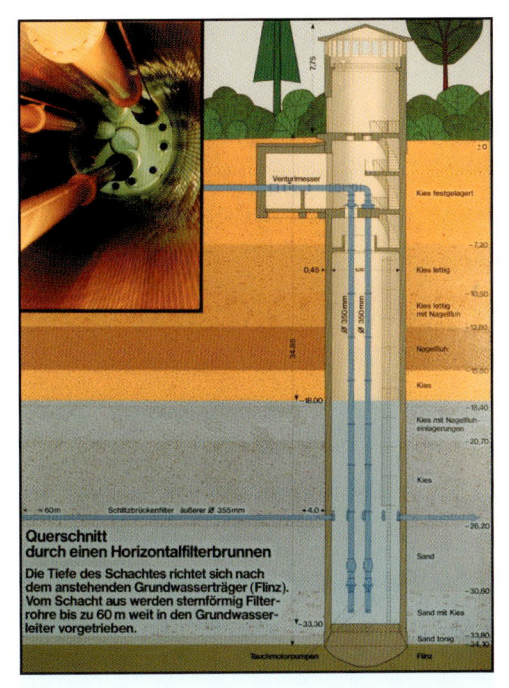

Horizontalfilterbrunnen in der Münchner Schotterebene

werke" eingesetzt werden, weil ihre Entnahmemenge wasserrechtlich beschränkt und die Belastbarkeit der Schotterebene begrenzt war.

In weiser Voraussicht dieser Entwicklung hatten die Verantwortlichen der Wasserversorgung bereits Jahre zuvor einen Vorschlag des Ingenieurs Thiem von 1876 (siehe Abbildung S. 55) aufgegriffen. Das Loisachtal zwischen Garmisch-Partenkirchen und Eschenlohe galt als besonders wasserreich, daher sollte Trinkwasser aus dessen oberem Teil abgeführt werden. Eingehende Voruntersuchungen bestätigten den Wasserreichtum, sodass der Stadtrat schon 1953 die Wasserwerke mit der Ausarbeitung des „Projekts Oberau" beauftragte. Weitere umfangreiche hydrologische Erkundungen zeigten, dass das ausgewählte Gebiet nicht nur sehr ergiebig war, sondern für die Trinkwassergewinnung auch hygienisch besonders günstige Bedingungen aufwies.

Die Gewinnung Oberau

Das Loisachtal ist zu beiden Seiten von steil abfallenden Felswänden begrenzt und mit eiszeitlichem Schotter aufgefüllt. Es bildet einen mächtigen, von Süden nach Norden durchströmten Grundwasserspeicher. In den kiesigen Untergrund eingelagerte, wasserundurchlässige Seetonschichten teilen das Wasservorkommen in zwei Stockwerke. Die Talverengung und das Ansteigen des Felsbodens bei Eschenlohe führen dazu, dass das aus Süden nachfließende Wasser Druck auf den Grundwasserstrom ausübt. Das Grundwasser ist also „gespannt", wie es in der Fachsprache heißt. Dies führt an einigen Stellen zu Quellaustritten an der Oberfläche, sodass sich wie so oft auch Grundwasser in die vornehmlich Oberflächenwasser führenden Bäche mischt.

Der Grundwasserstrom, der sich in einem Einzugsgebiet von 467 Quadratkilometern sammelt, fließt mit einer Geschwindigkeit zwischen elf und 26 Metern pro Tag dahin. Er ist bei Farchant etwa 100 und bei Eschenlohe 30 Meter mächtig. In diesen Grundwasserstrom hinein wurden 1964 und 1965 sechs

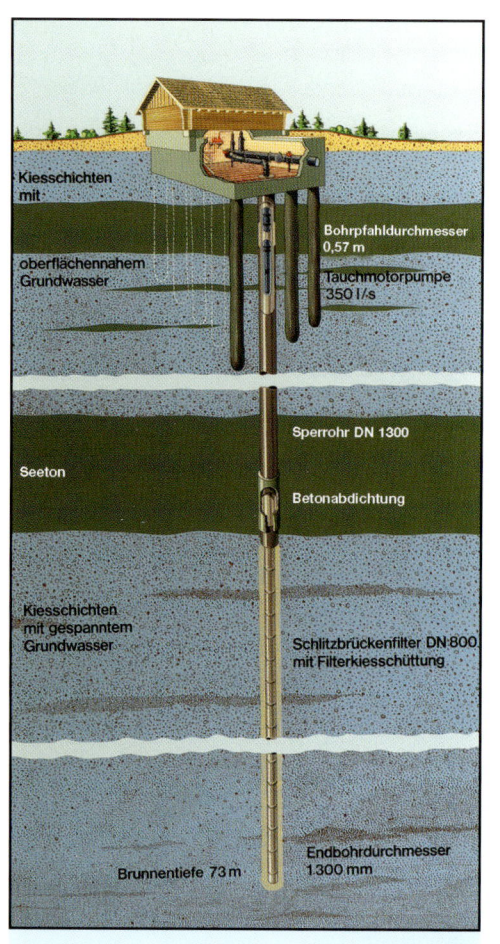

Vertikalfilterbrunnen in Oberau

Brunnen gebohrt, von denen fünf als Vertikalbrunnen und einer als Horizontalfilterbrunnen ausgeführt sind.

Die Vertikalfilterbrunnen sind bis zu rund 73 Meter tief, ihre Filterlänge beträgt etwa 40 Meter. Der Horizontalfilterbrunnen hat einen Schacht mit vier Metern Durchmesser und eine Tiefe von 40 Metern. Die waagerecht verlaufenden acht Filterstränge weisen eine Gesamtlänge von 425 Metern auf.

Die Brunnen sind einbruchsicher und mit wasserdichten Überbauten ausgeführt, was auch bei Überschwemmungen eine störungsfreie Wasserförderung ermöglicht. Zur Anpassung an das Landschaftsbild wurden die Brunnenhäuser den ortsüblichen Heustadeln nachempfunden. Die Brunnen speisen ihr Wasser in eine 5,4 Kilometer lange Sammelleitung vom Typ DN 400-1400 ein, die zur Sicherung gegen Setzungen im Moorgebiet auf Betonpfählen aufgesetzt wurde. Die Brunnensammelleitung endet nach Querung der Loisach in der Südkaverne des Vestbühlrückens am Beginn der Zuleitung nach München.

Drei Brunnen liegen höher als die Südkaverne. Damit ist ein Gefälle zum Vestbühlstollen vorhanden. Das gespannte Grundwasser in den Brunnen 2 und 3 liegt über dem höchsten Wasserspiegel des Behälters in der Südkaverne. Es drückt, das heißt, es bewegt sich von selbst, bis über den Brunnenkopf hinaus und fließt dem Gefälle folgend in den Behälter der Südkaverne.

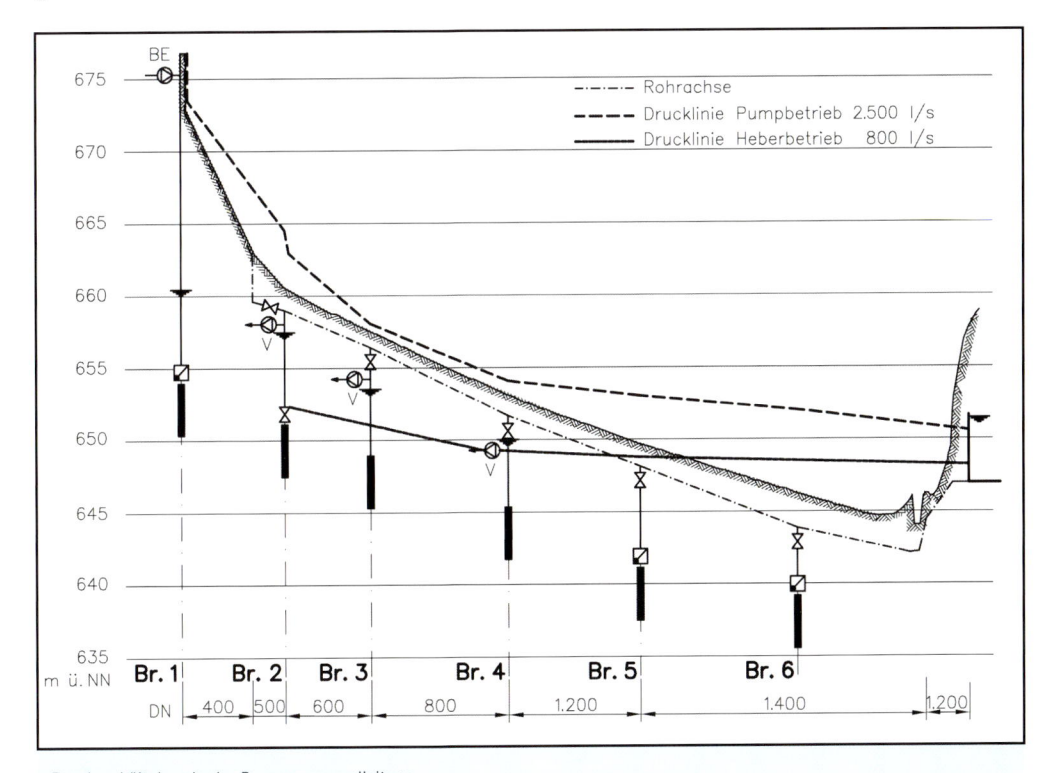

Druckverhältnisse in der Brunnensammelleitung

Dadurch kann aus diesen beiden Brunnen und bei günstigen Verhältnissen auch aus dem Brunnen 4 Wasser entnommen werden. Dies funktioniert über einen Hebermechanismus, das sogenannte kommunizierende Röhrensystem, in großtechnischer Anwendung. Unter Ausnutzung des Gefälles können bis zu 1.000 Liter Trinkwasser pro Sekunde gefördert werden. Steigt der Bedarf über die Heberleistung, werden schrittweise die anderen Brunnen im Pumpbetrieb zugeschaltet und auch Brunnen 4 geht in diese Förderweise über.

Die Stadtwerke München regeln die Fördermenge unter Beachtung der naturgesetzlichen Gegebenheiten. Dadurch kommen sie im Jahresverlauf überwiegend ohne Zuschaltung der Pumpen aus. Das hier vereinfacht dargestellte Fördersystem beinhaltet noch zahlreiche weitere Steuerungselemente, die an dieser Stelle nicht im Einzelnen beschrieben werden können.

Die Zuleitung nach München

Den Beginn der Zuleitung nach München markiert der Vestbühlstollen, der zur Schonung des landschaftlich reizvollen Pfrühlmooses südlich von Eschenlohe durch den Vestbühl-Höhenrücken getrieben wurde. Dabei handelt es sich um einen 2.800 Meter langen begehbaren Tunnel, in dem Wasserleitungsrohre mit 2,5 Metern Durchmesser verlegt sind. In der südlichen Endkammer, also am Beginn des Stollens, hat man in der Südkaverne zwei Becken zur Beruhigung des Wassers eingebaut und weitere für den Betrieb erforderliche technische Installationen untergebracht. Mit 152 Quadratmetern Querschnitt hat die Südkaverne den Charakter einer gewaltigen Halle.

Das gesamte Projekt wurde so geplant, dass die Trassenführung die schützenswerte Natur so wenig wie möglich beeinträchtigen sollte. Unvermeidbare Eingriffe sollten in einer Weise ausgeführt werden, dass sorgfältige Rekultivierungsmaßnahmen die Bautätigkeit nach kurzer Zeit vergessen lassen würden. Dies sollte unter Wahrung des wirtschaftlichen Rahmens geschehen.

Der Höhenunterschied zwischen dem Gewinnungsgebiet bei Oberau und dem Behälter im Forstenrieder Park beträgt 37,5 Meter. So wurde eine Leitung gebaut, die es ermöglicht, dass 2.500 Liter Wasser je Sekunde die rund 65 Kilometer

Leitungsbaustelle südlich von Penzberg

lange Strecke im freien Gefälle durchfließen. Sie meidet weitgehend Siedlungsbereiche, verläuft als Taltrasse entlang von Loisach und Isar und ist nur acht Prozent länger als die Luftlinienverbindung. Aus hydrologischen und landschaftsschützerischen Gründen führen 20 Prozent der Strecke durch insgesamt fünf Stollen, die restlichen Rohre wurden in offenen Gräben verlegt. Dabei wurden neun große Fluss- und Kanaldüker, drei Eisenbahngleise, die Autobahn und eine Vielzahl von Straßen, Wegen und Bächen gekreuzt. Die Fernwasserleitung folgt dem Geländeverlauf als Spannbetondruckleitung mit einem Innendurchmesser von 1,6 Metern. Dieser Umstand erforderte an allen Leitungstiefpunkten die Installation von Entleerungsvorrichtungen und an allen Hochpunkten Be- und Entlüftungen. Teilweise war sehr schwieriges Gelände mit weichen, tiefgründigen Moorböden zu durchqueren. Zur Vermeidung von Setzungen war es in diesen Fällen erforderlich, die Leitungen auf vorher in den Boden eingebrachte Betonpfähle zu gründen.

Die Einzelrohre besitzen eine Länge von fünf Metern. Die Eignung des Rohrmaterials wurde in einem Großversuch getestet.

In einem Abstand von etwa fünf bis zehn Kilometern installierte man Rohrbruchsicherungsanlagen. Diese erfassen den Durchfluss, und ein Rechnersystem vergleicht die Mengen. Sollte es zu Verlusten zwischen Rohrbruchsicherungsanlagen kommen, werden die jeweils betroffenen geschlossen, um einen noch größeren Wasserverlust zu vermeiden.

Die Leitung von Oberau endet in einem Verteilerbauwerk, das den Behälterkammern Forstenrieder Park vorgeschaltet ist. Das ankommende Wasser verfügt bei seinem Eintritt in das Verteilerbauwerk noch über ein hohes Potenzial an nutzbarer Energie. Zu dessen Umwandlung in Elektrizität durchströmt das Wasser eine Turbine und fließt danach „beruhigt" in die Behälterkammern.

Die Planung von Bauvorhaben ist immer dann besonders schwierig und zeitaufwendig, wenn ihre Rahmenbedingungen nur für einige wenige Fachleute, nicht aber für die Allgemeinheit der Verbraucher offenkundig sind. So war es auch beim Projekt Oberau, das von einem überaus langwierigen wasserrechtlichen Verfahren begleitet wurde. Wie lange die Planungsarbeiten, insbesondere die Abwicklung der notwendigen Genehmigungsverfahren, die Realisierung des Projekts hinausschieben würden, war anfangs nicht abzusehen. Dass die Planung nicht von der Wirklichkeit überrollt wurde, lag nur daran, dass man zunächst die Förderanlagen in der Schotterebene noch weiter ausbaute und sich das rapide Wachstum der Stadt und der Anstieg des Wasserverbrauchs nach 1972 normalisierten.

Das erste Raumordnungsverfahren zum Ausbau der Trinkwasserversorgung aus dem Wasserfassungsgebiet Oberau wurde 1956, also drei Jahre nach dem Stadtratsbeschluss von 1953, beantragt. Weitere drei Jahre später, 1959, stellte man beim Landratsamt Garmisch-Partenkirchen den Antrag auf die wasserrechtliche Bewilli-

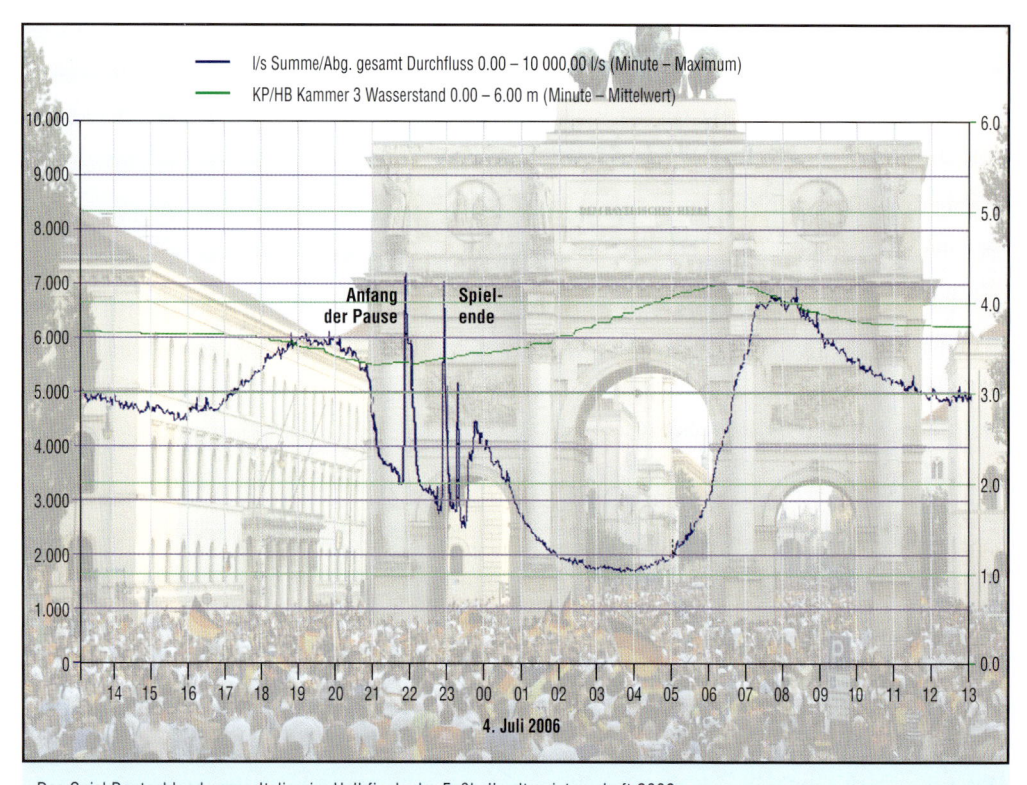

Das Spiel Deutschland gegen Italien im Halbfinale der Fußballweltmeisterschaft 2006

gung zur Grundwasserentnahme durch Tiefbrunnen und eine Ableitung aus dem Loisachtal. Damit begann der lange Marsch durch die Instanzen.

Die Gegner des Projekts äußerten vor allem Bedenken, die Grundwasserentnahme würde den Wasserhaushalt des oberen Loisachtals nachhaltig beeinträchtigen und damit der Ökologie schweren Schaden zufügen. Zeitweise gab es auch sehr massive Auseinandersetzungen und Protestdemonstrationen.

Heute steht allerdings fest, dass sich die Auswirkungen des Förderbetriebes innerhalb der gutachtlichen Voraussagen bewegen und dass keine wesentlichen Veränderungen im Naturhaushalt eingetreten sind.

Über die Zwischenstation einer qualifizierten Erlaubnis aus dem Jahr 1974, die einen einjährigen Großpumpversuch zur Bedingung machte, erging 1984 endlich der abschließende positive Bescheid. Er gestattete, bis Ende 2012 maximal 2.500 Liter pro Sekunde Grundwasser zu fördern, sprach dem Wasserversorger gegenüber aber auch zahlreiche Auflagen aus, wie ökologische Beweissicherungsverfahren, die Untersuchung von höheren Wasserpflanzen, sogenannten Makrophyten, und die ständige Beobachtung der Grundwasserstände. Zusätzlich sind regelmäßig Abflussmessungen der Loisach und aller ihrer Nebenflüsse durchzuführen. Noch im selben Jahr wurde auch das Wasserschutzgebiet rechtsgültig festgesetzt. Nach drei Jahrzehnten Planung,

Genehmigungsverfahren und Bau fand ein umfangreiches Projekt, die Erschließung des dritten großen Gewinnungsgebietes zur Sicherstellung der Trinkwasserversorgung der Landeshauptstadt, seinen erfolgreichen Abschluss. Das Förderwerk Oberau konnte im 100. Jubiläumsjahr der Münchner Wasserversorgung, 1983, schließlich in Betrieb genommen werden.

Das obere Loisachtal ist ein Naherholungsgebiet mit Weideland, auf dem Kühe freien Auslauf haben. Da hier keine extensive Landwirtschaft stattfindet, sind die Böden fast vollkommen frei von Belastungen. Die Nitratwerte liegen weit unterhalb der zugelassenen Grenzen. Teilbereiche wurden auch als sogenannte Flora-Fauna-Habitat-Gebiete ausgewiesen, Flächen also, die nach den Regeln der Europäischen Union als besonders schützenswert gelten.

Die Speicherung von Trinkwasser

Das Wasser aus dem Gewinnungsgebiet Mangfalltal fließt im freien Gefälle, wie in einem unterirdischen Bach, in die Stadt und muss dabei kein Hindernis überwinden. Ein Wassertropfen, der in Thalham seine Reise antritt, braucht etwa sieben Stunden, bis er den Speicher am südlichen Stadtrand von München erreicht.

Dieser Vorgang verläuft gleichbleibend und kontinuierlich. Der Tagesablauf eines städtischen Gemeinwesens gestaltet sich jedoch anders. Am Morgen verbrauchen Haushalte zum Beispiel mehr Wasser zum Duschen, für das Frühstück oder die Toilette als einige Stunden später. In den Fabriken laufen die Arbeitsprozesse an. Zu dieser Tageszeit wird also Wasser in größerer Menge benötigt.

Im Verlauf des Tages gibt es dann Schwankungen, und der Verbrauch erreicht am Abend wieder einen Spitzenwert. Wie stark der tägliche Wasserverbrauch variiert und wie sehr er auch von besonderen Ereignissen abhängt, soll das Beispiel einer Spielpause bei der Fußballweltmeisterschaft verdeutlichen. Begeistert sitzen viele Verbraucher vor dem Fernsehapparat und verfolgen das Spiel. Die meisten konsumieren währenddessen ein Getränk. Nach 45 Minuten Spielzeit ertönt der Halbzeitpfiff des Schiedsrichters. Nicht nur die Spieler,

Der tägliche Durchschnittswasserverbrauch Münchens mit circa 320.000 cbm könnte die ganze 1.200 Meter lange Ludwigstraße fast neun Meter hoch füllen. Am Spitzenverbrauchstag mit 567.000 cbm wären es über zwölf Meter. Die Länge der Münchner Wasserversorgungsleitungen beträgt über 3.200 Kilometer.

auch die meisten Zuschauer nutzen die Gelegenheit zu einer lang zurückgehaltenen Erleichterung. Durch die massenhafte Betätigung der Toilettenspülungen erreicht der Wasserbedarf in diesen 15 Minuten Pause einen Spitzenwert.

Der Wasserverbrauch schwankt im Laufe eines normalen Tages, es gibt aber auch Unterschiede von Woche zu Woche oder zwischen den Jahreszeiten. Um diese Differenz zwischen Angebot und Nachfrage oder Bedarf auszugleichen, haben die Stadtwerke unterirdische Wasserspeicher gebaut. München besitzt drei solcher Anlagen, von denen zwei bereits erwähnt wurden: Deisenhofen und Kreuzpullach. Der dritte Behälter liegt im Forstenrieder Park.

Zusammen besitzen die Speicher- oder Hochbehälteranlagen ein Fassungsvolumen von 300.000 Kubikmetern. Dies entspricht in etwa der Menge Trinkwasser, die München an einem einzigen Tag benötigt. Bildlich kann man sich die Wassermassen so vorstellen, als sei die Ludwigstraße von der Feldherrnhalle bis zum Siegestor neun Meter hoch, also bis unter die Dachrinnen, mit Wasser gefüllt.

Örtlich wurde die Lage der Behälter so hoch über dem Versorgungsgebiet gewählt, dass das Wasser wiederum im freien Gefälle, also ohne Einsatz von Pumpen, in das Wasserverteilungsnetz und von dort bedarfsgerecht abgegeben werden kann.

Ab diesem Punkt verlässt das Wasser das „offene" System und geht in geschlossene Druckleitungen über, aus denen jeder einzelne Verbraucher so viel Wasser, wie er gerade benötigt, entnehmen kann. Wie gut dies in München möglich ist, wird daran deutlich, dass innerhalb des Stadtgebietes der Druck sogar reduziert werden muss. Andernfalls würden die Wasserarmaturen im Netz durch ihn Schaden nehmen.

Der Hochbehälter Deisenhofen

Der Hochbehälter Deisenhofen liegt rund 17 Kilometer vom Stadtkern entfernt. Seine Umfassungswände besitzen eine Stärke von 1,10 Metern, seine Sohle besteht aus unbewehrtem Beton. Vom handwerklichen Können seiner Erbauer zeugen die aus Ziegeln gemauerten Gurtbögen und Tonnengewölbe, Pfeiler und Innenwände. Zur Abdichtung sind die mit Wasser benetzten Flächen mit einem Zementputz versehen.

Der Behälter ist in vier Kammern aufgeteilt. Um möglichst gleichmäßige Temperaturbedingungen in den Wasserkammern zu erreichen, ist der gesamte Behälter mit einer Erdschicht von 1,30 Metern Dicke überdeckt. Nur zwei Jahre dauerte die Bauzeit für die ersten beiden Kammern mit 37.500 Kubikmetern Speichervolumen. Wegen ihrer Erfahrungen im Kanalbau erhielt die englische Firma Aird und Marc im August 1881 den Auftrag. Dies kann durchaus als ein Vorgriff auf heute übliche Ausschreibungen auf internationaler Ebene angesehen werden.

Bis 1921 wurde der Behälter auf seine heutige Größe um zwei weitere Kammern auf nunmehr 76.570 Kubikmeter Speichervolumen erweitert. Um diese Zeit hatte der tägliche Wasserverbrauch bereits rund 156.400 Kubikmeter betragen.

Der Hochbehälter Deisenhofen

Der Hochbehälter Kreuzpullach

Im Rahmen einer für die Zeit typischen, großangelegten Arbeitsbeschaffungsmaßnahme wurde im August 1933 mit dem Bau des zweiten Hochbehälters in Kreuzpullach begonnen. Da wie bei allen Arbeitsbeschaffungsmaßnahmen viel fachfremdes Personal eingesetzt wurde, musste der Entwurf einer einfach umzusetzenden Formensprache folgen, in der die Einzelteile klar und detailliert abgebildet werden konnten. Auch dieser Behälter besteht aus vier Kammern bei einem Gesamtvolumen von

Der Hochbehälter Kreuzpullach

100.000 Kubikmetern. Der Tagesbedarf Münchens war inzwischen auf 250.000 Kubikmeter Wasser angestiegen.

Gerade an der Ausführung der Speicherbehälter werden die Prinzipien der Wasserversorgung – Versorgungssicherheit, Bereitstellung einer ausreichenden Wassermenge zu jeder Zeit und an alle Bürger in guter Qualität – deutlich. Die Anlagen sind grundsätzlich so konzipiert, dass ihre Erweiterung problemlos möglich wäre. Um Versorgungsausfälle durch Störungen oder Reparaturen zu vermeiden, ist die Berücksichtigung von Redundanzen, also die jeweils doppelte Ausstattung, ein wichtiges Gestaltungsprinzip. Bei jeweils mehreren voneinander unabhängig zu betreibenden Behälterkammern wird ein höchstes Maß an Versorgungssicherheit garantiert.

Der Hochbehälter Forstenrieder Park

Der dritte und bislang letzte Behälter besteht aus zwei Kammern mit je 65.000 Kubikmetern Speichervolumen. Er wurde im Forstenrieder Park gebaut und 1966 in Betrieb genommen. Vorsorglich haben die Stadtwerke München auch hier weitere Flächen reserviert, sodass bei Bedarf dessen Erweiterung um 100 Prozent möglich wäre.

Bautechnisch entspricht die Behälteranlage im Forstenrieder Park dem modernsten Standard. Sie wurde in Spannbetonbauweise errichtet, was schlanke Konstruktionsformen erlaubte. Ein Blick in die voluminösen Kammern weckt beim Besucher einen fast andächtigen Respekt und lässt ihn an eine gotische Kathedrale denken. Hydraulisch sind die Behälterkammern so gestaltet, dass theoretisch jeder Tropfen des zufließenden Wassers gleich lang im Behälter verweilt. Im Laborversuch wurden die Strömungsverhältnisse am Modell simuliert und später großtechnisch umgesetzt.

Der Hochbehälter Forstenrieder Park

Die Zuflussöffnungen wurden so eingerichtet, dass sie einen optimalen Durchfluss gewährleisten und dass sich vor allen Dingen keine stagnierenden Bereiche bilden können (siehe Abbildung unten).

Auch dieser Behälter ist mit Erde überdeckt, damit im Inneren möglichst gleichmäßige Temperaturen eingehalten werden können.

Alle drei Behältergruppen sind über Leitungen miteinander verbunden. Bei Ausfall eines Speichers können die beiden anderen seine Funktion mit übernehmen. Für die Versorgung wirken die Speicher wie ausgleichende Puffereinrichtungen. Der höchste Füllstand ist morgens erreicht, der geringste am Ende einer Arbeitswoche.

Erneuerung der Zuleitungen aus dem Mangfalltal 1991–2008

Im 125. Jubiläumsjahr der kommunalen Wasserversorgung der Landeshauptstadt München gehen die Anlagen eines neuen Großprojekts, der Erneuerung der Zuleitungen aus dem Mangfalltal, nach 15 Jahren Bauzeit vollständig in Betrieb. Die Bedeutung dieses Projekts lässt sich schon daran ablesen, dass die Stadt München und einige Gemeinden im Umland, also etwa 1,4 Millionen Menschen, ihren jährlichen Trinkwasserbedarf auch heute noch zu 80 Prozent aus den rund 40 Kilometer entfernten Gewinnungsanlagen des Mangfalltals beziehen. Zwar haben sich die Wasserbedarfsprognosen der 70er Jahre nicht ganz erfüllt, dennoch wurden zum Beispiel im Jahr 1997 – bei mittleren Tagesspitzen von etwa 6.600 Litern pro Sekunde – insgesamt 116 Millionen Kubikmeter Wasser an das Rohrnetz abgegeben.

Die alten Zuleitungen sind inzwischen in die Jahre gekommen, und die äußeren Rahmenbedingungen haben sich stark verändert. So mussten konstruktionsbedingt verursachte Grundwasserzutritte in die gemauerten Freispiegelstollen beseitigt werden. Solche Grundwasserzutritte sind nicht zu kontrollieren oder durch Schutzgebiete zu erfassen. Auch der Bauzustand der Leitungen hat sich an einigen Stellen infolge des Gebirgsdrucks verschlechtert. Teilweise verlaufen sie sehr nah an der Oberfläche und sind damit nur schwer gegen schädliche Einwirkungen von außen zu schützen.

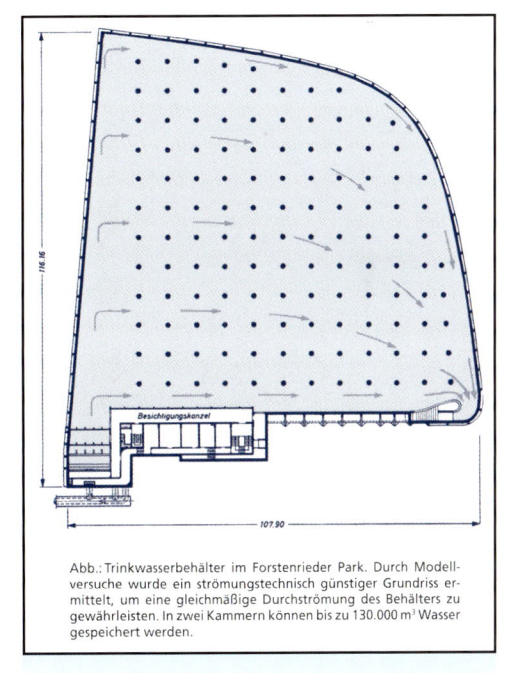

Abb.: Trinkwasserbehälter im Forstenrieder Park. Durch Modellversuche wurde ein strömungstechnisch günstiger Grundriss ermittelt, um eine gleichmäßige Durchströmung des Behälters zu gewährleisten. In zwei Kammern können bis zu 130.000 m³ Wasser gespeichert werden.

Strömungsbild im Hochbehälter Forstenrieder Park

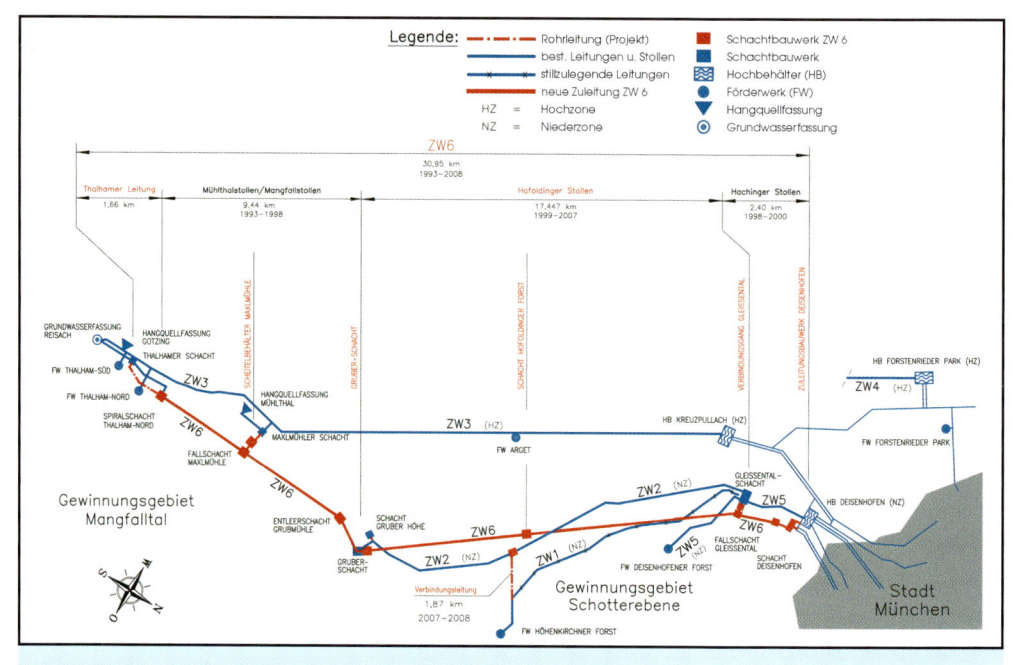

Die neue Zuleitung ZW 6 aus dem Mangfalltal – Gesamtprojekt, schematischer Lageplan

Im Gegensatz zu den bereits bestehenden Freispiegelleitungen wurde die neue Leitung als Gefälledruckleitung konzipiert. Eine Druckleitung ist vollständig mit Trinkwasser gefüllt. Ihr Vorteil liegt in einer nahezu verzögerungsfreien Laufzeit des Trinkwassers von der Einspeisung bis zum Hochbehälter. Im Gegensatz dazu benötigt das Wasser in einer Freispiegelleitung – zum Beispiel vom Gewinnungsgebiet Mangfalltal – mindestens sieben Stunden. Zusätzlich ist der Sicherheitsstandard in einer Druckleitung wesentlich besser, da hier bei einer Leckage immer Trinkwasser austritt und so das Eintreten von Flüssigkeit verhindert wird. Bei einer Freispiegelleitung kann bei einer Leckage durchaus Fremdwasser in die Leitung gelangen. Darüber hinaus kann eine Druckleitung ständig, auch bei Änderungen des Betriebszustandes, mit Wasser gefüllt bleiben. Eine Freispiegelleitung hingegen muss zum Beispiel bei Reparaturarbeiten im Behälterzulaufbereich vollständig entleert werden.

Der Planung wurde zwingend vorgegeben, die Vorteile der überaus günstigen topografischen Lage und damit einen freien Zulauf des Wassers aus allen Gewinnungsanlagen zu den Speicherbehältern und in das Verteilungsnetz unverändert zu übernehmen.

Planung und Bau der Trinkwasserfernleitung

Erste Untersuchungen über die wirtschaftlich und technisch vorteilhafteste Lösung für eine Erneuerung der Zuleitungen gehen auf die 1970er Jahre zurück. Geprüft wurden zwei Möglichkeiten: einerseits die Sanierung durch Reparatur vorhandener

Schadstellen und eine vollständige Neuauskleidung der Leitungen, andererseits ein Neubau entweder in offener oder in bergmännischer Bauweise.

Der Katalog der Bedingungen war umfangreich: Die Wasserqualität durfte nicht verändert werden. Die Versorgung durfte zu keinem Zeitpunkt länger unterbrochen werden. Störfälle mussten untersucht und vom neuen System beherrscht werden. Die Förderkapazität sollte ein Optimum erreichen. Die Eingriffe in die Umwelt sollten so minimal wie möglich gehalten werden. Weiterhin musste eine abschnittsweise Inbetriebnahme möglich sein. Große Schwankungen im Finanzmittelbedarf sollten vermieden werden.

Im Rahmen eines langfristigen Programms zur Qualitätssicherung der Trinkwasserversorgung für die Landeshauptstadt München stimmte der Stadtrat im Jahr 1993 den Vorschlägen der Stadtwerke zur Umsetzung des Projekts in Teilabschnitten zu. Nach der Untersuchung zahlreicher Varianten für die Trassenführung und das Vorgehen wählte man als wirtschaftlich und technisch vorteilhafteste Lösung den Neubau in bergmännischer Bauweise.

Das Gesamtprojekt umfasste neben dem Bau einer neuen Zuleitung als Gefälledruckleitung auch den neuer Betriebseinrichtungen. Dazu gehörten der Scheitelbehälter an der Maxlmühle und das Behälterzulauf-Bauwerk. Letzteres besitzt eine Turbine zur Umwandlung des vorhandenen Restenergiepotenzials in elektrische Energie. Bei der Planung wurde das neue Zulaufbauwerk so gestaltet und angeordnet, dass es auch bei einer möglichen späteren Erneuerung des Hochbehälters nicht umgebaut werden muss.

Bei Planungsbeginn wurden zunächst die bestehenden Leitungen bewertet. Man nahm erkennbare Mängel auf und klassifizierte sie. Aus diesen Aufzeichnungen ergaben sich die Prioritäten für die einzelnen Maßnahmen und letztlich die Einteilung der einzelnen Bauabschnitte. Jeder Bauabschnitt des insgesamt 30 Kilometer langen Stollens sollte nach Fertigstellung sofort in Betrieb genommen werden können und für sich allein funktionsfähig sein.

Die Bauabschnitte

Die vorhandenen Leitungsabschnitte zwischen Thalham und Grub wiesen die höchste Priorität für eine Erneuerung auf und wurden als erste durch einen zehn Kilometer langen Stollen, den Mangfall-Mühlthal-Stollen, ersetzt. Beginnend in Thalham, wird das Wasser von Reisach und Gotzing über einen Spiralschacht in eine Leitung vom Typ DN 1800 geführt.

Später, fünf Kilometer nördlich an der Maxlmühle, werden die Zuflüsse aus den Hangquellen des Mühlthals in das neue System eingebunden, was an dieser Stelle eine Vergrößerung des Durchmessers von DN 1800 auf DN 2200 erforderte. Als nächste bauliche Maßnahme folgte der Leitungsabschnitt im Hachinger Tal, da die bestehenden Leitungen den Ort Deisenhofen nahe der Erdoberfläche unterqueren. Allerdings wurden sie zwischenzeitlich zum Teil unerwünscht durch private Baumaßnahmen von Ortsbewohnern überbaut. Eine Leckage aufgrund altersbedingter Schäden hätte in diesem bebauten Raum zu gravierenden Folgeschäden führen können, da die Leitungen als Freispiegelleitungen betrieben wurden und über keine Rohrbruchsicherungen verfügten. Schließlich folgte als vierter und längster Bauabschnitt die Querung der Schotterebene zwischen Grub im Süden und Oberhaching im Norden. Die Gesamtkosten für das Projekt betrugen mehr als 180 Millionen Euro.

Bauabschnitte der Zubringerwasserleitung 6	Länge m	Nennweite mm	Material	Baujahr
Thalhamer Leitung (Projekt)	1.450	DN 1600	Stahl mit Zementmörtelauskleidung (Zm)	nach 2007
Mühlthalstollen	4.000	DN 1800	Stahl mit Zm	1993–1998
Mangfallstollen	5.440	DN 2200	Stahl mit Zm	1993–1998
Hofoldinger Stollen	17.447	DN 2200	Stahl mit Zm	1999–2007
Hachinger Stollen	2.400	DN 2200	Stahl mit Zm	1998–2000
Gesamtlänge ZW 6	30.737			

Geologie und Vorerkundung

Durch die ersten beiden Bauabschnitte wurden die am stärksten gefährdeten Strecken der bestehenden Zuleitungen im Mangfalltal ersetzt. Die Mangfall fließt in einem landschaftlich reizvollen, aber sehr engen und tief eingeschnittenen Tal. Der Fluss hat sich durch die Quartärformation hindurch über 40 Meter in die dicht gelagerten feinkörnigen Ablagerungen des Tertiärs eingegraben. Dieser Vorgang war mit ausgedehnten großflächigen Bergrutschen und Gebirgsentfestigungen verbunden, die auch heute noch nicht abgeschlossen und an vielen Hangstellen deutlich zu erkennen sind. Zur Vorerkundung wurden Bohrungen durchgeführt, die durch Rammsondierungen und seismische Untersuchungen ergänzt wurden.

Außerdem konnte auf die Ergebnisse früherer Erkundungen für den Autobahnbau und allgemeiner geologischer Untersuchungen in diesem Gebiet zurückgegriffen werden. Wegen der zahlreichen Flussquerungen unter der Mangfall verläuft der Stollen in großer Tiefe im Tertiär.

Der Hachinger Stollen unterquert das Gleißental nach dem gleichen Prinzip ebenfalls in großer Tiefe. Dagegen liegt der Hofoldinger Stollen, der dritte Bauabschnitt, in quartären Schichten oberhalb des Grundwassers.

Die Münchner Schotterebene ist ein geologisch umfassend erkundeter Bereich mit einer relativen Homogenität – beziehungsweise einer gleichmäßigen Inhomogenität – des Untergrundes. Die Eigenuntersuchungen konnten deshalb durch Auswertung der zahlreichen verfügbaren Unterlagen fachlich untermauert werden.

Im Vorfeld der Baumaßnahmen wurden alle erforderlichen Genehmigungen beantragt. Die von der Bautätigkeit betroffenen Gemeinden wurden in öffentlichen Veranstaltungen oder in Gemeinderatssitzungen umfassend informiert. Damit konnten Störungen von vornherein ausgeschlossen werden.

Im Mangfalltal bei Grub befindet sich einer der wenigen Standorte in Bayern, wo sogenannte neotene Molche, eine sehr seltene und besonders schützenswerte Art, beheimatet sind. Bei der Wahl für die Baustellenerschließung wurde im Einvernehmen mit der Naturschutzbehörde ein geeigneter Weg gewählt, der den Lebensraum dieser einzigartigen Fauna nicht stört. Neben den gesetzlich geforderten Genehmigungen galt es für die Planer auch, den Segen der Kirche einzuholen, um die Stiftskirche in Weyarn in mehr als 80 Metern Tiefe unterqueren zu dürfen.

Das Gesamtvorhaben stand unter der Leitung eines eigens dafür geschaffenen Teams der Stadtwerke München. Diese Gruppe hatte den Entwurf verfasst und plante nun in Eigenverantwortung, aber in Zusammenarbeit mit Fachbüros, das Projekt. Zudem verantwortete es mit eigenem Personal die örtliche Bauüberwachung.

Die Leitung

Für den Mühlthalstollen wurde aus hydraulischen Gründen ein Durchflussquerschnitt von 1,80 Metern gewählt. Ab Maxlmühle erweiterte man den Querschnitt auf 2,20 Meter. Die Leitung hat eine hydraulische Maximalkapazität von 4.200 Litern pro Sekunde. Sie besteht durchgehend aus Stahlrohren mit Wandstärken von 17,5 bis 22 Millimetern. Die Trasse und die Neigung verlaufen zwischen den Schächten jeweils geradlinig. Der eigentliche Stollen wird mit einem Querschnitt von über neun Quadratmetern ausgebrochen. Der durch den Vortrieb erzeugte Hohlraum wurde durch Stahlbeton- oder Stahlfaserbeton-Fertigelemente, sogenannte Tübbinge, von 18 Zentimetern Wandstärke gesichert. Die Stahlrohre wurden in den so entstandenen Stollen oder Tunnel eingebaut und miteinander verschweißt. Der verbleibende Hohlraum um die Rohre wurde mit einem Spezialmörtel aufgefüllt. Innen erhielt die Leitung eine zwölf Millimeter starke Zementmörtelauskleidung zur Qualitätssicherung des Trinkwassers und als Korrosionsschutz.

Um mögliche Fehlerquellen im Vorfeld zu erkennen und auszuschließen, hatten die Stadtwerke München im Ausschreibungspaket einen Großversuch vorgesehen. Das heißt, man hatte dem ausführenden Unternehmen Gelegenheit gegeben, die Materialien und Geräte, die es für den Einbau der Leitung verwenden wollte, auf ihre Eignung hin zu prüfen und die Einhaltung der geforderten Qualitätskriterien vor Baubeginn nachzuweisen. In einer nahe der Baustelle gelegenen Kiesgrube wurde dafür im Maßstab eins zu eins das Modell einer Tunnelstrecke von 48 Metern Länge aus Betonhalbschalen aufgebaut.

Spiralschacht Thalham-Nord

Sonderbauwerke

Für die Durchführung des Baus, aber auch für den späteren Betrieb der Anlagen kam den Schächten eine besondere Bedeutung zu. Während der Bauzeit dienten sie als Start- oder Zielschächte für das Vortriebsgerät, den Materialtransport und die Baustellenversorgung mit Frischluft, Strom und Wasser. Der Abstand zwischen den Schächten wurde so gewählt, dass sie für den zukünftigen Betrieb als Zugangs- und Kontrollschächte nutzbar blieben. Für diesen Fall wurden die Schächte entsprechend den speziellen Anforderungen mit Treppen und den notwendigen technischen Ausrüstungen ausgestattet. Für den Schachtbau kamen die Spritzbeton- und die Bohrpfahltechnik sowie eine Kombination aus beiden Methoden zur Anwendung.

Der Spiralschacht Thalham-Nord am Leitungsbeginn hat eine Tiefe von 23 Metern. Er ist in der kombinierten Bauweise errichtet. Im oberen Bereich bis in etwa 14 Meter Tiefe wurde der Schacht zunächst im Schutz einer Bohrpfahlwand und danach bis zum Erreichen der Endtiefe in der Spritzbetontechnik hergestellt. Maßgebend für die Wahl der Technik waren die jeweils vorhandenen geologischen Verhältnisse.

Bei der Spritzbetontechnik wird der Schacht in einzelnen Schritten immer nur so weit ausgehoben, dass der Rand der Grube noch nicht einbricht. Der Abschnitt wird dann durch Anbringen einer Bewehrung und Anspritzen von Beton gesichert. Nach Erreichen der notwendigen Festigkeit erfolgt der nächste Schritt in gleicher Weise. Dieser Vorgang wiederholt sich so lange, bis die gewünschte Tiefe erreicht ist.

Der Fallschacht Maxlmühle hat eine Tiefe von 47 Metern. Da der Zufluss aus den Mühlthaler Hangquellen an dieser Stelle erfolgt, wurde der Leitungsdurchmesser von

Bauwerke der ZW 6	Tiefe unter Geländeoberkante (GOK)	Umbauter Raum m³	Bemerkung
Spiralschacht Thalham-Nord	23 m	2.600	Beginn der Stollenleitung
Scheitelbehälter Maxlmühle	5,5 m	2.150	Zulauf Mühlthaler Hangquellen und Überlauf
Fallschacht Maxlmühle	47 m	360	Kopfbauwerk
Entleerschacht Grubmühle	26 m	1.520	Betriebsschacht zur Leitungsentleerung
Gruber-Schacht	52 m	1.450	Betriebsschacht, Be- und Entlüftung
Schacht Hofoldinger Forst	22 m	760	Zugangsschacht
Fallschacht Gleißental	46 m	1.800	Betriebsschacht
Schacht Deisenhofen	45 m	1.440	Ende der Stollenleitung
Zuleitungsbauwerk	7 m	5.320	Betriebsbauwerk Deisenhofen, Zulauf zum Behälter

1.800 Millimetern auf 2.200 Millimeter vergrößert. Aus hydrotechnischen Gründen wurde an der Maxlmühle ein Zwischen- oder Scheitelbehälter gebaut. Er übernimmt eine Steuerungs- und Ausgleichsfunktion für das Gesamtsystem.

Die Neuerrichtung eines Zuleitungsbauwerks war für den Hochbehälter in Deisenhofen von besonderer Bedeutung. Es liegt in unmittelbarer Nähe zur Kugler-Alm und hat wesentlich größere und spektakulärere Dimensionen als die übrigen Bauwerke. Hier wird der Zufluss des ankommenden Wassers über gewaltige Leitungsarmaturen so gesteuert, dass es sanft in die Behälterkammern einströmt.

In dem Zuleitungsbauwerk erfolgt eine Aufteilung der ankommenden Wassermengen in die Hoch- und die Niederversorgungszone. Zur besseren hydraulischen Steuerung wurde die hier endende Zuleitung aus dem Gewinnungsgebiet Mangfalltal in Leitungen von kleinerem Durchmesser mit den erforderlichen Steuer- und Regelungseinrichtungen aufgeteilt. Damit können je nach Wassermenge oder -anforderung der Behälterzufluss und die Netzeinspeisungen flexibel gesteuert werden.

Das hier ankommende Wasser besitzt noch ein großes Energiepotenzial, das abgebaut werden muss. Allerdings sollte die Energie nicht nur durch einfache Druckentspannung ungenutzt vernichtet werden. Als Besonderheit wurde deshalb zusätzlich eine Turbine zur Drosselung eingebaut. Durch sie wird die Wasserkraft in elektrischen Strom umgewandelt.

Bauen mit der Natur

Den natürlichen Rahmenbedingungen schenkten die Planer von Beginn an größte Beachtung. Als oberster Grundsatz galt, die gegebenen topografischen Verhältnisse auch für die neue Leitung vollständig nutzbar zu machen. Mit dem natürlich vorhandenen Gefälle war es möglich, auf den Einsatz zusätzlicher Energie zum Transport des Wassers zu verzichten.

Darüber hinaus wird die im Wasserstrom vorhandene Restenergie vor Eintritt in den Behälter in Elektrizität umgewandelt. Die Auslegung der Betriebseinrichtungen und die Anforderungen an die Qualität der verwendeten Baumaterialien erlauben einen wartungsarmen und damit kostengünstigen Betrieb. Alle Baumaterialien entsprechen den Anforderungen an ein gesundes naturbelassenes Trinkwasser.

Durch die Bauweise, bei der die Leitung in einem bergmännisch aufgefahrenen Stollen verlegt wurde, beschränkte sich die Bautätigkeit auf nur wenige punktförmige Baustelleneinrichtungen. Es gab kaum sichtbare Veränderungen in der Umgebung. Die Einzelbaustellen fügten sich unspektakulär in die Landschaft ein.

Durch eine überlegte Wahl der Einzelstandorte konnte die Belastung des Umfelds durch Baustellenverkehr und Arbeitslärm minimal gehalten werden. Die Laster und andere schwere Fahrzeuge nahmen zum Beispiel stets die kürzesten Anschlusswege zu den Hauptverkehrsstraßen.

Mit dem Ausbruchmaterial vom Stollenbau wurde ein natürliches, unbelastetes Material gewonnen. Als solches wurde es zum Wiederverfüllen ehemaliger Kiesgruben, zum Wegebau und als Baustoff oder -kies weiterverwendet.

Alle Baustellenflächen werden bis auf kleine Zugangsbereiche nach Beendigung der Baumaßnahme wiederbegrünt und baulich in die Landschaft eingepasst. Damit bleiben auch später notwendige Inspektions- und Unterhaltsarbeiten auf wenige definierte Punkte begrenzt. Durch die neue Leitung wurden mögliche Gefährdungsfaktoren der Wasserqualität dauerhaft beseitigt.

Vor 125 Jahren wurden die Grundstrukturen für eine moderne Wasserversorgung mit der Erschließung des Gewinnungsgebietes Mangfalltal gelegt. In konsequenter Weise entspricht die Erneuerung der Zuleitungen den Grundprinzipien einer nachhaltigen Wasserwirtschaft. Sie reiht sich nahtlos in die vorangegangenen Entwicklungen ein. Rechtzeitig und vorausschauend wurde ein Projekt zur langfristigen und ebenso nachhaltigen Sicherstellung der Trinkwasserversorgung für die Landeshauptstadt München verwirklicht. Die Nachhaltigkeit zeigt sich in der Ergiebigkeit des Gewinnungsgebietes und bestätigt sich nun in der Wahl der Konstruktionsmethode und Baustoffe für die neue Leitung.

Wasserschutz ist Umweltschutz

Rainer List, Fritz Wimmer

Für Wassereinzugsgebiete spielen die meteorologischen und geologischen Voraussetzungen eine wichtige Rolle. Dazu gehören eine große Niederschlagsmenge und das Vorhandensein flächiger wasserführender Bodenschichten. Die Formen der Landnutzung, also Besiedelung, Infrastruktur, Straßen, Wege und Forste in diesen Arealen, sind ausschlaggebend für mögliche Belastungen und Gefahren durch Verunreinigung. Der Wald gilt für die Menschen seit der Antike als „Hüter der Quellen".

Der Wald schützt die Quellen

Im Wasserschutzgebiet hat der Wald für die Qualität und Menge des Trinkwassers entscheidende Bedeutung. Dabei bestehen die beiden wichtigsten Aufgaben der Waldpflege darin, eine hervorragende Wassergüte zu gewährleisten und eine hohe Wasserspende, das heißt Ergiebigkeit der unter dem Wald vorhandenen Quellschüttung, zu fördern.

Die Wälder am Taubenberg, im Mangfalltal und auf der Schotterebene umfassen etwa 1.600 Hektar. Mehr als 50 Jahre naturgemäße Waldbewirtschaftung hat einen

Mischbestände aus heimischen Baumarten sichern stabile Bodenbedeckung und günstige Humusformen.

Dauerwald geschaffen, der den Niederschlag in Höhe von 1.400 Millimetern pro Jahr wirksam filtert, in seinem Boden speichert und gleichmäßig an die Quellen abgibt. Dieses vorrangige Ziel wird durch eine Zusammensetzung verschiedener Baumarten erreicht, die sich mit hohen Anteilen von Buche, Tanne und Edellaubholz an die potenzielle natürliche Waldvegetation anlehnt. Ein gestufter Bestandsaufbau, in dem Bäume verschiedenster Höhenstufen, also auch unterschiedlichen Alters und Kronenlängen, gemischt nebeneinanderstehen, und eine günstige, von aktivem Bodenleben geprägte Humusform schaffen optimale Bedingungen.

Die qualitative Sicherung

Ein aus heimischen Baumarten zusammengesetzter Mischwald sichert am besten eine dauerhafte Bodenbedeckung. Gemischter Laub- und Nadelabfall sorgt für humusreichen, belebten Oberboden mit nachhaltiger Filterfunktion. So wird das auf den Boden treffende Niederschlagswasser geschützt
- gegen organische Belastung durch Abbauprozesse der Mikrofauna und Mikroflora, da diese im Organismus der Kleintiere und Pflanzen gebunden werden,
- gegen mechanische Einschwemmungen von Schwebstoffen, die durch die fein geschichteten Waldbodenstrukturen wie in einem engmaschigen Netz physikalisch abgefangen werden,
- gegen chemische Verschlechterung durch Nitratfestlegung und Stabilisierung des pH-Wertes im schwach basischen bis neutralen Bereich.

Tiefwurzelnde Baumarten wie Buche, Esche oder Ahorn holen sich aus den Bodenschichten der Kalkschotterverwitterung basische Ionen wie Kalzium und Magnesium.

Über das Abfallen der Blätter wirkt diese „Basenpumpe" Versauerungstendenzen im Oberboden entgegen. In Laubholz-Ökosystemen mit vitaler Bodenvegetation werden im Mineralboden und im Feinastbereich große Mengen Stickstoff stofflich gebunden. Im Sickerwasser unter Laubholz- und Tannenbeständen fand sich nach Untersuchungen im Waldareal des Förderwerkes Deisenhofen fast kein Nitrat, im Gegensatz zu Fichtenreinbeständen, wo erhebliche Austräge gemessen wurden. Kahlschläge, die zu einer Offenlegung des Waldbodens und damit zur Nitratbildung führen, sind ausgeschlossen, ebenso jeglicher Pestizideinsatz. Aus den Vorkommen unter derart zusammengesetzten Mischwäldern wird auch künftig unbelastetes Trinkwasser gewonnen werden können.

Laubholz und junge Tannen lösen anfällige Fichtenreinbestände ab. Städtische Forstverwaltung/Forstbereich

Die Holznutzung wird einzelstammweise durchgeführt, das heißt, vor der Entnahme beurteilt der Förster jeden Einzelbaum auf Gesundheit, Wuchsleistung, Funktion und Reife. Der Einschlag erfolgt vorrangig im Winterhalbjahr zur Zeit der sogenannten Saftruhe. Dann ruht der Saftstrom unter der Rinde, sodass einerseits wertvolles Holz gewonnen wird und andererseits die Gefahr von Rindenverletzungen an den verbleibenden Bäumen verringert wird. Dieses schonende Verfahren wird dadurch ergänzt, dass die Baumstämme zu 90 Prozent von SWM-eigenen Forst-Spezialschleppern bewegt werden, deren Zusatzgeräte mit biologisch abbaubarem Hydrauliköl betrieben werden und mit Breitreifen ausgestattet sind. Außerdem setzt die Forstverwaltung bei labilen Böden und starker Neigung des Geländes gezielt Kurzstreckenseilkräne ein.

Die quantitative Förderung

Die Menge der Wasserspende versucht man zu beeinflussen, indem man die Verluste an Niederschlagswasser auf dem Weg zum Grundwasser so niedrig wie möglich hält. Als „Kronenauffang" bezeichnet man den Verlust des Niederschlags durch dessen „Hängenbleiben" in der Baumkrone oder Verdunsten, ohne dass das Wasser den Waldboden erreicht. Dieser Kronenauffang eines Waldes ist bei starker Durchbrechung des Kronendaches deutlich geringer. Ein stärkere Durchforstung, also die Verringerung der Stammzahl je Flächeneinheit, sowie hohe (Bestockungs-)Anteile an winterkahlen Laubbäumen als „offene Fenster" für den Schneefall lassen mehr Niederschlag direkt auf den Boden zu. Waldränder mit tiefreichenden Baumkronen und vielen Sträuchern sowie reich strukturierte Mischwälder verhindern Verdunstungsverluste durch den Wind und Untersonnung, das heißt die direkte Erwärmung des Waldbodens von der Seite durch Sonneneinstrahlung.

Oberflächlichen Wasserabfluss an Hängen vermindert die Aufrauung des Bodens durch eine wirkungsvolle Kraut- und Strauchschicht. Lockerer Waldboden saugt wie ein Schwamm die häufigen Gewittergüsse im Voralpenland auf. Auch Feuchtbiotope und Moorbildungen im Farnbach-, Steinbach- und Moosbachtal verstetigen das Wasserangebot nach Starkniederschlägen und bei Schneeschmelze.

Die Weißtanne entwässert als tiefwurzelnde Baumart verdichtete Böden und fördert ein gleichmäßiges Versickern bei schubweisem Niederschlag. Sie erschließt den Boden sehr tief, daher ist ihre Widerstandskraft vor dem Hintergrund der bevorstehenden Klimaerwärmung hoch einzuschätzen.

Die Umsetzung des Waldpflegekonzeptes im Wasserschutzwald

Die über Jahrzehnte von städtischem Forstpersonal durchgeführte Waldpflege hat zwei Ziele flächendeckend mit Erfolg erreicht: Sie hat reine Fichtenbestände aus der ersten Aufforstungswelle um 1900 in eine natürliche Waldgesellschaft aus Buche, Tanne, Fichte und Edellaubhölzern umgewandelt. Und sie hat die aus bäuerlichem Vorbesitz stammenden natürlichen Mischbestände durch einzelstammweise Nutzung erhalten. Dabei standen die Förderung von Laubholz- und Tannenanteilen sowie der Stufigkeit des Bestandsaufbaus im Vordergrund der waldbaulichen Steuerung.

Die naturgemäße Waldbewirtschaftung brachte große wirtschaftliche Vorteile: Das Forstpersonal hielt den Rehwildbestand durch Abschuss auf niedrigem Niveau, was eine standortangepasste, quasi kostenlose Naturverjüngung bedeutete. Außerdem wirkte sich die Förderung zuwachskräftiger Einzelbäume bis ins hohe Alter positiv aus, und durch wiederkehrende Auslese konnte eine gute Wertschöpfung erreicht werden.

Mit verschiedenen Maßnahmen wurde der Schutz natürlicher Lebensgemeinschaften im Wasserschutzwald unterstützt. So sicherte man ein natürliches Brutraumangebot für Vögel und Insekten sowie die Quartiererhaltung für Fledermäuse durch Steigerung des Totholzangebotes.

Im Oktober 2001 wurden die Wälder der SWM mit dem international anerkannten Zertifikat des Forest Stewardship Council (FSC) ausgezeichnet. Der Forstbetrieb wurde Mitglied im Naturland-Verband, was die Ausgewogenheit der ökologischen, ökonomischen und sozialen Belange bei der Waldbetreuung bestätigt. Zudem wurden das Mangfalltal und der Taubenberg wegen ihrer besonderen Artenvielfalt und Schutzwürdigkeit in das europäische Schutzgebietsnetz der Flora-Fauna-Habitate aufgenommen.

Um die positiven Auswirkungen eines derart gepflegten Wasserschutzwaldes auf die Spitzenqualität des Münchner Trinkwassers nachhaltig zu sichern, müssen die Rahmenbedingungen für die künftige Waldpflege dauerhaft beibehalten werden. Die Holzverwertung auf dem regionalen Markt muss für den raschen Abfluss aller Sorti-

Ein natürliches Nisthöhlenangebot stärkt die Artenvielfalt und trägt zur Gesundheit der Wälder bei.

mente sorgen. Insektizide werden nicht eingesetzt und dürfen auch in Zukunft keine Verwendung finden. Für den Fall eines schweren Schadens an Waldbeständen in Pflanzenkulturen durch Schädlinge, Hagel, Sturm oder Ähnliches, den sogenannten Kalamitätsanfall, oder bei Störungen des Holzmarktes stehen Beregnungsplätze und Trockenlagerplätze außerhalb des Waldes auf eigenem Grund zur Verfügung.

Die intensive vorsorgende Pflege in den Münchner Wassergewinnungsgebieten ist national und international anerkannt. Sie ist ausgesprochen erfolgreich und wird der Öffentlichkeit in zahlreichen Führungen vor Ort vorgestellt.

Schutzgebiete

Bei der Sicherstellung der Trinkwasserqualität nehmen die Schutzgebiete einen besonderen Stellenwert ein. Die Stadt München erwarb zu diesem Zweck bereits im Jahr 1874 Grundstücke. Dies begründete man damit, dass man die Quellen sichern und sie so Spekulationsgelüsten entziehen wollte. Nachdem im Einzugsbereich der Quellen zu diesem Zeitpunkt bereits einige Kohlegruben betrieben wurden beziehungsweise geplant waren, beantragte der städtische Magistrat zum Grundwasserschutz den Erlass eines Schürfverbotes. Dies erwies sich allerdings nur auf städtischen Grundstücken als erfolgreich, denn damals wie heute benötigt reines Grundwasser eine intakte Filterschicht des Oberbodens, ohne Aufschlüsse durch einen Grabenzug oder eine Hohlraumbildung.

Der damalige Erwerb erscheint aus heutiger Sicht auch im Hinblick auf den vorbeugenden Grundwasserschutz bemerkenswert weitsichtig.

> Um die Quellfassungen auch vor anderen ungünstigen Beeinflussungen für alle Zeit zu schützen, müssen die Düngung der Grundstücke und die Zunahme der Bebauung im Einzugsgebiet möglichst zurückgedrängt werden. Auch kann der Wasserentzug aus dem Interessengebiet für andere Zwecke am sichersten nur durch ausgedehnte Erwerbungen hintangehalten werden. Endlich ist zur Sicherung möglichst gleichmäßiger Quellschüttung die Erhaltung bzw. Schaffung umfangreicher Waldungen im Einzugsgebiet erforderlich.

Die Gefährdungspotenziale haben sich im Vergleich zu 1883 wesentlich verändert und erhöht. Es sind zahlreiche Risikofaktoren hinzugekommen, wie die Altlasten gewerblich, industriell oder auch militärisch genutzter Flächen, Leckagen aus Tanks, durch Fahrzeugunfälle, Bedienungsfehler in der Industrie, Galvanisierungen, Lackierungen, Verunreinigungen durch Siedlungsgebiete, Abwässer oder chemische Reinigungen. Alle genannten Risiken erfordern zum Schutz des Trinkwassers zusätzliche besondere Maßnahmen bereits im Quellgebiet.

Die Altlastensanierung ist heute ein wichtiges Thema. Breitgefächerte Laboruntersuchungen (Screeningmodelle) des Trinkwassers können Altlastenvorkommen aufdecken. Man kann sie durch Erkundungsbohrungen in den Grundwasserleiter und die anschließende Darstellung der Schadstofftransporte durch Simulation der vorhandenen Grundwasserströme im Grundwasser lokalisieren. Mit komplexen Verfahrenstechniken versucht man die Altlasten abzupumpen oder sie durch Einbringung chemischer oder biologisch wirksamer Stoffe zu binden. Bei einer Oberflächenverunreinigung durch einen Ölunfall hilft allerdings nur eine schnelle Reaktion durch das Aufbringen von Bindemitteln und schließlich das Abtragen der belasteten Flächen.

Durch intensive Landwirtschaft sind unsere Gewässer vielfältigen Gefährdungen durch Chemikalien in Form von Dünge- oder Pflanzenschutzmitteln ausgesetzt. Allein durch die Landwirtschaft werden in Deutschland jährlich 3,1 Millionen Tonnen Mineral- und 300 Millionen Tonnen Wirtschaftsdünger auf die Felder ausgebracht. Dadurch steigt die Nitratbelastung des Grundwassers. Dies ist für den Menschen sehr gefährlich, denn er nimmt Nitrit und Nitrosamine möglicherweise über das Trinkwasser auf.

Bei den chemischen Pflanzenschutzmitteln (PSM) sieht die Bilanz nicht besser aus: Sie beträgt 32.000 Tonnen jährlich. Hohe Konzentrationen können bei Mensch

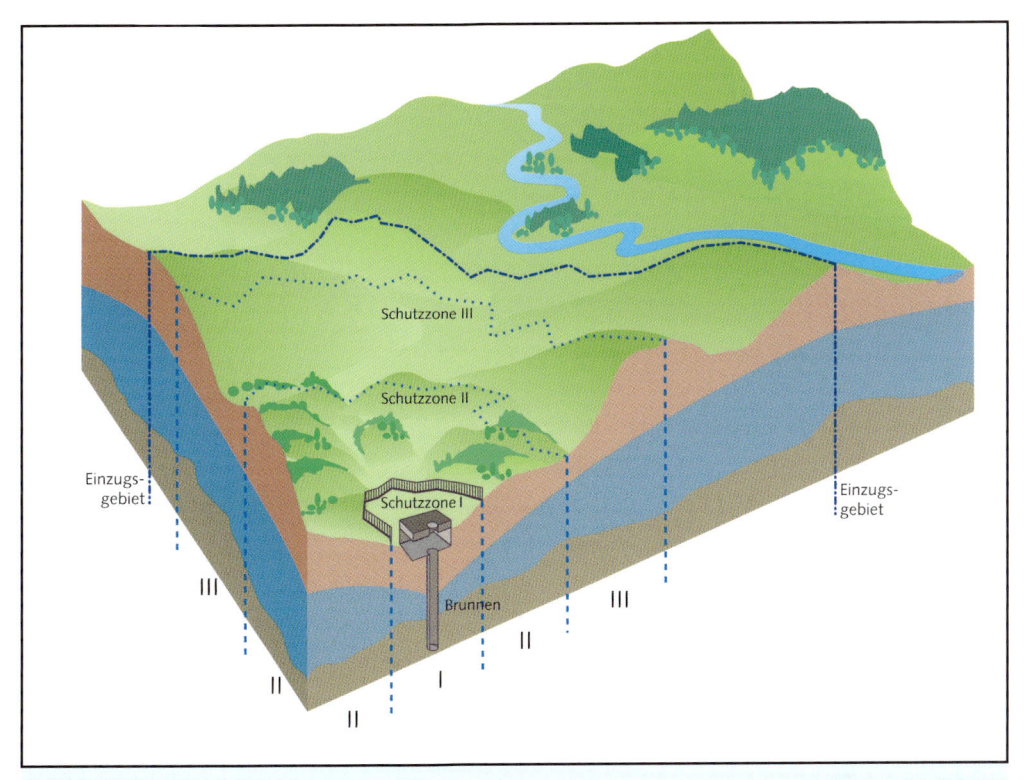

Schematische Darstellung Wasserschutzgebiet (WSG), Bayerisches Landesamt für Umwelt

und Tier zu schweren Erkrankungen führen. Immer häufiger finden sich die Rückstände der Pflanzenschutzmittel im Trinkwasser. Ein unabdingbarer erster Schritt zum Schutz des Trinkwassers ist damit die Ausweisung von Wasserschutzgebieten mit ihrer Einteilung in Schutzzonen.

Für die einzelnen Zonen gelten besondere Sicherheitsanforderungen, gestaffelt je nach Empfindlichkeit des Untergrundes und Abstand von der Wasserfassung.

Die Zone I – der Fassungsbereich – ist eingezäunt und darf nicht betreten werden, um die unmittelbare Umgebung der Fassung und die Anlage selbst, also den Brunnen oder die Quelle, vor jeglicher Verunreinigung zu schützen.

Die Zone II – die engere Schutzzone – bezeichnet einen Bereich, von dessen äußerer Begrenzung aus das Grundwasser etwa 50 Tage Fließzeit bis zu den Wasserfassungen benötigt. Damit wird garantiert, dass mikrobiologische Verunreinigungen im Grundwasserleiter abgebaut werden, ehe sie die Wasserfassung erreichen. Besondere Bodennutzungen wie Kiesabbau, Baumaßnahmen oder das Verlegen von Abwasserkanälen sind in diesem Bereich ebenso verboten wie eine organische Düngung mit Gülle, Jauche oder Festmist.

Die Zone III – die weitere Schutzzone – soll in der Regel bis zur Grenze des unterirdischen Einzugsgebietes der Trinkwassergewinnungsanlage reichen. Ihre Aufgabe ist es, die Grundwasserüberdeckung im näheren Einzugsgebiet weitestgehend zu erhalten. Daher sind keine größeren Eingriffe in den Boden erlaubt, und der Umgang mit wassergefährdenden Stoffen ist auf ein Minimum beschränkt. Einrichtungen mit größerem Risikopotenzial, wie Industrieanlagen, Ölpipelines oder Tanklager, dürfen in diesem Gebiet gar nicht erst gebaut werden.

Ein Trinkwasserschutzgebiet kann seine Funktion jedoch nicht erfüllen, wenn das Grundwasser nicht schon außerhalb der Schutzgebietsgrenzen flächendeckend geschützt wird.

Ökologische Studien

Seit Februar 1983 wird die Landeshauptstadt München auch aus dem Förderwerk Oberau mit Trinkwasser versorgt. Die Bewilligung für die Entnahme von Grundwasser wurde mit der Auflage für die Stadtwerke München verbunden, durch Langzeitbeobachtungen und deren sachgerechte Auswertung zu belegen, dass die Förderung aus dem tieferen Grundwasserbereich nicht zu Beeinflussungen im oberflächennahen Grundwasservorkommen, insbesondere in den Moorbereichen, führt. Dieser Nachweis wird über hydrologische Messungen und vegetationskundliche Aufnahmen erbracht. In einem jährlich vorzulegenden ökologischen Gutachten werden die hydrologischen Messdaten und die vegetationskundlichen Erhebungen in einer Gesamtschau interpretiert.

Im Zuge der hydrologischen Datenerhebung werden Niederschläge, Grundwasserstände und Abflüsse in Oberflächengewässern jahrelang zu der Grundwasserförderung in Relation gesetzt und statistisch ausgewertet. Bei der Betrachtung langer Zeiträume, also mehrerer Jahre, bestehen zum Teil signifikante Korrelationen zwischen Grundwasserentnahmen und den Grundwasserständen.

Höhere Wasserpflanzen, sogenannte Makrophyten, wie die Wasserminze oder die Sumpfdotterblume, sind geeignete Bioindikatoren zur Beurteilung der Güte von Gewässern. Sie reagieren auf unterschiedliche Nährstoffverhältnisse zum Teil sehr empfindlich. Mit wechselnden chemisch-physikalischen Eigenschaften des Wassers verändert sich die qualitative und quantitative Zusammensetzung dieser Pflanzen. Durch Beobachtung eines Gewässers über einen längeren Zeitraum können jahreszeitliche oder durch Umwelteinflüsse bedingte Veränderungen im Vorkommen von Makrophyten erfasst werden. Dabei sind hier besonders Veränderungen in Bestand und Zusammensetzung der submersen, das heißt der unter der Wasseroberfläche liegenden, Vegetation durch die Grundwasserentnahme von Interesse.

1982/1983 betrauten die Stadtwerke München erstmals die limnologische (gewässerkundliche) Station der Technischen Universität München mit einer Bestandsaufnahme der Makrophytenvegetation bezüglich ihrer qualitativen und quantitativen Zusammensetzung im jahreszeitlichen Verlauf. Damals wie heute entspricht die Wassergüte der sechs untersuchten Bäche der reinster Quell- und Grundwässer.

Die Erfassung der Makrophyten aus den Quellbächen des oberen Loisachtals (Lauterbach I, Lauterbach II – Deublesmoosbach –, Pitzikotbach, Röllerbach, Ronetzbach und Ursprungsbach) vom Jahr 2005 hatte im Gesamtvergleich zu den Vorjahren folgendes Ergebnis: Die Artenzahl an den Bächen Lauterbach, Pitzikotbach und Ursprungsbach blieb weitgehend gleich. Seit 1992 konnte am Röllersbach und Ronetsbach eine Erhöhung der Artenzahl verzeichnet werden, und das, obwohl das Hochwasser von 1999 insgesamt eher zu einem Rückgang der Artenzahl führte. Bei der Untersuchung 2005 wurde ein Artenmaximum erreicht, das dem des Jahres 1993 entsprach. Die Vegetationsentwicklung verlief stabil. Ein Zusammenhang zwischen der Entnahme von Trinkwasser aus dem zweiten Grundwasserleiter und dem Rückgang der Arten in den Bächen des Gewinnungsgebietes Loisachtal konnte bis dato nicht festgestellt werden. Die Zahl der nachgewiesenen Arten – 62 – blieb seit Beginn der Studie an allen untersuchten Stellen im statistischen Rahmen konstant, wenn diese Arten auch in keinem Jahr gleichzeitig auftraten. Quantitativ nahmen diejenigen, die an tieferes Wasser gebunden sind, ab, während Sumpfpflanzen allmählich vordrangen.

Situationsgutachten

Die Bayerische Landesanstalt für Bodenkultur und Pflanzenbau erstellte bis 1993 jährlich, bis 1999 alle zwei Jahre ein ökologisches Situationsgutachten. Dieses stellt verschiedene Untersuchungsergebnisse in einen Zusammenhang: die Aufzeichnungen über die meteorologischen Verhältnisse, die Trinkwasserentnahme, die Abflüsse in den Quellbächen, die Grundwasserganglinien für viele Messstellen, die Verbreitung makrophytischer Wasserpflanzen in den Fließgewässern des oberen Loisachtals und vegetationskundliche Aufnahmen von Dauerbeobachtungsflächen. Dabei werden alle ökologischen Veränderungen einbezogen, selbst wenn sie zum Teil in keinem direkten Zusammenhang mit der Trinkwassergewinnung stehen. Dazu gehören Baumaßnahmen (für Rohrleitungen, Kläranlagen, Siedlungen), landwirtschaftliche Intensivierungen (Kultivierungen, Rodungen, „Meliorationen", also Maßnahmen zur Bodenverbesserung), Naturereignisse (Vermurungen, Windwürfe, Überschwemmungen), natürliche Sukzessionen (Zunahme der Bewaldung, Ausbreitung von Übergangs- und Hochmoorvegetation) sowie die Auswirkungen von Grundwasseranhebungen und -absenkungen. Insgesamt stellte sich heraus, dass sich die Vegetation im Lauf der Jahre verändert. Dies ist aber im Wesentlichen auf meteorologische Faktoren zurückzuführen und nicht durch die Wasserentnahme bedingt.

Beim Vergleich des Zuwachses im langjährigen Mittel der Niederschlagsmengen während der Zeiträume 1961/1990 in Garmisch-Partenkirchen und 1971/2000 in Oberau stieg die Niederschlagsmenge an der Messstelle Oberau um 30 Millimeter gegenüber sechs Millimeter in Garmisch-Partenkirchen.

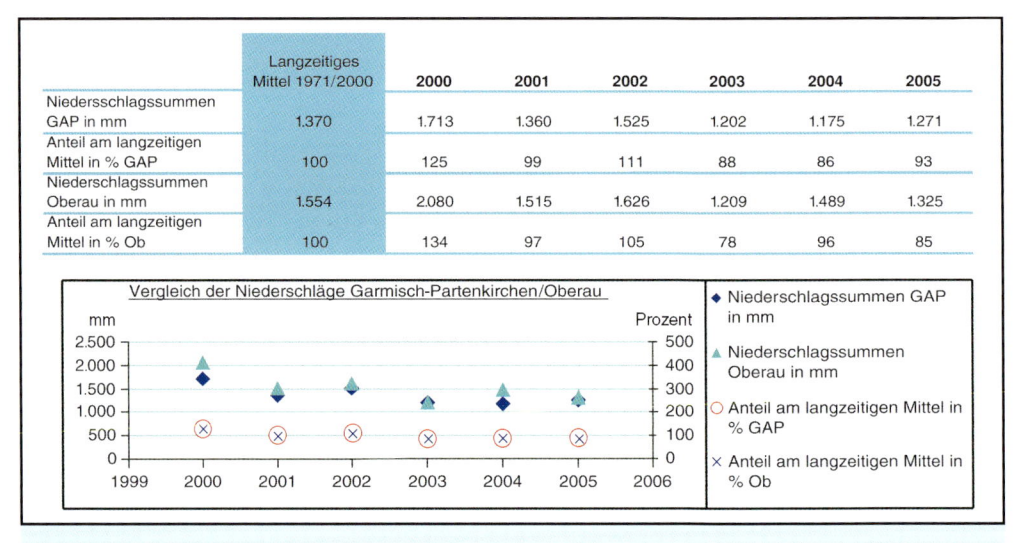

	Langzeitiges Mittel 1971/2000	2000	2001	2002	2003	2004	2005
Niederschlagssummen GAP in mm	1.370	1.713	1.360	1.525	1.202	1.175	1.271
Anteil am langzeitigen Mittel in % GAP	100	125	99	111	88	86	93
Niederschlagssummen Oberau in mm	1.554	2.080	1.515	1.626	1.209	1.489	1.325
Anteil am langzeitigen Mittel in % Ob	100	134	97	105	78	96	85

Situationsgutachten der Bayerischen Landesanstalt für Bodenkultur und Pflanzenbau von 2005 im Auftrag der SWM

Ökologischer Landbau in Wassereinzugsgebieten

Um die Einwirkungen der landwirtschaftlichen Nutzung auf die Wasserqualität zu beeinflussen und das Trinkwasser vor Schadstoffeintrag zu bewahren, haben die Stadtwerke München bereits 1992 ein Pilotprogramm für ihr wichtigstes Gewinnungsgebiet, das Mangfalltal, ins Leben gerufen. Zweck der Initiative ist die Umstellung landwirtschaftlicher Betriebe vom konventionellen auf den ökologischen Landbau.

Wie keine andere Bewirtschaftungsmethode bietet der ökologische Landbau mit seinen restriktiven Richtlinien für Pflanzenbau und Tierhaltung die beste Gewähr für eine gewässerschonende Bodennutzung. Er verzichtet völlig auf die Anwendung chemisch-synthetischer Dünge- und Pflanzenschutzmittel. Durch die Beschränkung auf den Einsatz überwiegend betriebseigener Wirtschaftsdünger, die Festlegung flächenbezogener Düngehöchstmengen sowie durch ein Limit für den Futtermittelzukauf wurde das Vieh auf durchschnittlich 1,95 Großvieheinheiten pro Hektar reduziert. Die aus konventioneller Tierhaltung anfallende Gülle darf nicht ausgebracht, sondern muss boden- und pflanzenverträglich aufbereitet werden. Der Eintrag von Nitrat und Pestiziden in den Untergrund ist damit nahezu ausgeschlossen.

Für die Förderung kommen alle landwirtschaftlich genutzten Eigentums- und Pachtflächen (Grünland und Acker) infrage, die sich innerhalb eines nach hydrogeologischen Gesichtspunkten exakt abgegrenzten Umstellungsgebietes befinden.

Die SWM werben bei den Landwirten für ihr Förderprogramm durch Informationsveranstaltungen vor Ort in Zusammenarbeit mit anerkannten Ökoverbänden (derzeit Bioland, Naturland und Demeter). Interessierte Landwirte können sich auf Kosten der SWM von diesen Verbänden individuell beraten lassen. Landwirte, die sich zur Umstellung ihrer Betriebe entschließen, erhalten als Anstoßfinanzierung

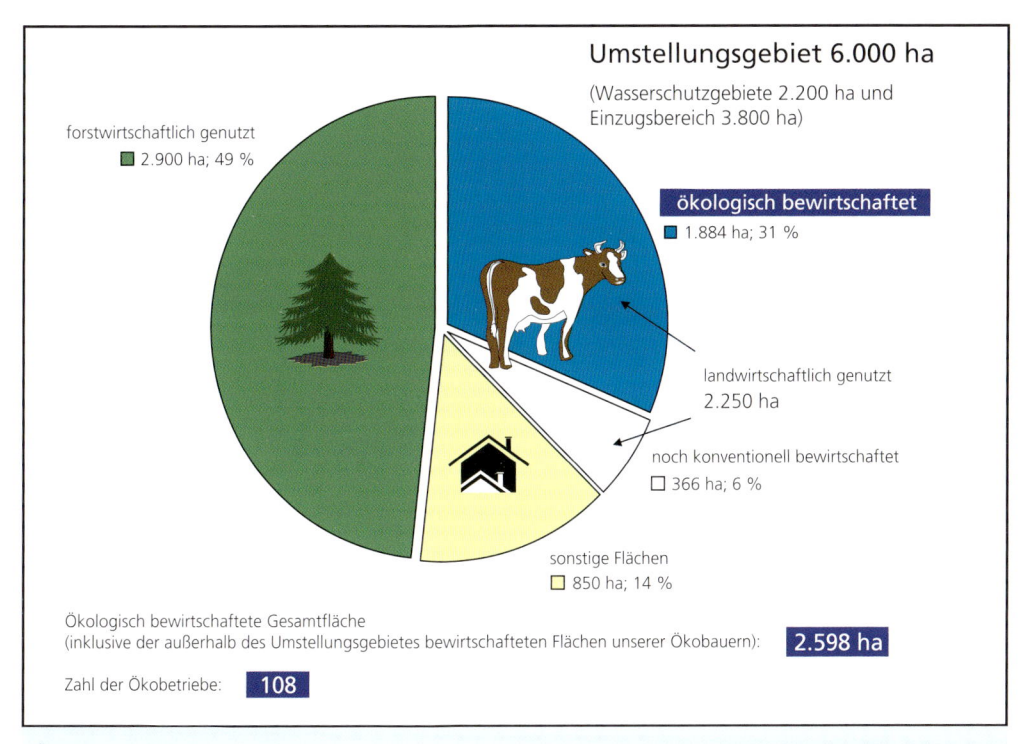

Umstellungsgebiet 6.000 ha
(Wasserschutzgebiete 2.200 ha und Einzugsbereich 3.800 ha)

- forstwirtschaftlich genutzt: 2.900 ha; 49 %
- ökologisch bewirtschaftet: 1.884 ha; 31 %
- landwirtschaftlich genutzt: 2.250 ha
- noch konventionell bewirtschaftet: 366 ha; 6 %
- sonstige Flächen: 850 ha; 14 %

Ökologisch bewirtschaftete Gesamtfläche (inklusive der außerhalb des Umstellungsgebietes bewirtschafteten Flächen unserer Ökobauern): **2.598 ha**

Zahl der Ökobetriebe: **108**

Ökokuchen, Mangfalltal 2007

eine jährliche Beihilfe in Höhe von 281,21 Euro pro Hektar landwirtschaftliche Fläche. Diese Umstellungsbeihilfe wird zunächst über einen Zeitraum von sechs Jahren gewährt. Im Anschluss daran gibt es eine Unterstützung in Höhe von 230,08 Euro pro Hektar und Jahr. Voraussetzung für diese Beihilfe ist der Abschluss von Verträgen mit den Stadtwerken München und die Verpflichtung des Betriebes, nach den Richtlinien eines Ökoverbandes zu wirtschaften.

Das Angebot der SWM bezüglich des Einstiegs gilt unbefristet. Die Bauern müssen den SWM die richtlinienkonforme Bewirtschaftung nach Ablauf eines jeden Kalenderjahres von den unabhängigen Öko-Kontrollstellen bescheinigen lassen. Letztere überwachen die Vertragsbetriebe auf Einhaltung der Richtlinien und entbinden die SWM damit von dieser zeit- und kostenaufwendigen Kontrollfunktion durch Agrarfachleute. Die Aufwendungen für diese Kontrollen übernehmen die SWM.

Derzeit nehmen etwa 85 Prozent der landwirtschaftlichen Betriebe innerhalb des Umstellungsgebietes mit einer Gesamtfläche von mehr als 2.500 Hektar dieses Angebot wahr.

Nicht zuletzt aber hängt der Bestand der landwirtschaftlichen Betriebe von den Vermarktungsmöglichkeiten ab. Aus diesem Grund und im Sinne einer vernünftigen Marktpolitik der regionalen Produkte unterstützen die Stadtwerke München den Vertrieb der ökologisch produzierten Nahrungsmittel.

Die mikrobiologische und chemisch-physikalische Überwachung des Trinkwassers

Entsprechend der Trinkwasserverordnung von 2001 würde es für die routinemäßig ermittelten Werte, das heißt primär die mikrobiologischen, ausreichen, knapp 1.000 Proben pro Jahr zu untersuchen. Tatsächlich werden bei den SWM etwa 14.000 Proben, also das 14fache, pro Jahr unter die Lupe genommen, um die Qualität beständig zu sichern. Das Gleiche gilt für periodische Untersuchungen, für die die Trinkwasserverordnung 22 Proben pro Jahr verlangt. Hier werden rund 1.200 Proben pro Jahr chemisch untersucht, also mehr als das 50fache. Dabei werden etwa 6.000 Einzelergebnisse ermittelt.

Das akkreditierte Labor der Stadtwerke überwacht, ob alle Auflagen und Anforderungen eingehalten werden. Für die Qualitätskontrolle werden täglich an 20 bis 30 definierten Stellen im Gewinnungsgebiet, im Zubringer-Wasserleitungsbereich, in den Hochbehältern und im Stadtnetzgebiet, mikrobiologische Proben entnommen.

Qualitätsüberwachung durch Bioindikatoren

Als Bioindikatoren für die Trinkwasserqualität dienen Saiblinge und Forellen. Sie werden als Jungtiere, also mit maximal sechs Monaten, in spezielle Aquarien gesetzt. Diese Becken sind an strategisch wichtigen Standorten platziert und werden über Bypass-Leitungen mit frischem Trinkwasser versorgt. Die Fische erfüllen die Funktion von „Vorkostern", wodurch die ständige Überwachung des Trinkwassers gewährleistet

Testfische als Bioindikatoren

werden kann. Außerdem erhält man so auf der Grundlage möglichst vieler Stellen im System einen Überblick über die Wasserqualität.

Die Fische werden ständig mit Videokameras überwacht. Eine moderne Prozessleittechnik gibt die Videosignale über Lichtwellenleiter online zu einer zentralen Leitstelle weiter. Diese überprüft turnusmäßig den Status der Fische. Die Fischtestbecken werden somit ständig überwacht. Die Bioindikatoren ändern bei Abweichungen in der Trinkwasserqualität ihr Verhalten, sie zeigen zum Beispiel eine eingeschränkte Mobilität oder weichen bei der Nahrungsaufnahme von ihren Mustern ab. Damit dienen die Verhaltensänderungen der Tiere der sofortigen Anzeige von eventuell kontaminiertem Wasser.

Vorfeldmessungen

Über Vorfeldmessungen wird online die Leitfähigkeit des Grundwassers an wichtigen Stellen im Gewinnungsgebiet und an anderen strategisch wichtigen Punkten gemessen. Dadurch werden Veränderungen im Grundwasser, zum Beispiel durch Infiltration von Flusswasser im Hochwasserfall, frühzeitig erkannt. So kann durch Gegenmaßnahmen der Zufluss in die Gewinnungsanlagen ausgeschlossen werden.

Versuchsweise werden zusätzlich Partikelmessgeräte für die Vorfeldüberwachung der Trinkwasserqualität eingesetzt. Die Anzahl der Partikel und deren Größenverteilung erlauben wertvolle Rückschlüsse auf die Art und Herkunft der ermittelten Teilchen und eröffnen damit bereits vor dem Fassungsbereich die Möglichkeit zur Reaktion.

Ein weiteres Messinstrument, das in der Wassergewinnung derzeit erst probeweise eingesetzt wird, ist die Spektrometersonde. Sie sendet in einem bestimmten Zeitintervall Lichtblitze aus und misst in einem Spektralbereich von 220 bis 390 Nanometern die Absorptionsrate im Wasser. Dadurch kann zum Beispiel der Gehalt des organisch gebundenen sowie des gelösten organisch gebundenen Kohlenstoffs im Wasser oder auch der von Nitrat gemessen werden. Der wesentliche Vorteil des Geräts gegenüber der herkömmlichen Wasseranalyse im Labor besteht darin, dass die Testergebnisse sofort abrufbar sind und man unmittelbar auf eine veränderte Wasserqualität reagieren kann.

Trinkwasser ist unser Lebensmittel Nummer eins und hat daher oberste Priorität für uns alle. Die vorliegenden Analysen, Gutachten und Qualitätskontrollen belegen: Das Münchner Wasser hält die strengen Grenzwerte der Trinkwasserverordnung nicht nur ein, es unterschreitet diese sogar um ein Vielfaches. Es weist bessere Analysewerte auf als so manches Mineralwasser.

Damit bestätigen sich die Maßnahmen der SWM, wie die Einführung der ökologischen Land- und Forstwirtschaft, verbunden mit einer konsequenten Schutzpolitik, als richtiger Weg für die Zukunft. So können auch die nachfolgenden Generationen von Münchnern mit Trinkwasser von höchster Qualität versorgt werden.

Interessenkonflikte bei der Erschließung von Trinkwasserschutzgebieten

Christina Jachert-Maier

≈ Die Anfänge

So verschlungen wie der Lauf der Mangfall sind die Bande zwischen der Stadt München und dem Oberland, fest verwoben und bisweilen als Fessel empfunden. Der Konflikt zwischen den einen, die zwischen Valley und Miesbach ihr Wasser schöpfen, und den anderen, die dort leben, ist so alt wie die Wassergewinnung der bayerischen Landeshauptstadt.

Geschätzt haben die Städter das Gebiet rund um den knapp 900 Meter hohen Taubenberg bei Weyarn und Warngau seit jeher. Hierher reiste man zur Sommerfrische. Seit 1861 dampfte die Maximiliansbahn in Richtung Miesbach und brachte Scharen von Ausflüglern nach Thalham am Fuß des bequem zu erwandernden Berges. Ein steinerner Aussichtsturm, fast 100 Jahre alt, kündet noch von den Anfängen des Fremdenverkehrs in einer aufstrebenden Region. Schon vor seinem Bau hatte es dort einen hölzernen Turm gegeben.

Die Münchner machten den Taubenberg zu ihrem Hausberg und schließlich zu ihrem Eigentum. Heute gehören hier nahezu alle Wiesen und Wälder der Stadt, die den Berg gut behütet. Es ist ein stilles Idyll geworden, eine streng geschützte ökologische Kostbarkeit. Doch ein solches zu schaffen, das hatten die Müller, die Betreiber von Papierfabriken, von Schreinereien und Schmieden damals, um das Jahr 1880, nicht im Sinn gehabt.

Wie an einer Perlenschnur reihten sich die Mühlen zu jener Zeit an der Mangfall entlang auf. Die Angst ging um, als die Städter 1876 nicht länger nur am Ufer entlangspazierten, sondern die Quellen des köstlich klaren Wassers erkundeten. Und wo einem Müller das Geld zu knapp zum Überleben wurde, da kauften die Herren aus München sein Anwesen.

Den Boden zu besitzen, das bedeutete damals auch, Macht über das Wasser zu haben. Die Weichen für die Wassergewinnung, die heute die Großstadt München mit dem kostbarsten Lebensmittel versorgt, waren gestellt. Es war auch der Beginn des Ringens um das, was Recht ist. Um die Freiheit, auf der eigenen Scholle nach Belieben zu wirtschaften, auf der einen Seite und der Notwendigkeit, Menschen einer ganzen Stadt mit Trinkwasser zu versorgen, auf der anderen.

Der erste Proteststurm entbrannte 1880. Vergeblich zogen die Müller und Sägewerker vor Gericht, um das kraftvoll sprudelnde Wasser der Mangfall und ihrer Zuflüsse vor dem Zugriff zu bewahren. Im selben Jahr stimmte der Münchner Magistrat mit knapper Mehrheit für den Bau einer Wasserversorgung im Mangfalltal. Als ein Jahr später die Bauarbeiten für die Mühlthaler Hangquellenfassungen begannen, fürchteten die Oberlandler, dass der Lebenssaft verlorengeht. Dabei war erst der Anfang für ein Netz gemacht, das den Durst einer wachsenden Großstadt löschen sollte. Um 1900 klaffte ein offener Stollen, ein Bau monumentalen Ausmaßes. Ein Meisterwerk der Baumeisterkunst jener Zeit, das vielen Anwohnern Arbeit gab. Aber auch ein offener Schlund, der Unbehagen weckte und die Angst, am Ende der Verlierer zu sein.

Es gab neue Klagen gegen die Erweiterung der Wasserversorgung. 1910 gewann die Stadt München den Prozess und sicherte sich das bis heute umstrittene Recht, Wasser aus dem Oberland zu sammeln. Damals kochte der Zorn gewaltig hoch. So sehr, dass nach diversen Sabotageakten schließlich Soldaten aufmarschierten, um die Bauarbeiten zu schützen.

Den Müllern an der Mangfall wurde das Wasser knapp. An den Kasperlbach bei Valley erinnert heute noch ein Denkmal, ein Obelisk an einem Steilhang hoch über dem Mangfallufer. Wer einen schwierigen Marsch nicht scheut, kann die in den Stein gemeißelten Worte lesen: „Hier trat der so genannte Kasperlbach, welcher zwei Mühlen trieb, zu Tage, bis derselbe zu der Wasserversorgung der Stadt München mit weiteren Quellen des Mangfalltales in den Jahren 1881–1883 gefasst und unterirdisch abgeleitet wurde."

Der Niedergang von Thalham

Zunächst schien vielen Müllern ein Handel mit der Stadt ein gutes Geschäft zu sein. Die Offerte war verlockend: Wer ein Anwesen in dem von den Münchnern so geschätzten Bereich besaß, konnte an die Stadt verkaufen, aber trotzdem weiter wirtschaften wie bisher. Karl Steininger erinnert sich noch gut an die fein gewandeten Herren aus der Stadt, die gern zum Essen in die von seinen Eltern betriebene Brandlmühle kamen. Die Münchner schätzten die Kochkunst der Mutter und nahmen gern am Familientisch Platz. „Sie waren leutselig und haben immer gesagt, die Bauern hier können alle bleiben", erzählt Steininger aus seiner Kindheit in Thalham – einem Ort, der heute auf eine winzige Häuseransammlung an der Bundesstraße geschrumpft ist. Nach und nach sind alle Anwesen vom Fuß des Taubenbergs verschwunden, damit nichts das Münchner Trinkwasser trüben kann.

Früher einmal war Thalham in ein oberes und unteres Dorf geteilt gewesen. Oben, das war eine Ansiedlung an der Straße zwischen Weyarn und Miesbach, kaum mehr als ein Ableger des unteren Dorfes direkt an der Mangfall. Unten, direkt am Fluss, standen die Mühlen und stattlichen Anwesen. Heute existiert nur das frühere „Oberdorf" als Thalham. Es ist ein winziger Ort an der Straße, ein Gemeindeteil von Weyarn, in dem es einen Gasthof gibt, aber keinen Bäcker, keinen Metzger, keinen Kindergarten, keinen Bahnhof.

Steininger und seine Familie leben seit vielen Jahren im nahen Großpienzenau, doch die Erinnerung an das alte Dorf ist lebendig geblieben. Die Heimat zu verteidigen, den Stolz und die Selbstbestimmung, dafür steht er heute wie kaum ein anderer. Karl Steininger ist Landeshauptmann der Bayerischen Gebirgsschützen, ein Hüter und Verteidiger bayerischer Volkskultur.

Aufgewachsen ist er als jüngstes der vier Kinder von Georg Steininger. Schon sein Großvater Martin hatte die stattliche Brandlmühle bewirtschaftet. Zu dem Anwesen gehörten neben der Mühle auch ein Sägewerk und eine Landwirtschaft. Rundum herrschte Betriebsamkeit. Aus dem benachbarten Weyarn, damals ein winziges Dorf, das außer dem Kloster wenig zu bieten hatte, kamen die Menschen ins wachsende Thalham mit seinen rund 70 Gebäuden. Es gab Metzger, Bäcker, Kramer, Schreiner und etliche Betriebe, die Wasserkraft nutzten. Der Bahnhof bildete einen zentralen Punkt. „Da hat sich der ganze Pendelverkehr abgespielt", sagt Steininger. Auch viele Schüler warteten morgens auf den Zug nach Miesbach oder Holzkirchen.

Am Anfang schrumpfte Thalham unmerklich. Die Stadt sicherte sich immer mehr Land in dem Gebiet, das mit dem steigenden Wasserbedarf so wichtig geworden war. Dabei, meint Steininger, hätten die neuen Besitzer zumindest in der Zeit vor dem Zweiten Weltkrieg die Bewohner der Anwesen nicht vertrieben, sondern sie noch eine Weile wie gewohnt wirtschaften lassen. „Die haben gut gezahlt, die Leute unterstützt und sogar die Häuser gerichtet."

Frühe Ansicht der Ortschaft Thalham, Postkarte

Doch wenn ein Betrieb nicht mehr florierte oder der Bauer zu alt wurde, um ihn zu unterhalten, war Schluss. Ein Anwesen nach dem anderen fiel der Abrissbirne zum Opfer. 1950, da war Karl Steininger zehn Jahre alt, standen noch 37 Häuser im unteren Ortsteil von Thalham. Die Brandlmühle gehörte damals schon der Stadt München. Die Steiningers hatten den Besitz 1920 verkauft, wirtschafteten aber zunächst weiter. Das Rattern der Brandlmühle verstummte kurz vor dem Krieg. Auch andere Müller gaben auf. Und das nicht nur, weil die Stadt München kräftig Wasser zum Leitzachkraftwerk am Seehamer See leitete. Im rauen Klima des Oberlands wächst Getreide nicht gut. „Es hat sich halt auch nicht mehr gelohnt", weiß Steininger.

Nach und nach wurde es still in Thalham. Immer weniger Menschen sahen dort eine Zukunft; vor allem die junge Generation verließ das Dorf. „Enteignet worden ist niemand", meint Steininger. Still und höflich verfolgten die Münchner Wasserschützer ihr Ziel, aber mit einem klaren Kurs: Der Ort sollte verschwinden, damit nichts als purer Regen ins Erdreich über und rund um die Trinkwasserquellen gelangen konnte. Schließlich ging es um nichts weniger als um die Lebensgrundlage, die Gesundheit der Stadtbewohner. 1950 lebten bereits 830.000 Menschen in München.

Unterdessen wuchs der Druck auf die verbliebenen Bauern, die am Ufer der Mangfall wirtschafteten. Der Misthaufen neben dem Haus, das Öl in der Schmiede, der Dünger auf der Wiese, nichts durfte mehr sein. 1953 wurde der Wasserschutz schließlich Gesetz. Die Flächen nahe den Quellen galten nun offiziell als Schutzgebiet, was für die Grundeigentümer erhebliche Einschränkungen brachte. Gebaut werden durfte zunächst nichts mehr. Die Verordnung diente als Instrument, um die Menschen im gesamten Talkessel nach und nach auszusiedeln. So heißt es in der Festschrift der Stadtwerke zum 100-jährigen Bestehen der Wasserversorgung München: „Eine weitere hygienisch wichtige Folge der Schutzgebietsausweisung war die Möglichkeit, in der Ortschaft Gotzing, die direkt rund 30 Meter über der Gotzinger Hangquellfassung liegt, eine weitere Besiedlung zu verhindern und auch hier eine Schrumpfung zu erzielen."

1954 verließen auch die Steiningers ihr Anwesen am Fluss, das sie zuletzt noch als landwirtschaftlichen Betrieb geführt hatten. 1971 wurde der Bahnhof abgerissen, an dem einst sogar der bayerische Prinzregent empfangen worden war. Sommerfrischler hatten dort Postkarten kaufen können. Um die 40 Motive sind erhalten geblieben, frohe Grüße aus einem Ort, der sich im Aufwind wähnte. Zunächst hielt der Zug noch an einem Haltepunkt, dann war auch damit Schluss.

Heute braust die Bayerische Oberlandbahn ohne Stopp an Thalham vorbei. Um die Gleise ist heute alles grün. Wo früher die Mühlen klapperten und viele Menschen lebten, existiert nur noch der Betriebshof der Münchner Stadtwerke und ein einziges Haus: die inzwischen denkmalgeschützte Herrenmühle mit ihrer Hauskapelle. Seine Besitzer hatten den Verkauf verweigert und sich letztlich durchgesetzt. Noch heute lebt die Familie des alten Herrenmüllers, der so beharrlich für seine Rechte stritt, in dem Anwesen.

Das alte Thalham ist verschwunden, aber nicht vergessen. Alle fünf Jahre gibt es ein großes Treffen seiner ehemaligen Bewohner. Eine große Runde: Weil auch die Kinder der früheren Dorfbewohner kommen, sitzen meist etwa 80 Menschen zusammen. Eine kleinere Gruppe unternimmt jedes Jahr eine gemeinsame Wanderung. Nicht nur Karl Steininger hütet die Erinnerung an das Dorf seiner Kindertage; auch der Weyarner Arbeitskreis Geschichte hat Schriften und Bilder von damals zusammengetragen.

Und wann immer dessen Vorsitzender Leo Wöhr das Dorf in einem Vortrag aufleben lässt, füllt sich der Saal. „Thalham ist im Lauf der Jahrzehnte zu einem Mythos geworden", sagt Wöhr. Ein Symbol für das, was es bedeuten kann, in einem Wasserschutzgebiet zu leben. Die Angst, dass es anderen Orten im Umkreis so ergehen könnte wie Thalham, dass keine Entwicklung möglich ist, dass Betriebe weichen müssen und die Kinder kein Haus mehr bauen können, sitzt tief. Schließlich sind nicht nur ein paar unrentable Mühlen und sanierungsbedürftige Bauernhäuser verschwunden. Auch drei größere Papierfabriken wurden im Lauf der Jahre gesprengt; mit ihnen gingen viele Arbeitsplätze verloren. 1930, nach der Stilllegung der Fabrik Reissach, wagten die verzweifelten Arbeiter des Betriebs sogar eine Demonstration, um gegen den Verlust ihrer Jobs zu protestieren.

Seit dem Niedergang Thalhams hat sich viel verändert. Um die Qualität des Wassers zu sichern, muss heute kein ganzes Dorf mehr von der Landkarte verschwinden. „Wir haben jetzt ganz andere technische Möglichkeiten", meint Rainer List, Leiter der Wassergewinnung der Stadtwerke München in Thalham. Was noch in den 60er Jahren ein großes Problem war, ist heute lediglich noch eine Kostenfrage. So schützt ein aufwendiges Kanalsystem im engeren Schutzgebiet bei Thalham und Gotzing das Wasser vor Schädlichem, also vor dem Eindringen von Fäkalien, verschmutztem Oberflächenwasser oder Chemikalien. Damals gab es dazu nur eine Möglichkeit: kein Abwasser zu produzieren. Also Absiedlung. „Die Entscheidung war richtig", urteilt List.

Für manchen Thalhamer bedeutete das Geld aus dem Verkauf seines Hauses den Start in eine bessere Zukunft. In Weyarn, am Erlacher Weg, bezogen viele frühere Thalhamer eine moderne Wohnung. Andere kauften sich anderswo ein gutes Stück Land und bauten einen neuen Betrieb auf. Und manche verloren alles. Wen nach dem Verkauf die Inflation einholte, der hatte nichts mehr. Kein Anwesen, kein Geld. Schicksale der Wirtschaftskrise, nicht des Wasserschutzes, doch geblieben ist die Furcht, einer Willkür ausgeliefert zu sein. Der Argwohn gegenüber den Stadtwerken, die heute nach Kooperation streben, ist groß. „Das Misstrauen ist da, in der Vergangenheit, in der Gegenwart und in der Zukunft", sagt Karl Steininger.

Der Verein der Wasserschutzzonen-Geschädigten

Mit dem Druck, Unterthalham, aber auch das nahe Dorf Gotzing zu verlassen, wuchs gleichzeitig der Widerstand. 1961 gründete sich in Thalham der „Verein der Wasserschutzzonen-Geschädigten Thalham und Darching e. V.". „Damals hat sich da jeder angeschlossen", meint Karl Steininger. Den ersten Vorsitz übernahm Ernst Sifferlinger, vormals Betreiber einer Werkstätte für Landmaschinen in Thalham. Gemeinschaftlich wehrte sich der Verein gegen Auflagen und Einschränkungen, die die Wasserschutzverordnung mit sich brachte. „Wir hatten ja quasi Baustopp", erinnert sich Steininger. Erst mit dem Anschluss an die Kanalisation lockerte sich das Korsett. Doch auch wenn wieder Häuser gebaut werden dürfen, so ist der Verbotskatalog noch immer lang. „Es ärgert uns, wenn andere über unseren Grundbesitz bestimmen", erklärt Steininger. Die Einschränkungen, findet er, seien massiv.

Bevor er bei den Gebirgsschützen aktiv wurde, hatte er sich im Geschädigten-Verein engagiert. Der hat sich seit seiner Gründung noch vergrößert. Nachdem neue Schutzgebiete ausgewiesen werden sollten, schlossen sich im Jahr 1985 viele Betroffene aus Ober- und Mitterdarching an. Inzwischen nennt sich der Verbund „Verein der Wasserschutzzonen-Geschädigten Miesbach-Thalham-Darching". An seiner grundsätzlichen Position hat sich im Lauf der Jahrzehnte wenig geändert – trotz vieler Gespräche. Dabei geht es nicht nur um Entschädigungen und Lockerungen der Verordnung zum Wasserschutz, sondern um Grundsätzliches. Hat die Stadt München überhaupt das Recht, ihr Trinkwasser im Mangfalltal zu gewinnen? Unermüdlich und akribisch betreibt der Vorstand des Vereins Spurensuche, sichtet alte Dokumente und Karten, forscht nach Untiefen im Wasserrecht.

Klar ist eines: Die sich da verbündet haben, fühlen sich ausgeliefert, über den Tisch gezogen. „Wir lassen uns nicht alles abzwacken", grollt Lorenz Hilgenrainer, Vorsitzender des Vereins. Der Graben zwischen dem Mitterdarchinger Landwirt, dessen Betrieb zum Teil in der Schutzzone II liegt, und den Vertretern der Landeshauptstadt ist tief. Aber auch im Dorf stößt sein Kurs nicht überall auf Unterstützung. Viele sind der Auseinandersetzungen müde geworden und setzen auf Kooperation.

Seine Forderung vertritt Hilgenrainer so klar wie radikal: Die Stadt München möge ihr Wasser doch anderswo gewinnen. „Darching soll leben! Brunnen verlegen!", verkündet ein verblichenes Banner am Mitterdarchinger Bahnhof. Ein neuer Brunnen, zum Beispiel im Westen Darchings, würde auch das Schutzgebiet verschieben. Dabei fußt die Forderung des Vereins nicht auf dem Bestreben der Dorfbewohner, dem Verbotskatalog der Verordnung zu entkommen. Die Argumentation ist eine völlig andere: Die jetzigen Trinkwasserquellen, so betont der Verein immer wieder, seien schlicht nicht schützbar, durch welche Verordnung auch immer. Schließlich liege gleich über den Trinkwasserstollen eine sechsspurige Autobahn, zudem durchzögen eine vielbefahrene Staatsstraße und eine Bahnstrecke das Schutzgebiet. Welchen Sinn mache es da, Anwohnern per Verordnung Banalitäten wie den Standplatz des Mülleimers vorzuschreiben, wenn doch jederzeit der Unfall eines Öl- oder Benzinlasters auf der Straße eine Katastrophe auslösen könne?

Rainer List, Leiter der Wassergewinnung, hat die Argumente in vielen Gesprächen immer wieder entkräftet. „Von der Autobahn geht nach menschlichem Ermessen keine Gefahr aus", versichert er. Dafür sei mit großem technischem Aufwand gesorgt. Eine dichtende Schicht unter der Trasse und eine teure Entwässerungsanlage stellen sicher, dass kein Öl oder andere Schadstoffe ins Trinkwasser gelangen können. Ein sogenannter Abkommenswall verhindert, dass Schwerfahrzeuge nach einem Unfall von der Fahrbahn in die Wiese rutschen können. Nicht wenige von ihnen transportieren Gefahrgut, und es könnten Chemikalien ins Erdreich sickern, wenn es den Wall nicht gäbe. Die Verpflichtung zu dessen Bau resultiert aus dem Erlass der Verordnung.

Trotzdem haben die Stadtwerke eine Verlegung der Brunnen zum Darchinger Rücken prüfen lassen. Ergebnis: Die dortige Quelle ist nicht ergiebig genug, um die Stadt München zu versorgen. Zudem, meint List, würde sich das Problem Schutzzone nur verlagern – von Darching in Richtung Warngau.

Mit Ausdauer haben die Geschädigten der Wasserschutzzonen versucht, die Justiz von ihrer Sicht der Dinge zu überzeugen. Doch letztlich hatte keine der vom Verein unterstützten Klagen Erfolg. An der Überzeugung des etwa 145 Mitglieder starken Vereins hat dies nichts geändert. „Die Verordnung passt einfach nicht zu unseren Gebieten", betont Claudia Zimmer, Vorstandsmitglied beim Geschädigten-Verein. Die Valleyer Rechtsanwältin vermisst „Gespräche auf Augenhöhe" und beklagt ein Gefühl der Ohnmacht gegenüber der Stadt: „Nach der Verordnung könnte man sogar den Friedhof von Mitterdarching schließen."

Partnerschaft zwischen Stadt und Land

Die reiche Stadt als Übermacht, die sich das Land nimmt – dieses Bild hat auch Anna Kröll vor Augen. „Aber wir müssen verhandeln, einfach miteinander reden", sagt die Bäuerin. Mit ihrem Ehemann Anton bewirtschaftet sie einen Hof nahe Miesbach. Der Besitz hat einen Namen und eine lange Geschichte. Die ersten Aufzeichnungen über den „Oberlinner" datieren aus dem Jahr 1620. Das ausladende Anwesen könnte als Motiv für ein Bilderbuch dienen. Weit und breit nichts als sattes Grün, das nächste Dorf liegt einige Kilometer weit entfernt. An der schmalen Teerstraße steht ein Schild mit dem Hofnamen. Der Oberlinner ist eine Welt für sich. Autark und im Einklang mit der Natur leben, das ist die Philosophie von Anna und Anton Kröll. „Es ist uns wichtig, nach Möglichkeit alles selbst zu machen", erklärt die Bäuerin. Butter, Käse, Quark – die Mutter von drei Kindern braucht dazu nichts weiter als ein paar Liter Kuhmilch. Fertiges aus dem Supermarktregal kommt bei ihr nicht auf den Tisch.

Anwesen Mühlweg

Und keine Chemie auf die Wiese. Das war bei den Krölls schon immer so. „Kunstdünger haben wir noch nie genommen", meint Anton Kröll.

Der Ertrag, der sich auf diese Weise erzielen lässt, ist nicht gewaltig. 36 Milchkühe stehen auf der Weide am Oberlinner. Insgesamt, mit Kälbern und Jungtieren, hat das Ehepaar 65 Rindviecher zu versorgen. Weil es denen richtig gut gehen soll, bedeutet dies viel Arbeit. Neugierig, fit und ziemlich frech sind die Vierbeiner, doch in puncto Milchleistung können sie mit den Turbokühen halbindustrialisierter Großbetriebe nicht mithalten.

Die Familie und ihre Nachbarn, die nach dem gleichen Konzept wirtschaften, haben trotzdem ihr Auskommen. Dazu trägt die Partnerschaft mit der Stadt zu einem nicht geringen Teil bei. Seit 1992 fördern die Stadtwerke den ökologischen Landbau im Einzugsgebiet ihrer Wassergewinnung. Und zwar nicht nur dort, wo offiziell eine Schutzverordnung gilt, sondern in einem weiten Umkreis. „Wir wollen so viel wie nur möglich tun, um unser Wasser rein zu halten", meint Rainer List, der für das Programm zuständig ist. Keine Chemie im Stall und auf den Feldern, das bedeutet gesunde Lebensmittel, aber auch Gewässerschutz.

Biolandwirtschaft für gutes Wasser

Wer extensiv wirtschaftet, dem lohnen es die Stadtwerke mit barer Münze. Zwischen 230 und 280 Euro bezahlen die Werke pro Hektar und Jahr, wenn sich der Landwirt verpflichtet, gewisse Auflagen einzuhalten. Als weitere Partner sitzen die Ökoverbände Bioland, Naturland und Demeter mit im Boot. Landwirte, die einen Vertrag mit der Stadt unterschrieben haben, schließen sich einem der Verbände an; diese übernehmen dann die regelmäßige Kontrolle der Betriebe. Inzwischen haben 108 Bauern zwischen Valley, Warngau, Weyarn und Miesbach eine Partnerschaft mit der Stadt geschlossen.

Anton Kröll gehört seit 1994 zu dem Verbund. Seinen Betrieb gemäß den Richtlinien des Verbands Naturland umzustellen, ist ihm nicht schwergefallen. Auch wenn es ungewohnt war, dass da nun regelmäßig ein Kontrolleur alles unter die Lupe nimmt. „Aber wenn's so ausgemacht ist, dann macht man's halt so." Nicht ganz einfach war es dagegen, die Biomilch auch als solche zu vermarkten. Für gute Produkte einen guten Preis zu bekommen, ist auch für Ökolandwirte ein großes Problem. Immerhin wandert die Milch von Krölls Kühen inzwischen nicht mehr in den gleichen Topf wie die seiner konventionell wirtschaftenden Kollegen, sondern ist als Bioprodukt gekennzeichnet. Und endlich, so stellt Kröll zufrieden fest, bedeutet das ein echtes Plus.

Trotzdem: Ohne die Finanzspritze der Stadt kämen viele der Ökobauern im Gewinnungsgebiet schwer über die Runden. Eben darum laufen die Verträge langfristig.

Dabei hatten die Stadtwerke bei der Einführung des Programms lediglich Starthilfe für die Umstellung auf Bio leisten wollen. Doch inzwischen ist klar, dass die Gewinne auf dem freien Markt nicht reichen, um den Mehraufwand der Ökobauern zu decken. Insgesamt unterstützen die Stadtwerke mit rund einer Million Euro jährlich die Region. Auch Kröll hat wieder einen Anschlussvertrag mit den Stadtwerken abgeschlossen.

Die Skepsis ist dennoch geblieben. Was wird, wenn die Stadt den Geldhahn einmal zudreht? Schließlich ist zumindest im festgesetzten Schutzgebiet eine intensiv betriebene Landwirtschaft ohnehin nicht erlaubt. Dass es trotzdem für alle Ökobauern, ob ihr Betrieb nun innerhalb der definierten Schutzzone liegt oder nicht, eine finanzielle Unterstützung gibt, beruht auf gutem Willen. Um den zu fixieren, ist schon viel verhandelt und zugesichert worden. Doch das Vertrauen wächst nur langsam.

Vielleicht auch, weil die Landwirte, die den Vertrag mit den Stadtwerken geschlossen haben, bisweilen keinen leichten Stand haben. Mancher hat sich schon als Verräter fühlen sollen, ist wegen seines „Schmusekurses" gegenüber denen, die man doch bekämpft, geschmäht worden. Die Gemeinschaft im Dorf, im Landkreis, liegt Anna und Anton Kröll am Herzen. Der Zusatz „Bio" ist ihnen wichtig, aber sie sind in erster Linie Bauern. Niemals würden die beiden Schlechtes über einen Nachbarn sagen, der das Emblem nicht will und weiter konventionell wirtschaftet. „Der Respekt voreinander ist wichtig", betont Anna Kröll. Es macht ihr Angst, dass die Stadt München weiterhin viel Grund und Boden kauft, um langfristig sicherzugehen, dass nichts in den Boden dringt.

Dabei folgt die Grundstückspolitik der Stadt einem behutsamen Kurs: Im relevanten Gebiet erwerben die Werke Flächen, die ihr angeboten werden. „Anders als bis vor vielleicht 15 Jahren gehen wir heute nicht mehr hin und fragen, ob einer verkaufen will", meint Rainer List. Gezahlt werde nur der marktübliche Preis. „Wir müssen dies ja auch vor den Gebührenzahlern verantworten können." Doch die Krölls sehen den städtischen Besitz wachsen. Als Bauer noch neues Land zu erwerben, sei schwierig geworden, finden sie. Anton Kröll erinnert an Neumühle, eine kleine Ansiedlung, die ebenso verschwunden ist wie der nahe dem Fluss gelegene Teil von Thalham. Dennoch: Das Paar schätzt die Vertreter der Stadt als verlässliche Partner, auch wenn es bisweilen Verständigungsprobleme gibt. „Wir sprechen einfach nicht dieselbe Sprache", stellt Anna Kröll fest.

Der lange Kampf gegen das Schutzgebiet

Wasser braucht Schutz, das stand nie infrage. Aber was ist angemessen und gerecht? Um das Instrumentarium, um Gebote, Verordnungen und Entschädigungen ist viel gerungen worden. Zumal die komplizierte Rechtslage Fragen offenlässt. Endgültig in der Vergangenheit liegt das Tauziehen um die im Jahr 2000 erfolgte Festsetzung einer Schutzzone im Bereich der Mühlthaler Hangquellen bei Darching in der Gemeinde Valley. Was hier an Bautätigkeit und Intensität der Landwirtschaft zulässig ist oder nicht, regelte seit 1964 ein Verwaltungsakt. Die Einschränkungen waren beträchtlich. Faktisch herrschte Baustopp. Der Immobilienbesitz der Betroffenen verlor an Wert. „Harte Zeiten waren das", erinnert sich Josef Huber, Valleyer Bürgermeister und Bauer. Was an Bauten, an Entwicklung möglich war, schien von der Gnade der Stadt abzuhängen.

Unvergessen geblieben sind die geplatzten Träume um die Villa Reitzenstein in Mitterdarching. Das Gebäude selbst erinnert an den Sitz eines Feudalherrn. Bauen lassen hat es sich Karl Pevc, Planer der Quellfassungen im Mühlthal. „Gehunzt" habe der Städtische Bauamtmann die Menschen in dem stillen Tal, ihnen zugesetzt, den Besitz einkassiert, heißt es in Valley. Glücklich geworden ist er selbst nicht. Am 23. Juli 1908 wurde Pevc im Alter von 58 Jahren tot in seinem Schlafzimmer aufgefunden, vermerkt die Sterbeurkunde, die im Archiv der Gemeinde Valley verwahrt wird. Er soll freiwillig aus dem Leben geschieden sein. Ein Grabmal an der Nordseite der Kirchenmauer am Mitterdarchinger Friedhof erinnert an ihn.

Das Anwesen des Ingenieurs wechselte den Besitzer. Lange residierte eine Baronin Reitzenstein mit ihrer Gesellschafterin in dem von Wiesen umgebenen Gemäuer. In Anlehnung an das Stuttgarter Domizil der von Reitzensteins, heute Amtssitz der baden-württembergischen Landesregierung, erhielt die Darchinger Villa ihren Namen. Zu dem Haus gehört ein weitläufiges Grundstück. 1995 befand sich das gesamte Areal mitsamt der Villa im Besitz des Landkreises Miesbach. Für das Gelände hatte die Gemeinde Valley große Pläne: Hier sollten Ortsansässige im Zuge eines sogenannten Einheimischenprogramms Häuser bauen dürfen. Ein wichtiges Programm, um jungen Familien die Schaffung von Eigenheimen in ihrer Heimat zu ermöglichen.

Grundstücke im begehrten Bereich zwischen München und dem Gebirge sind auf dem freien Markt sehr teuer, unerschwinglich für den Normalverdiener. Der Handel schien perfekt. Fünf Doppelhäuser für ortsansässige Familien waren geplant. Die Villa selbst und ein sechstes Doppelhaus sollte der Landkreis zum Höchstpreis auf dem freien Markt verkaufen dürfen, um Geld für die Finanzierung des Krankenhausbaus in Agatharied in die Kasse zu spülen. Der Bebauungsplan für das Gebiet war bereits seit einem Jahr verabschiedet, als der damalige Bürgermeister Josef Mayer im Juni 1995 in einer Sitzung des Valleyer Gemeinderates enttäuscht das Aus verkündete. Die Stadt habe aus Gründen des Wasserschutzes heftigen Widerspruch eingelegt und die gesamte Liegenschaft selbst erworben. 18 Familien hatten sich damals schon um die Grundstücke beworben. Einen Ersatz hatte die Gemeinde nicht parat, alle Bewerber gingen leer aus. „Das hat den ganzen Groll ausgelöst", erklärt Bürgermeister Huber.

Ein Aufbegehren ging durch den Ort, durch die ganze Gemeinde, als die Bestimmungen des formal unzureichenden Verwaltungsaktes einige Jahre später als

Verordnung für die erweiterte Wasserschutzzone betoniert werden sollten. Zuständig für die Ausweisung ist das Landratsamt. Angesichts der Rechtslage, die den Schutz des Trinkwassers eindeutig fordert, setzte Landrat Norbert Kerkel im Jahr 2000 seine Unterschrift unter die Verordnung. Der Zorn über das, was er als Chef der Kreisverwaltung tun musste, schlug hohe Wellen. Als Verräter wurde der Landrat beschimpft, als einer, der vor der Obrigkeit einknicke und dem es am Schneid fehle, für die Selbstbestimmung zu kämpfen. Als wenig später eine weitere Schutzgebietsverordnung für das Gebiet Thalham-Reisach-Gotzing erlassen werden sollte, erbat der Landrat eine Denkpause. Es folgten viele Gespräche am runden Tisch, Verhandlungen über ein besseres Miteinander. Abgeschlossen sind sie bis heute nicht.

Gegen die Verordnung zur Sicherung der Mühlthaler Hangquellen haben die Gemeinde Valley und betroffene Grundbesitzer ebenso lange wie vergeblich gekämpft. 60 Darchinger reichten im Oktober 2001 Klage gegen den Freistaat Bayern ein. Nachdem die erste Normenkontrollklage abgeschmettert worden war, strengte der Ort eine zweite an und legte dazu auch ein hydrogeologisches Gutachten vor. Doch obwohl die Betroffenen, der Verein der Schutzzonen-Geschädigten und der Gemeinderat nicht lockerließen, führte keine der Klagen zum Erfolg. „In den Verfahren haben wir einfach Pech gehabt", meint Claudia Zimmer vom Verein.

Heute ist die Schutzverordnung in Kraft. Aber es wird wieder gebaut in Darching. „Baulückenschließungen mit Neubauten sind durchaus möglich und wurden zwischenzeitlich schon vielfach praktiziert. Es müssen dabei allerdings ein paar Vorgaben, die dem Grundwasserschutz dienen, berücksichtigt werden – wie der Anschluss an die gemeindliche Kanalisation oder die Dachflächenentwässerung über die belebte Bodenzone", meint Rainer List von den Stadtwerken.

Bürgermeister Huber blickt inzwischen optimistisch in die Zukunft. Seine Gemeinde prosperiert. Im nahen Oberlaindern lockt neuerdings ein Golfplatz, dessen Betreiber darauf hofft, einmal den Ryder Cup auszurichten. In der Umgebung haben sich viele Betriebe neu angesiedelt. In Darching selbst sind im Schutzgebiet einige neue Einfamilienhäuser entstanden. Allerdings verhindert die Verordnung grundsätzlich die weitere Ausweisung von Neubaugebieten oder weitere Häuser ohne Anschluss an das Kanalnetz. Damit ist eine größere Ortsentwicklung in Darching nicht mehr möglich. Riesige Gewerbebetriebe wolle die Gemeinde in dem kleinen Dorf aber ohnehin nicht ansiedeln, meint Huber.

Verschmerzt ist die Niederlage im Kampf gegen die Verordnung dennoch nicht. Nur ganz leise ist zu hören, dass die Einschränkungen durch das Schutzgebiet eigentlich nicht gewaltig sind. „Es gibt da einige Scharfmacher", weiß Huber. Sein persönliches Fazit fällt versöhnlich aus: „Wir können jetzt schon einiges bauen. Eigentlich ist alles nicht so schlimm." Geblieben sei allerdings das Unbehagen, auf den guten Willen der Behörden und die großzügige Handhabung der Verordnung angewiesen zu sein.

Leben im Schutzgebiet

Die Rolle des Bittstellers ist auch Leo Wöhr vertraut. Mit seiner Familie bewohnt er ein über 100 Jahre altes ehemaliges Bauernhaus in Gotzing, dicht an der umzäunten Quellfassung. „Hier in der engeren Schutzzone dürfte man eigentlich gar nichts. Es gibt Ausnahmegenehmigungen, allerdings ohne Rechtsanspruch", erklärt der Vater zweier Töchter. Wöhr ist Mitglied des Weyarner Gemeinderates, arbeitet im Vorstand des Vereins der Wasserschutzzonen-Geschädigten mit und hat sich intensiv mit dem Verbotskatalog beschäftigt.

Er setzt auf intensive Verhandlungen und kann einige Ergebnisse vorweisen, die in den Verordnungsentwurf eingearbeitet wurden. Zum Beispiel, dass die beiden Ortsvereine trotz der Verordnung bei besonderen Anlässen ein Festzelt in Gotzing aufstellen dürfen, sofern gewisse Regeln beachtet werden. „Ortsübliche Feste" können demnach stattfinden. Und auch der Bau eines neuen Feuerwehrhauses nebst Parkplatz in Gotzing wurde genehmigt. „Ein positives Beispiel für friedliche Koexistenz", findet Wöhr. Für ihn ist wichtig, dass es nicht bei mündlichen Zusicherungen bleibt, sondern Bestand und Zukunft der Ortschaften im Schutzgebiet klar geregelt sind. Bestimmte Einschränkungen durch die Bestimmungen akzeptiert er. „Ich will hier ja keine Raffinerie bauen", meint Wöhr mit Blick auf das Idyll rund um sein Haus. Dass er nicht mit Öl heizen darf, ist für ihn verständlich und kein Problem. Gekämpft hat er gegen einen Paragrafen, der Enteignung und Abbruch von Häusern im Schutzgebiet möglich macht, und gegen die Möglichkeit, Ausnahmegenehmigungen jederzeit zu widerrufen. Die Zusage aller beteiligten Stellen, dass dieses Damoklesschwert nicht über dem Ort schweben soll, ist für Wöhr das wichtigste Verhandlungsergebnis: „Auch meine Kinder sollen hier noch leben dürfen."

Alte Rechte und neue Möglichkeiten

Noch schlägt das Pendel zwischen der Sorge, beraubt und geknebelt zu werden, und der Hoffnung auf eine gewinnbringende Partnerschaft hin und her. Einig sind sich die betroffenen Kommunen, dass das Recht der Stadt München, im Oberland Wasser zu gewinnen, auf den juristischen Prüfstand soll. Nicht um den Städtern das Wasser abzugraben, sondern um in einem neuen Genehmigungsverfahren zur Nutzung der Quellen Entschädigungen abzusichern und Vorgaben festzuschreiben. Eine große Rolle spielt dabei auch die Angst, dass die Stadt eines Tages nicht nur sich selbst versorgen, sondern noch Handel mit dem qualitativ so hochwertigen Wasser betreiben könnte und am Ort der Gewinnung nur die Lasten dafür zu tragen wären. Ein erstes Vorhaben, nämlich die sogenannten Altrechte von einem Gericht prüfen zu lassen, ist jedoch gescheitert.

Auf Eis liegt derzeit die Idee, eine Vermarktungsgesellschaft zu gründen, um die Produkte der Bauern aus dem geschützten Bereich besser an den Mann zu bringen. Gedacht ist an eine stärkere Verzahnung von Stadt und Land. In Münchner Schulen, Krankenhäusern und Betrieben könnten gesunde Erzeugnisse aus dem Oberland auf den Tisch kommen, die Bauern dafür nach dem Prinzip einer großangelegten Direktvermarktung einen guten Preis bekommen. Ein Versuch, die Gemeinden und die Bauernschaft für das Projekt zu gewinnen, hat nicht zum Erfolg geführt, aber doch eine breite und kontrovers geführte Diskussion im ganzen Landkreis entfacht. Auch die Gesprächspartner der Stadt sind sensibel geworden für die Belange der Landkreis-Bewohner. Vom Schulterschluss sind die ungleichen Partner noch ein Stück weit entfernt. Aber das Verständnis füreinander ist gewachsen. Man kommt sich näher, aber es gibt noch viel zu besprechen.

Die zwei Krüge

Roland Mueller

≈ Die Hunde folgten der frischen Spur. Französische Bracken, schlanke, hellbraune Jagdhunde aus der Zucht des Kurfürsten, über die er gerne mit beinahe zärtlichem Stolz sprach. Wenn sie, so wie jetzt, durch den Wald tobten, konnte man glauben, es gäbe nicht ein einziges Hindernis auf ihrem Weg. Kein undurchdringliches Gestrüpp, keine umgestürzten Bäume, die samt ihren langsam verrottenden Ästen den Lauf eines Wildpfades auf dem Waldboden verdeckten. Der Meute folgte die Jägerschar zu Pferd, danach Knechte und Waffenträger und die Diener, die Kleidung und Erfrischungen für ihre Herrschaft mit sich schleppten.

Beinahe zwei Wochen lang hatte es geregnet, und es war kühl gewesen. Dabei hatten sie noch nicht einmal August. Doch jetzt wölbte sich der weißblaue Himmel über das Land. Dieser Sommertag würde schwül und heiß werden. Je eher das Wild zur Strecke gebracht wurde, umso schneller sollte es ins Schloss zu Nymphenburg zurückgehen. Wo im kühlen Schatten Wein und würziges Bier auf die Jäger warteten.

Daran musste der Freiherr von Schenk denken, während er der Hundemeute in schnellem Galopp folgte. Der Kurfürst selbst hatte ihn zu dieser Jagd eingeladen. Von Schenk liebte das scharfe Reiten durch das Gelände, und die Gegend hier gefiel ihm so gut wie seine fränkische Heimat. Das Schloss hatte er bisher nur aus Ansichten gekannt. Er war überrascht gewesen, wie groß es war.

Rings um das Schloss gab es Wege, ja sogar eine Straße, die aber alle, Reiter wie Hunde, rasch querten. Lichter Wald löste sich mit Wiesen und Äckern ab. Von Schenk saß tief über den Hals des Pferdes gebeugt, während er nun über einen Acker jagte. Keine Frucht, keine Ernte dieses Jahr. Der Boden ruhte aus, wie die Bauern sagten. Bei dem schnellen Galopp wirbelte das Pferd die noch feuchte, lehmige Erde auf, und manchmal fühlte er grobe Brocken gegen seine Stiefel schlagen. Als er den Kopf ein wenig hob, erkannte er, dass sich die Hunde vor ihm geteilt hatten. So etwas kam vor, wenn sie sich nicht ganz sicher bei einer Spur waren. Aber heute folgten sie einem ganz besonderen Tier: dem „Zwölfer", einem Hirsch, der in der Erzählung derjenigen, die ihn schon einmal gesehen hatten, jedes Mal an Größe zunahm. Ein majestätisches Tier, mit einem zwölfendigen Geweih. Acht Bracken hatte er in der Vergangenheit damit aufgespießt, und es war ihm immer wieder gelungen zu entkommen.

Plötzlich blieben einige Hunde vor einem niedrigen Gebüsch stehen, jaulten, kläfften und liefen dann aufgeregt hin und her. Als von Schenk sein Pferd auf sie zulenkte, ertönte weit hinter ihm ein langer Pfiff. Augenblicklich drängten die Bracken durch das wilde Brombeergestrüpp, und er folgte ihnen, überzeugt, dass die Meute auf der richtigen Spur war.

Dahinter begann erneut der Wald. Er war dicht genug, dass der Freiherr nicht mehr so schnell reiten konnte. Hier war die Luft kühl und frisch, und als von Schenk, immer noch über den Hals des Pferdes geduckt, unter den Zweigen herritt, wurden Ärmel und Kragen, selbst sein Rücken von der Feuchte durchnässt.

Und auf einmal war er allein. Die Hunde waren noch zu hören, von den übrigen Reitern war niemand mehr zu sehen. Von Schenk wandte sich im Sattel um. Niemand folgte ihm. Bei den Gebeinen seines Herrn, wo waren die Hunde? Erneut wandte er sich um. Tatsächlich, er hatte den Anschluss verloren! Dann sah er den Ast einer kräftigen Buche auf sich zukommen und duckte sich, so wie immer. Aber mit einer Schulter streifte er das Hindernis, und sein Pferd machte im selben Augenblick einen Satz nach vorne. Er fiel aus dem Sattel, ehe er etwas dagegen tun konnte, und kam auf dem Boden auf, dankbar, dass es hier weder Steine noch grobe Wurzeln gab.

Ein wenig benommen richtete er sich wieder auf.

Sein Pferd blieb nicht stehen, wie sonst, wenn kein Reiter mehr auf ihm saß. Es keilte aus und jagte dann mit wehenden Zügeln davon. Den Grund ahnte er. Bremsen. Stechwütige Biester, die an Tagen wie diesem alles nachzuholen schienen, was ihnen in den regenreichen Wochen zuvor verwehrt geblieben war. Diese Teufelsbrut! Er erhob sich vorsichtig. Eine Seite tat ihm weh, aber nicht so sehr, dass er glauben musste, sich etwas gebrochen zu haben. Den Spott über sein Malheur konnte er sich bereits ausmalen. Besonders der Graf von Birgmayer und die von Preysings würden ihre Schnäbel wetzen. Dabei waren sie selbst allesamt lausige Reiter.

Er blieb stehen und lauschte. Stille ringsum. Zumindest die Art Stille, die in einem Wald herrschen konnte, denn Vögel konnte er irgendwo über sich hören. Es roch nach Moos, Laub, Farn. Wo er genau war, hätte er nicht sagen können. Sein Pferd war zwischen den Bäumen verschwunden. Er konnte seiner Spur folgen oder hier warten, bis die Knechte ihn gefunden hatten.

Einmal war in der Ferne ein Hornsignal zu hören. Aber er konnte nicht feststellen, aus welcher Richtung es kam. Sollte hier nicht irgendwo eine Klause liegen, Hirschgarten genannt? Der Name würde passen, denn dort war der Zwölfer zuletzt gesehen worden. Der Hirsch war durch die Würm geschwommen, lange bevor die Hunde das Ufer erreicht hatten. Das hatte für zahllose Geschichten gesorgt. Ein Wild, das die Jäger mit ihren Hunden einen halben Tag lang durch die Wälder hetzte, war ungewöhnlich genug. Aber wenn so ein Tier dann noch immer genug Atem hatte, um seinen Verfolgern zu entkommen, musste es etwas Besonderes sein.

Von Schenk folgte einem schmalen Weg durch den Wald. Er war noch gar nicht so weit gelaufen, doch die Hitze war allmählich zu spüren. Hinter einem frischgerodeten Fleckchen Erde staute sich in einer Senke ein Bach. Durch die Regenfälle war das Wasser schlammig braun und trüb, und es floss mit einer leichten Strömung dahin. Das Knacken eines Astes ließ ihn herumfahren.

Ein Mann trat neben ihn ans Ufer. Er war einfach gekleidet, Beinkleider der Mode entsprechend bis zu den Knien, ein helles Leinenhemd und Lederstiefel mit langen Schäften. Dazu eine lederne Weste und eine Mütze auf dem Kopf. In der Hand hielt er einen langen Stock. Er verbeugte sich. „Gott zum Gruße, Euer Hochwohlgeboren. Franz Gernthaler heiße ich, Sohn des Gärtners Maximilian Gernthaler. Damit Ihr wisst, mit wem Ihr es zu tun habt."

„Was machst du hier?", wollte der Freiherr wissen.

„Ich bin für die Schleuse zuständig und gehe gerade das Wasser ab."

„Schleusenwärter?"

„Jawohl, Euer Hochwohlgeboren. Wenn der großherzige Kurfürst es wünscht, leite ich das Wasser von der Würm in den Schlosskanal. Für das große Becken. Dabei hab ich ein Pferd gefunden, ohne Reiter. Es ist Eures, nicht wahr?"

Von Schenk nickte nur. Die ruhige, selbstsichere Art dieses Mannes verwirrte ihn. Er war es gewohnt, dass einfaches Volk demütig gegenüber Menschen seines Standes war. Gernthaler betrachtete ihn. Eine Bremse stach von Schenk in den Handrücken. Er schlug nach ihr, einen Fluch unterdrückend. Da begann Gernthaler zu sprechen. „Der Zwölfer ist bereits vor einer Weile irgendwo im Wald stehengeblieben. Hat wohl gehofft, dass die Hunde der Spur seines Rudels folgen und ihn in Ruhe lassen. Er weiß genau, dass es nur um ihn geht. Aber die Meute hat sich aufgeteilt und hat nun seine Spur wieder."

Der Freiherr lachte. „Was macht dich so sicher?"

„Bis zum Kanal ist der Boden voll Kraut und Moos. Aber nichts ist geknickt oder zertreten."

„Er könnte einen anderen Weg genommen haben."

„Nein, er muss mit seinen Kräften haushalten. Wäre er hier durch, hätte ich es sehen können."

Der Freiherr musste erneut lachen. „Gut gedacht."

Er hatte Durst. Am Uferrand war das Wasser etwas klarer. So kniete er nieder, zog ein Tuch aus der Tasche und tauchte es ins Wasser. Wie kalt es war, musste er denken, und wie herrlich musste es sein, wenn ihm gleich der erste Schluck durch die Kehle rann. Er wrang das Tuch aus und wischte sich die Stirn und den Nacken. Die ganze Zeit über beobachtete ihn Gernthaler schweigend. Von Schenk schöpfte beide Hände voll Wasser und wollte sie zum Mund führen.

„Nicht, Euer Hochwohlgeboren!", sagte Gernthaler. „Das ist kein gutes Wasser."

Von Schenk roch daran, blickte dann den Wasserlauf hinauf und wieder hinunter.

Was sollten diese Worte jetzt?, dachte von Schenk. Unzählige Male hatte er zuhause Wasser frisch aus einem Bach getrunken. Warum sollte das hier nicht ebenso möglich sein?

„Kommt mit mir, mein Haus ist nicht weit weg. Dort könnt ihr euch erfrischen, Euer Hochwohlgeboren."

Noch immer funkelte etwas Wasser in den Handflächen des Freiherrn. Als er sie öffnete, tröpfelte der Rest als dünnes Rinnsal zurück in den Bach. Von Schenk wollte sich erheben, als es erneut im Unterholz leise knackte. Aus dem Schatten trat ein riesiger Hirsch. Der Zwölfer! Die beiden Männer wagten nicht, sich zu bewegen. Der Hirsch schien sie nicht zu bemerken und senkte seinen Kopf zum Wasser nieder. Doch er trank nicht. Langsam wich er in den Wald zurück und verschwand dort wie ein Spuk.

Erst jetzt wagte von Schenk wieder zu atmen. Der Hirsch war durstig gewesen. Und doch hatte er nicht getrunken. Irgendetwas hatte ihn davon abgehalten. Der Gernthaler stand noch immer da, und als ihn von Schenk anblickte, wandte sich der Schleusenwärter um und schritt los. Und der Freiherr folgte ihm.

Sie gingen nicht weit.

An einem breiten Wasserlauf, der mitten durch das dichte Grün führte, stand ein kleines Holzhaus. Daneben, im Schatten, erkannte von Schenk sein Pferd. Höflich bot Gernthaler von Schenk einen Platz auf einer Bank an. Dann verschwand er im Haus. Er kam zurück, in jeder Hand einen Steinkrug. „In beiden ist Wasser. Ihr solltet aber nach dem richtigen Krug greifen."

Ein wenig verwirrt betrachtete von Schenk die beiden Gefäße. „Ah, und welcher ist der richtige?"

„Das müsst Ihr selbst herausfinden, Euer Hochwohlgeboren."

Von Schenk fühlte leisen Ärger. Was erlaubte sich dieser Kerl? Grimmig sah er Gernthaler an, doch dessen Blick blieb freundlich. Da nahm von Schenk einen der Krüge und roch daran, als ob er ein Glas Wein vor sich hätte. Dann tauchte er einen Finger hinein und leckte ihn ab. Zum Schluss goss er einen Schluck neben sich auf die Erde. Gernthaler sah ihm zu, aber er sagte nichts. Da griff von Schenk nach dem zweiten Krug und wiederholte die Prozedur.

„Ich merke keinen Unterschied", sagte er zuletzt.

„Es gibt aber einen", antwortete Gernthaler, „und der macht den Menschen zu München arg zu schaffen. Erst recht nach so langem Regen wie in den letzten Wochen."

„Ich habe Durst", grollte von Schenk jetzt ungehalten.

„Dann trinkt aus dem Krug in Eurer Hand."

Wieder zögerte von Schenk. Aber irgendwie erschien ihm der Mann vertrauenerweckend, und er setzte den Krug an seine Lippen und trank. Das Wasser war köstlich. Kühl und ohne lästigen Nebengeschmack nach Sand oder Lehm. Er reichte Gernthaler das Gefäß, und der dankte mit einem Kopfnicken, bevor er es nahm und einen großen Schluck daraus trank. Dann wischte er sich mit dem Ärmel über den Mund und reichte von Schenk den Krug zurück. Der Freiherr trank hastig den Rest und rülpste zufrieden. Zuletzt betrachtete er nachdenklich das leere Behältnis.

„Das war gut. Woher stammt dein Wasser?", wollte er wissen.

„Aus einem Brunnen, den ich selbst geschlagen habe. Aber ich kann ihn erst seit heute Morgen wieder benutzen. Der Regen hat viel Schmutz in diesen Brunnen gespült. Erst jetzt ist er wieder sauber genug, dass man daraus trinken kann."

„Und was ist das für Wasser?", wollte von Schenk wissen und deutete auf den anderen Krug.

„Das stammt aus dem Bach. Oberhalb von der Stelle, wo wir den Zwölfer gesehen haben, liegt ein totes Reh im Wasser. Die Überreste liegen da wohl schon seit Tagen. In dem Wasser, von dem Ihr trinken wolltet, Euer Hochwohlgeboren."

Er nahm den Krug und goss den Inhalt langsam auf die Erde. Gemeinsam sahen sie zu, wie die Lache erst über den Boden lief, um dann zu versickern. Gernthaler blickte in die Richtung, in der die Stadt liegen musste. „Einmal in der Erde, fließt es weiter, bis es am Ende in einen Brunnen gelangt. Vielleicht irgendwo in der Stadt. Und jemand wird Durst haben und von diesem Wasser trinken. Weil er nichts anderes hat."

Er stellte den leeren Krug hin und blickte von Schenk an. Der verstand und nickte bedächtig mit seinem Kopf. Dann waren Hundegebell, laute Rufe und das Gepfeife der Hundeführer zu hören. Von Schenk vernahm das dumpfe Poltern von Hufen auf dem weichen Waldboden. Reiter kamen näher. Es waren Jäger, und der Freiherr erkannte den Kurfürsten. Als er von Schenk erblickte, zügelte er sein Pferd vor den beiden Männern. „Da seid Ihr ja endlich. Hätte mir gleich denken können, dass Euch der Gernthaler findet."

„Hoheit, er hat aber erst mein Pferd und dann mich gefunden", entgegnete von Schenk.

Der Schleusenwärter verbeugte sich höflich. Der Kurfürst nickte nur und wandte sich im Sattel um. „Der Zwölfer muss hier in der Nähe sein. Die Hunde sind schon ganz toll. Habt Ihr was gesehen?"

„Nein", antwortete von Schenk rasch, und als er einen kurzen Blick zur Seite warf, sah er, wie der Gernthaler den Kopf senkte und dabei lächelte.

Ein Diener führte das Pferd des Freiherrn herbei. Von Schenk schwang sich hinauf und zog seinen Hut. „Danke für alles, *Herr* Gernthaler."

Der Schleusenwärter verbeugte sich erneut, und von Schenk und der Kurfürst wendeten ihre Pferde und trabten los, gefolgt von den übrigen Männern.

„Der Gernthaler. Hat er Euch wenigstens was zu trinken gegeben?", wollte der Kurfürst wissen.

Der Freiherr schilderte ihm, wie er einen Krug frischen Wassers fast ganz allein ausgetrunken hatte.

„Was sagt Ihr? Nur Wasser?", lachte der Kurfürst ungläubig.

„Ja, Durchlaucht. Nur Wasser. Kühl und ganz rein."

Die Sonne brannte hernieder. Vor ihnen warteten die Bracken auf einer kleinen Lichtung. Sie hechelten in der Hitze, und als ihnen die Jagdknechte Wasser aus ledernen Schläuchen verteilten, drängten die Tiere gierig um die Beine der Männer, um genügend von dem Nass abzubekommen. Und von Schenk sah dem Treiben zu und lächelte.

Wasser für eine Millionenstadt

Klaus Arzet, Wolfgang Polz

≈ Das Münchner Trinkwasser zählt zu den besten in ganz Deutschland, ja in Europa. Ein wesentlicher Grund dafür ist, dass es den Verbrauchern quellfrisch und völlig unbehandelt zufließt. Angesichts einer Menge von etwa 320 Millionen Litern Wasser, die aus dem Voralpenland Tag für Tag nach München strömen, erscheint dies schier unvorstellbar. Rund 1,4 Millionen Menschen werden über ein Leitungsnetz von etwa 3.200 Kilometer Länge versorgt.

Leitungswasser lässt sich seine Qualität meist nicht ansehen. Gutes Trinkwasser sollte auf den ersten Blick klar, geruchsfrei und ohne Eigengeschmack sein. Nach diesen einfachen Kriterien kann man auf die Schnelle beurteilen, ob das aus dem Hahn gezapfte Nass genießbar ist oder nicht. Wissenschaftlich kann allein der Fachmann die qualitativen und quantitativen Inhaltsstoffe des Wassers und damit seine hygienischen, physikalischen und chemischen Eigenschaften beurteilen.

Zentral bereitgestelltes Trinkwasser ist ein qualitativ hochwertiges, gesetzlich streng überwachtes Lebensmittel und unentbehrliches Medium häuslicher und persönlicher Hygiene. Es ist eines der bestkontrollierten Lebensmittel überhaupt. Um eine gleichbleibend gute Qualität des Münchner Wassers sicherzustellen, untersucht

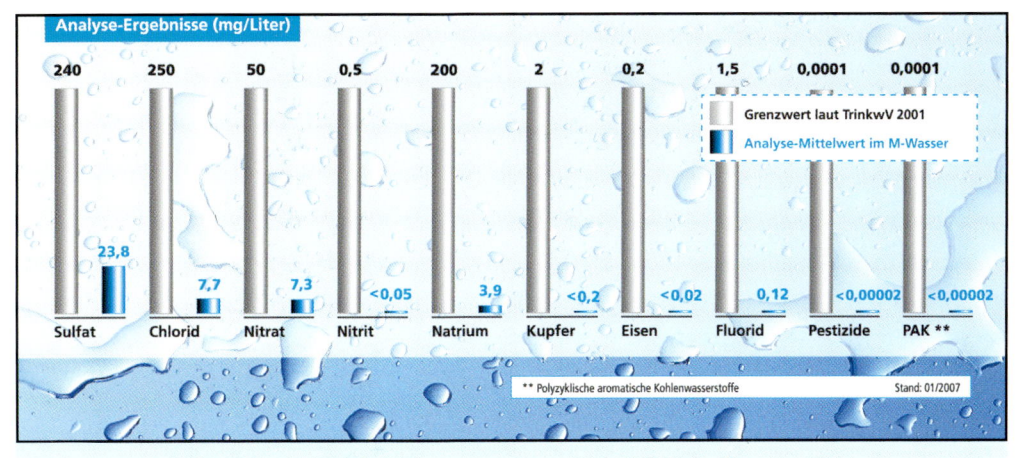

Analyse-Ergebnisse (mg/Liter)									
240	250	50	0,5	200	2	0,2	1,5	0,0001	0,0001
23,8	7,7	7,3	<0,05	3,9	<0,2	<0,02	0,12	<0,00002	<0,00002
Sulfat	Chlorid	Nitrat	Nitrit	Natrium	Kupfer	Eisen	Fluorid	Pestizide	PAK**

☐ Grenzwert laut TrinkwV 2001
■ Analyse-Mittelwert im M-Wasser

** Polyzyklische aromatische Kohlenwasserstoffe   Stand: 01/2007

Analysewerte von M-Wasser, Vergleich mit der Trinkwasserverordnung (TrinkwV 2001) der Mineral- und Tafelwasserverordnung (Min/TafelwV 2004) und den für Babynahrung empfohlenen Werten

es das Labor der Stadtwerke regelmäßig. Rund 1.200 Proben werden monatlich mit modernsten Geräten mikrobiologisch, das heißt auf ihre hygienische Beschaffenheit, und 40 Stichproben chemisch, also auf deren Wasserinhaltsstoffe hin, analysiert.

Die Messwerte zeigen in Bezug auf das bundesweit aktuell gültige Regelwerk, die Trinkwasserverordnung von 2001, seit Jahren das immer gleiche Ergebnis: Das Münchner Trinkwasser unterschreitet alle zulässigen Grenzwerte bei weitem. Mehr noch, der sehr niedrige Gehalt an Nitrat und Schwermetallen sowie die Abwesenheit von organischen Schadstoffen spiegeln natürliche, vom Menschen nicht beeinflusste Verhältnisse wider. Dabei verdient selbstverständlich jede nicht vollkommen vermeidbare Verunreinigung des Wassers die größte analytische und ökologische Aufmerksamkeit.

Welch außergewöhnlich gute Qualität das Münchner Trinkwasser hat, lässt sich am besten verdeutlichen, indem man die Inhaltsstoffe des Wassers beziehungsweise deren Analysewerte mit den Vorgaben und Grenzwerten der Trinkwasserverordnung sowie der Mineralwasser- und Tafelverordnung vergleicht.

Nach den Messergebnissen ist das Münchner Trinkwasser sogar für die Zubereitung von Säuglings- und Krankennahrung ohne Einschränkungen geeignet. Als Beispiele werden die niedrigen Nitratgehalte und geringen Natriumkonzentrationen, die für den Salzgehalt stehen, erwähnt (vgl. Werte in der obigen Abbildung).

Viele Verbraucher wissen nicht, dass für das Trinkwasser aus der Leitung engere Grenzwerte gelten als für Mineral- oder Heilwasser, für die bei vielen Inhaltsstoffen kein Limit festgelegt ist. Natürliche Mineralwässer unterliegen nach der Mineral- und Tafelwasserverordnung einer amtlichen Anerkennung: Sie müssen von ursprünglicher Reinheit sein und dürfen in ihren wesentlichen Bestandteilen nicht verändert werden.

Genau dies gilt auch für das Münchner Trinkwasser. Den direkten Vergleich mit handelsüblichen Mineralwässern braucht es nicht zu scheuen, weist es doch bessere Analysewerte auf als viele im Handel erhältliche Produkte. Dies ergeben die Stichproben aus den Fassungsanlagen, Zuleitungen, Behältern und dem Rohrnetz.

„M-Wasser" benötigt für den Haushaltsbereich keine weitere Aufbereitung. Die Installation nachgeschalteter Wasserfilter jeglicher Art ist in München überflüssig und kann bei unsachgerechter Anwendung und mangelnder Hygiene die Trinkwasserqualität unter Umständen sogar verschlechtern.

Der Vergleich mit anderen Metropolen

Nach Schätzungen der Weltgesundheitsorganisation sind 25 bis 30 Prozent der städtischen Bevölkerung in Lateinamerika, Afrika und im Mittleren Osten nicht an eine Trinkwasserversorgung angeschlossen, in Asien sogar mehr als ein Drittel der Bevölkerung.

In Deutschland verfügen viele Großstädte dagegen über eine Wasserversorgung, auf die sie zu Recht stolz sein können. In den Wasserwerken Berlins wird Grundwasser aus Tiefbrunnen gefördert, zur Anreicherung von Sauerstoff und Ausscheidung mineralischer Inhaltsstoffe wie Eisen belüftet und in offenen und geschlossenen Schnellfiltern aufbereitet. Chemikalien werden nicht zugegeben, eine Entkeimung ist in der Regel auch nicht erforderlich, aber im Bedarfsfall möglich. Als Ausgleich für die Grundwasserförderung lässt man aufbereitetes Oberflächenwasser in Sickerteichen und Sickerbecken verrinnen, da die Ressourcen in Bezug auf die Entnahme nicht unerschöpflich sind.

Die Stadt Frankfurt wird zu 40 Prozent mit Grundwasser aus dem Hessischen Ried versorgt, ein weiterer Teil ihres Wasserbedarfs stammt aus dem Frankfurter Stadtgebiet und aus den Gewinnungsanlagen im südlichen Vogelsberg und im nördlichen Spessart. Angesichts des gestiegenen Wasserbedarfs reicht der natürliche Grundwasservorrat im Hessischen Ried seit längerem nicht mehr aus. Das Dargebot wird daher aus dem Rheinwasserwerk Biebesheim ergänzt. Dort wird Flusswasser zu Trinkwasser aufbereitet. Es wird bei der Feldberegnung verwendet, einen Teil lässt man auch in den Untergrund sickern. So wird der Grundwasservorrat geschont und gleichzeitig angereichert.

Die Stuttgarter Haushalte werden mit Trinkwasser aus zwei verschiedenen „Quellen" versorgt: mit Landes- und mit Bodenseewasser. Landeswasser wird aus Rohrbrunnen in den Donauniederungen bei Ulm, der Egauquelle bei Dischingen, aus zwei Tiefbrunnen bei Burgberg südlich von Heidenheim und aus der Donau bei Leipheim gewonnen. Gespeichert wird es in einem Endbehälter auf dem Rotenberg. Das

Bodenseewasser wird 60 Meter unter der Seeoberfläche gewonnen, auf den Sipplinger Berg bei Überlingen gepumpt, dort gefiltert und mit Ozon behandelt. Von dort fließt es durch Fernleitungen in den 100.000 Kubikmeter fassenden Endbehälter in Stuttgart-Rohr.

Hamburg verfügt durch seine Lage in der norddeutschen Tiefebene über qualitativ hochwertige Grundwasservorkommen. Sobald es die Technik erlaubte, förderte man anstelle des früher verwendeten Elbwassers mehr und mehr Grundwasser für die Versorgung der Metropole. Seit 1964 bereitet man ausschließlich Grundwasser, genannt „Rohwasser", nach einem naturnahen, umweltschonenden Verfahren auf. Es variiert zwar in den einzelnen Wasserwerken, funktioniert jedoch nach demselben Grundprinzip: Das von Natur aus sauerstoffarme Rohwasser wird mit Sauerstoff angereichert, um flüchtige Substanzen wie Schwefelwasserstoffe und Kohlensäure auszutreiben. Die gelösten Inhaltsstoffe wie Mangan und Eisen oxidieren und werden als Feststoffe ausgefällt. Danach durchströmt das Wasser große Sand- und Kiesfilter, wobei das ausgefällte Eisen und Mangan als Flocken zurückgehalten werden. Anschließend fließt das Wasser in die Trinkwasserbehälter, aus denen es bedarfsgerecht ins Versorgungsnetz gepumpt wird.

In all diesen deutschen Großstädten wird also eine Mischung aus oberflächennahem und in großer Tiefe liegendem Grundwasser sowie Oberflächenwasser für die Trinkwasserversorgung zum Teil mit kurzen Wiedergewinnungszeiten gefördert. Vor der Abgabe an den Verbraucher muss es mehr oder weniger intensiv aufbereitet werden. Die Münchner Bevölkerung hingegen trinkt natürliches Wasser, das zudem aus

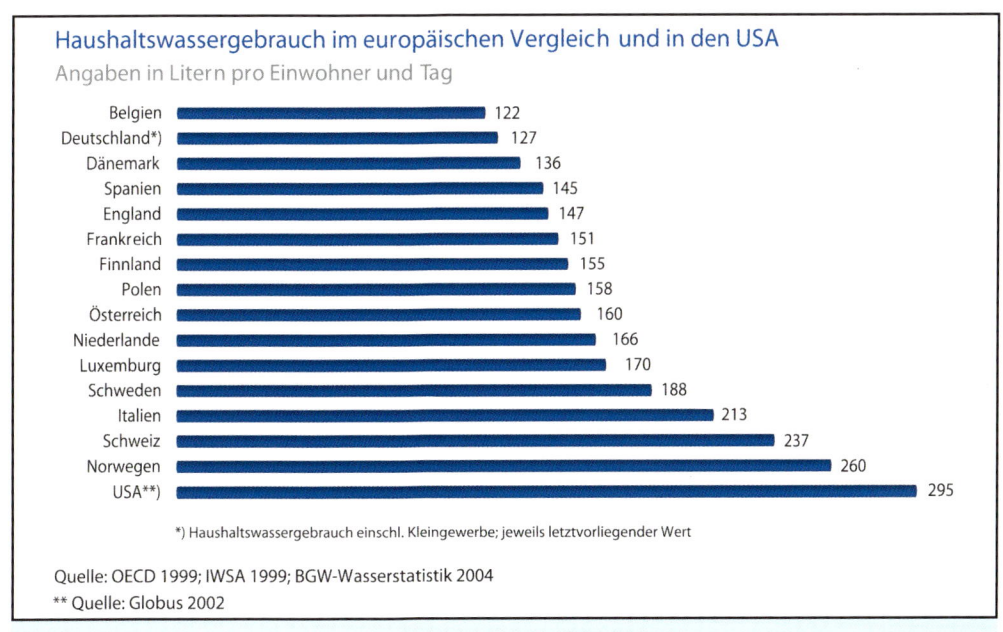

Haushaltswassergebrauch im europäischen Vergleich und in den USA
Angaben in Litern pro Einwohner und Tag

Belgien	122
Deutschland*)	127
Dänemark	136
Spanien	145
England	147
Frankreich	151
Finnland	155
Polen	158
Österreich	160
Niederlande	166
Luxemburg	170
Schweden	188
Italien	213
Schweiz	237
Norwegen	260
USA**)	295

*) Haushaltswassergebrauch einschl. Kleingewerbe; jeweils letztvorliegender Wert

Quelle: OECD 1999; IWSA 1999; BGW-Wasserstatistik 2004
** Quelle: Globus 2002

Vergleich des Wasserverbrauchs mit anderen deutschen und europäischen Großstädten sowie mit den USA reichen oberflächennah vorkommenden Grundwasservorkommen stammt und aufgrund entsprechend langer Verweilzeiten und Strömungspassagen im Untergrund einen hohen Reinheitsgrad aufweist.

Die Trinkwasserversorgung von München dient auch als Vorbild für andere europäische Großstädte. So schrieb die Süddeutsche Zeitung am 6. Juli 2007: „Paris will so sauberes Wasser wie München." Die französische Hauptstadt plant, ihre Trinkwasserversorgung zu erneuern, und dabei dient ihr das Münchner Modell – neben jenen einiger anderer europäischer Städte – als Vorbild. Den Ausschlag dafür gab die hohe Trinkwasserqualität und die ökologisch ausgerichtete Wasserwirtschaft der bayerischen Landeshauptstadt. Von besonderem Interesse waren für die Experten aus Paris die Wasserkosten und der -verbrauch sowie die Frage, wie sich die Zusammenarbeit mit den Landwirten in den Einzugsgebieten gestaltet. Neben der Seine-Metropole haben sich in der Vergangenheit zahlreiche weitere ausländische Interessenten bei den Stadtwerken München informiert. Ihr Konzept der Wassergewinnung erfährt international Beachtung und Anerkennung.

Qualität ist kein Zufall – die Gewinnungsgebiete

Für die hervorragende Beschaffenheit des Münchner Wassers sind verschiedene Faktoren verantwortlich. Naturräumliche Gegebenheiten, hydrogeologische Verhältnisse, ein vorsorgender Trinkwasserschutz, eine moderne Anlagentechnik und versorgungstechnisches Know-how wirken in einem komplexen System zusammen. Dazu gehö-

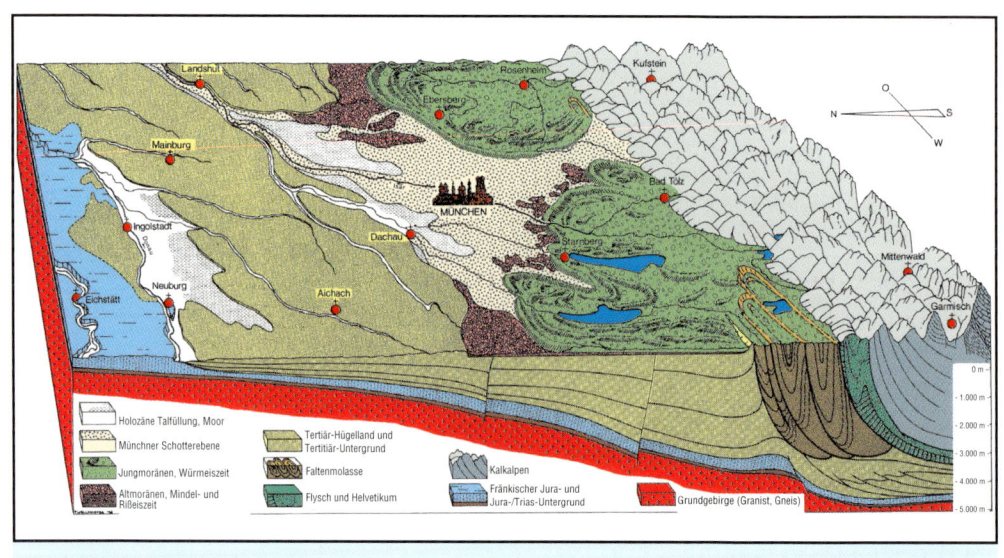

Schematisches Blockbild der naturräumlichen Gegebenheiten, Hydrogeologie des Einzugsgebietes (Mangfalltal, Schotterebene, Loisachtal), aus: Meyer, Rolf K. F./Schmidt-Kaler, Hermann: Wanderungen in die Erdgeschichte (8). Auf den Spuren der Eiszeit südlich von München – östlicher Teil –, S. 8/9

ren aber auch Merkmale wie die Versorgungssicherheit, Krisensicherheit oder der Energiebedarf einer Wasserversorgungsanlage.

Münchens Wasserversorgung begann mit Schachtbrunnen, aus denen das Wasser eimerweise geschöpft wurde. Um 1300 richtete die Stadt erste öffentliche „Gemeinbrunnen" ein, denen ab 1471 „Laufbrunnen" mit ständig fließendem Wasser folgten. Mit den sogenannten Brunnhäusern wurde eine neue Ära der Wasserversorgung Anfang des 16. Jahrhunderts eingeläutet, die mit der Errichtung eines Rohrnetzes und von Brunnwerken einherging.

Da es weder Abwässerkanäle noch geregelte Müllabfuhren gab, verseuchten versickernde Abwässer jedoch allmählich das in der Stadt entnommene Grundwasser. Die Wasserqualität verschlechterte sich mit häufigen Epidemien immer mehr. Dieser Zustand konnte im 19. Jahrhundert nicht mehr hingenommen werden und führte 1880 schließlich zu der Entscheidung, Trinkwasser aus dem Mangfalltal zu gewinnen. Damit war der Grundstein für eine moderne Wasserversorgung der Stadt München gelegt.

Die Stadt München liegt im Zentrum der nach ihr benannten Schotterebene, an die sich südlich das Voralpenland anschließt. Die SWM beziehen das Trinkwasser aus drei Gewinnungsgebieten: dem Mangfalltal, Oberau im oberen Loisachtal und der Münchner Schotterebene. Das Gewinnungsgebiet Mangfalltal besteht aus den Mühlthaler und den Gotzinger Hangquellen, der Reisachfassung sowie den Brunnengruppen Thalham-Süd und Thalham-Nord. In der Münchner Schotterebene betreiben die SWM die Werke Trudering, Deisenhofener Forst, Höhenkirchener Forst, Arget und Forstenrieder Park.

Das Mangfalltal

Grundpfeiler und ältestes Trinkwasser-Gewinnungsgebiet der Stadt München ist das Mangfalltal, genauer gesagt der Abschnitt zwischen dem Bereich südlich der Schlierachmündung und Valley. Etwa 80 Prozent des in München benötigten Trinkwassers wird in diesem Gebiet gewonnen.

Geologisch-hydrogeologische Situation

Naturräumlich gehört die Region um den westlich der Mangfall gelegenen Taubenberg zum voralpinen Moränengebiet. Als Moränen bezeichnet man Gesteinsschutt, der von einem Gletscher mitgeführt und abgelagert wurde.

Die voralpine Moränenlandschaft mit ihren Hügeln und zwischengelagerten Schotterflächen erhielt ihre Prägung während der Eiszeit, die dem Quartär zugeordnet ist, dem jüngsten Erdzeitalter, das vor etwa 2,5 Millionen Jahren begann. Während des Quartärs wechselten in mehreren Zyklen Kaltzeiten mit wärmeren sogenannten Zwischeneiszeiten oder Interglazialen ab. In den Kaltzeiten bewegten sich Gletscher aus den Alpen bis weit ins Vorland und hinterließen dort die Moränen sowie die zwischen- und vorgelagerten Schotterfluren. Das Mangfalltal ist geprägt durch die Randlagen des zum Isargletscher gehörenden Tölzer Lobus im Westen und des Inngletschers im Osten. Maßgeblich für das Landschaftsbild, wie es sich heute darstellt, sind die beiden jüngsten Vereisungszyklen, also die ältere Rißeiszeit und die jüngste, die Würmeiszeit.

Unter den Moränen dieser Epochen lagert in weiten Bereichen Schotter aus älteren Eiszeiten, der sogenannte Deckenschotter. Neben den jüngeren Talfüllungen des Mangfall- und des Schlierachtales sind die Deckenschotter der wichtigste Grundwasserleiter – also die Schicht, in der das Grundwasser fließt – der Region um den Taubenberg.

Den tieferen Untergrund bilden Mergel, Sandmergel und Konglomerate der Oberen Süßwassermolasse, die aus dem jungtertiären Erdzeitalter stammt. Die Mergel und Sande der Molasse weisen häufig einen charakteristischen Gehalt an Glimmer, sogenannte Flinserl, auf. Die Münchner Brunnenbauer nannten diese Schichten, die auch im Untergrund der Stadt anzutreffen sind, wegen dieser Eigenschaft „Flinz". Der Begriff hat sich als lokale Bezeichnung für die Lagen der oberen Süßwassermolasse eingebürgert. Ihre obere Seite weist als ehemalige Landfläche ein ausgeprägtes Erosionsrelief mit Hügeln, Mulden und Rinnen auf. Die relativ schlecht durchlässigen Schichten des Flinz wirken großräumig als Grundwasserstauer.

Im Bereich des Taubenbergs überragen die Schichten der Oberen Süßwassermolasse die Ablagerungen aus dem quartären Zeitalter. Die Molasseschichten weisen hier nämlich einen hohen Anteil an harten Konglomeraten auf. Diese setzten der Verwitterung und Erosion mehr Widerstand entgegen, sodass sich der Taubenberg als sogenannter Härtling herausbilden konnte.

Der morphologisch markante Einschnitt des heutigen Mangfalltals entstand erst in der ausgehenden Würmeiszeit. Hydrogeologisch und damit speziell für die Wasserversorgung der Stadt München ist dieser Taleinschnitt in mehrerer Hinsicht bedeutsam.

Südlich und nördlich des Taubenbergs weist die Oberfläche der Oberen Süßwassermolasse je eine von Südwest nach Nordost verlaufende Rinnenstruktur auf. Die nördlich gelegene lässt sich vom Westhang des Mangfalltals bei Mühlthal bis in die Gegend nördlich von Warngau nachweisen.

Die Struktur südlich des Taubenbergs reicht bis in den Bereich südlich von Schaftlach. Die Deckenschotter wurden in die Rinnen abgelagert, die sich in die grundwasserstauenden Schichten des Flinz „eingetieft" hatten. Für das Grundwasser in den umgebenden Lagen wirken diese Strukturen wie großräumige Dränagen und führen es in nordöstliche Richtung ab. Am westlichen Steilhang des Mangfalltals, wo sich der Fluss bis unterhalb des Stauerniveaus eingegraben hat, sind diese Schichten angeschnitten. Hier traten ursprünglich die starken Hangquellen zutage, die mithilfe der Mühlthaler und Gotzinger Hangquellfassungen für die Wasserversorgung der Stadt München erschlossen wurden.

Schematischer Querschnitt durch das Mangfalltal mit verschiedenen Gewinnungsarten

Der Taleinschnitt hat aber nicht nur diese Hangquelle entstehen lassen. In seinem Südteil enthält er darüber hinaus gut durchlässige quartäre Talschotter, die ein ergiebiges Grundwasservorkommen bergen. Maßgeblich für dessen Zustandekommen ist hier eine mit Schotter gefüllte Rinnenstruktur, die südlich von Thalham etwa parallel der Mangfall verläuft und nördlich davon in Richtung Nord-Nordost abbiegt. Diese Struktur wird als Tal einer „Urmangfall" gedeutet und scheint nördlich von Thalham durch Schichten mit geringer Durchlässigkeit zumindest teilweise versiegelt zu sein.

Zudem gibt es bei Reisach im Bereich der Schlierachmündung eine Verengung der Durchflussbreite von rund 2.000 Metern auf wenig mehr als 500 Meter. Nördlich davon nimmt die Schottermächtigkeit erheblich ab. Diese Umstände bewirkten, dass der von Südwesten herangeführte Grundwasserstrom ursprünglich über Quellaufbrüche im Mangfalltal zutage trat und über Bäche, wie den Kaltenbach oder den Heidebach, abfloss.

Dieser Grundwasserstrom speist die südlich des Zusammenflusses von Mangfall und Schlierach liegende Reisachfassung. Sie kann aufgrund ihrer Bauart nicht den gesamten Grundwasserstrom erschließen, daher übernehmen die Brunnengruppen Thalham-Süd und -Nord einen Teil davon.

Klima und Grundwasserneubildung

Der Wasserreichtum des Mangfalltals hat seinen Ursprung in den großen Niederschlagsmengen der Region. Beeinflusst durch den Nordstau der Alpen fallen hier bis zu 1.400 Millimeter Niederschläge pro Jahr. Die Grundwasserneubildung liegt bei bis zu 26 Litern pro Sekunde und Quadratkilometer.

Die Verhältnisse hinsichtlich des Trinkwasserschutzes

Quellfassungen haben häufig den Nachteil, dass sie eine zu geringe Überdeckung aufweisen. Daraus resultieren die im Vergleich zu Brunnenanlagen häufiger auftretenden Probleme mit mikrobiologischen Belastungen. In der Vergangenheit wurden daher viele Quellfassungen aufgelassen oder das Wasser durfte mangels Alternativen nur nach Aufbereitung und Desinfektion abgegeben werden.

Dieses Problem besteht jedoch weder bei den Mühlthaler noch bei den Gotzinger Hangquellen. Hier wurden in bergmännischer Bauweise Ableitungsstollen bis weit in das Gebirge vorgetrieben. Die Sammelstollen, also die eigentlichen Fassungen der Mühlthaler Hangquellen, liegen zum Beispiel unter einer 30 Meter starken Kiesschicht verborgen, der Sand und Schluff, ein Lockergestein aus feinsten Mineralkörnern, beigemengt sind.

Empfindlicher gegenüber Verunreinigungen ist der von der Reisachfassung erschlossene Grundwasserstrom. Er weist im Talgrund der Mangfall nur eine vergleichsweise dünne Überdeckung auf. Sofern die für diesen Bereich maßgeblichen Einschränkungen und Verbote der Wasserschutzgebietsverordnung beachtet werden, kann sich dies jedoch nicht negativ auswirken.

Zu beachten ist hier ferner der Zutritt von Uferfiltrat von Mangfall und Schlierach, das heißt das Einsickern von Flusswasser in das Grundwasser. Uferfiltrat bewirkt einerseits dessen willkommene Anreicherung. Andererseits kann es bei unzureichender Filterung zu qualitativen Beeinträchtigungen führen. Aufwendige Untersuchungen haben die hydrogeologischen und grundwasserhydraulischen Verhältnisse im Umfeld der Reisachfassung schon vor längerer Zeit bis ins Detail beleuchtet. Die Fassung wird technisch so gesteuert, dass im Regelbetrieb qualitative Schädigungen des Trinkwassers sicher ausgeschlossen werden können. Nur in Ausnahmesituationen wird dem Wasser als zusätzliche Vorsorgemaßnahme Chlor zugesetzt. Dies beschränkt sich jedoch auf wenige Tage im Jahr, und die SWM informieren die Öffentlichkeit genauestens darüber.

Zahlreiche Wasserversorgungsunternehmen in Bayern haben erhebliche Probleme mit diffusen Einträgen von Nitrat und Pflanzenschutzmitteln. Auch in dieser Hinsicht bietet die naturräumliche Lage des Mangfalltals Vorteile. Bedingt durch die klimatischen Verhältnisse überwiegt hier die Grünlandnutzung gegenüber dem Ackerbau. Die früher gebräuchliche Wechselgrünland- oder Egartwirtschaft spielt heute keine Rolle mehr. Die Gefahr des Nitrataustrags ins Grundwasser ist bei der Grünlandnutzung grundsätzlich geringer als beim Ackerbau. Das hohe Niederschlagsdargebot bewirkt zudem, dass die Konzentration im Sickerwasser bei vergleichbaren flächenbezogenen Nitratfrachten zwangsläufig geringer ist als in trockeneren Regionen.

Ungeachtet dieser naturräumlichen Vorzüge gibt es aber auch Nutzungen und Einrichtungen, die mit der Trinkwassergewinnung in Konkurrenz stehen. Im Randbereich der engeren Schutzzone der Mühlthaler Hangquellen liegen Teile der Ortschaft Mitterdarching mit dem Bahnhof. Streckenweise unmittelbar über den Quellfassungen bauten die Machthaber des Dritten Reiches in rigoroser Manier die Autobahn nach Salzburg. Seit den 80er Jahren wurden aufwendige Maßnahmen getroffen, um Niederschlagswässer und eventuell austretende Schadstoffe zu sammeln, abzuleiten und das Wasser zu reinigen. Damit kein Fahrzeug von der Fahrbahn auf eine Weidefläche abkommen kann, errichtete man sogenannte Betongleitwände.

Die Abwässer der Bebauung werden in betonummantelten Kanälen ausgeleitet. Aufgrund dieser Maßnahmen und in Verbindung mit der schützenden Grundwasserüberdeckung ist der Bestand dieser konkurrierenden Nutzung hinnehmbar. Eine Ausdehnung wäre jedoch nicht vertretbar.

Gleiches gilt für die in der engeren Schutzzone der Gotzinger Hangquellen liegende Ortschaft Gotzing und die verstreuten Einzelanwesen im Bereich der engeren Schutzzone der Reisachfassung.

Geschenkte Energie

Die Trinkwassergewinnungsanlagen der Stadt München im Mangfalltal liegen um rund 100 Meter höher als das Versorgungsgebiet selbst. Durch das natürliche Gefälle ist es möglich, das Wasser ohne Einsatz von Energie zum Verbraucher zu transportieren. Bei den im freien Auslauf funktionierenden Quellfassungen und der als Freispiegelwerk ausgelegten Reisachfassung bedarf auch die Wassergewinnung keines Energieeinsatzes.

Die Münchner Schotterebene

Mit über 2.000 Quadratkilometern ist die Münchner Schotterebene die größte zusammenhängende Schotterplatte des süddeutschen Alpenvorlands. Sie wird im Norden vom Tertiärhügelland umrahmt und grenzt im Südwesten, Süden und Südosten an das voralpine Moränengebiet.

Geologisch-hydrogeologische Situation

Die Schotterebene ist aus geologischer Sicht ein sehr junges Gebilde. Sie ist erst im Verlauf der Eiszeit im Quartär entstanden und liegt den jungtertiären Schichten der Oberen Süßwassermolasse auf, also der Formation, die im Norden als Tertiärhügelland zutage tritt. Bei den kiesigen Ablagerungen der Schotterebene handelt es sich um sogenannte fluvioglaziale Sedimente. Dies bedeutet, dass die Schotter während der Eiszeit durch ein Flusssystem abgelagert wurden, das von Schmelzwasser gespeist wurde. An der Entstehung der Schotterebene waren im Wesentlichen vier Vereisungszyklen, also Gletschervorstöße, beteiligt. Dabei werden die Vorlandschotter, die von der Günz- und Mindeleiszeit aufgeschüttet wurden, als Deckenschotter bezeichnet, die der Rißeiszeit als Hochterrassenschotter und die der Würmeiszeit als Niederterrassenschotter.

In der Regel entstand durch den Wechsel von Aufschüttung und Abtragung bei aufeinanderfolgenden Eiszeiten eine ineinandergeschachtelte Terrassenlandschaft, bei der die jüngeren Schotter auf einem tieferen Niveau liegen als die älteren. Dass hier eine weitgehend homogene flächige Schotterflur aufgeschüttet wurde, bei der die Schotterpakete der einzelnen Eiszeiten übereinandergestapelt sind, ist eine Ausnahmesituation. Sie liegt darin begründet, dass sich der Ablagerungsraum während des Quartärs durch Bewegungen innerhalb der Erdkruste absenkte. Die Existenz der Schotterebene mit ihrem reichen Grundwasservorkommen kann man deshalb als einen geologischen Glücksfall bezeichnen.

Klima und Grundwasserneubildung

Pro Jahr fallen über der Schotterebene im Durchschnitt rund 900 Millimeter Niederschlag, im Norden etwas weniger als im Süden. Sieht man einmal vom Hachinger Bach ab, so entspringen in der südlichen Schotterebene keine Oberflächengewässer. Der Niederschlag kommt daher vollständig der Grundwasserneubildung zugute. Je nach dessen Intensität beträgt sie zwischen sieben Liter pro Sekunde und Quadratkilometer im Norden und bis zu mehr als 20 Liter pro Sekunde und Quadratkilometer im Süden. Nach einem im Auftrag des ehemaligen Bayerischen Landesamtes für Wasserwirtschaft erstellten Grundwassermodells macht der Gesamtzufluss aus Grundwasserneubildung und Randzuflüssen etwa 15.000 Liter pro Sekunde aus. Damit birgt die Schotterebene eines der reichsten Grundwasservorkommen Deutschlands.

Verhältnisse hinsichtlich des Trinkwasserschutzes

Was im Hinblick auf die Grundwasserneubildung und -speicherung ein eindeutiger Vorteil ist, nämlich die hohe Durchlässigkeit der Kiese und Schotter, mindert auf der anderen Seite die Schutzfunktion der Grundwasserüberdeckung sowie das Filter- und Rückhaltevermögen des Grundwasserleiters. Das Grundwasservorkommen in der Münchner Schotterebene gilt aufgrund dieser natürlichen Gegebenheiten als verschmutzungsempfindlich.

Bei einem sorgsamen Umgang mit der Ressource ergeben sich daraus jedoch keine Probleme. Umso wichtiger ist es unter diesen Bedingungen allerdings, die Wasserschutzgebiete ausreichend groß zu gestalten. Darum bemühten sich die SWM bereits früh und vermaßen sie mit aufwendigen Großpumpversuchen, bei denen man den späteren Betriebszustand der Wasserversorgung simulierte. Mit gewissen Einschränkungen in Trudering halten die in den 60er und 70er Jahren festgelegten Wasserschutzgebiete auch einer Überprüfung nach den heute geltenden Maßstäben stand.

Ein Charakteristikum der Schotterebene sind die großen staatlichen Forste. Die zusammenhängenden Waldgebiete begünstigen mit ihrer Vegetationsbedeckung und natürlichen Bodenbildung die Grundwasserbeschaffenheit und gleichen für die Brunnenanlagen, die außer dem Werk Trudering in Wäldern angesiedelt sind, zu einem großen Teil deren eingeschränkte Schutzfunktion der Grundwasserüberdeckung aus.

Das Gebiet Oberau

Auf den Wasserreichtum des oberen Loisachtals zwischen Oberau und Farchant wurden die Planer der Münchner Wasserversorgung bereits Ende des 19. Jahrhunderts aufmerksam. Bei den Vorarbeiten zum Bau der Münchner Wasserversorgung im Jahr 1876 fand diese Gegend erstmals Erwähnung als potenzielles Gewinnungsgebiet für Trinkwasser. Wegen der großen Entfernung zur Stadt schied diese Option damals jedoch aus.

Geologisch-hydrogeologische Situation

Zwischen Garmisch-Partenkirchen und Eschenlohe durchschneidet das obere Loisachtal den Nordrand der Nördlichen Kalkalpen, die hier überwiegend aus Hauptdolomit und Plattenkalk bestehen. Die steil aufragenden Felswände weisen bereits darauf hin, dass diese eindrucksvolle Landschaft nicht durch die Kraft von fließendem Wasser allein entstanden sein kann. Das Tal verdankt seine grandiose Gestalt vielmehr ebenso der Erosionskraft des Eises.

Während der Eiszeit schürfte der Loisachgletscher dieses übertiefte Tal in den Fels. Dabei reichen die Flanken des charakteristischen u-förmigen Tales bis weit unter dessen heutigen Grund. Die in 300 bis 600 Meter unter dem heutigen Talniveau liegende Felssohle steigt nach Nordosten bis zum Engpass bei Eschenlohe auf etwa 50 Meter unter der Oberfläche an.

In dem Seebecken, das sich durch diese Verhältnisse ergab, kam es während des Quartärs zur Ablagerung von Sedimenten der verschiedensten Korngrößen, von Seeton aus der Gletschertrübe über Sande bis hin zu groben Kiesen. Diese Talfüllung wirkt heute als Speicherraum, der von einem mächtigen Grundwasserstrom durchflossen wird.

Zwischen Burgrain und Eschenlohe wird dieser Grundwasserleiter durch Einlagerungen von gering durchlässigen Sedimenten in zwei sogenannte Stockwerke unterteilt. Der oberflächennahe Grundwasserbereich, das erste Stockwerk, weist einen freien Wasserspiegel auf. Das tiefer liegende zweite führt gespanntes Grundwasser. Das heißt, der Grundwasserstrom ist zwischen der nach Norden hin einfallenden Deckschicht und der bis zur Schwelle bei Eschenlohe ansteigenden Sohlschicht so „eingespannt", dass das Grundwasser unter Druck steht. Querab von Oberau und nördlich davon ist der Druck so hoch, dass das Grundwasser in Messstellen bis über Gelände ansteigt. Dieses Phänomen wird als „artesisch gespanntes Grundwasser" bezeichnet. Wo die Deckschicht Schwächen oder Fehlstellen aufweist, dringt das Grundwasser in Form natürlicher Quellaufbrüche, wie beim Lauterbach, zutage.

Klima und Grundwasserneubildung

Das Obere Loisachtal gehört zu den regenreichsten Gebieten der Bundesrepublik. Dort fallen durchschnittlich etwa 1.665 Millimeter Niederschlag pro Jahr. Zieht man die Verdunstung mit rund 460 Millimetern pro Jahr ab, so ergeben sich für den oberirdischen und unterirdischen Abfluss in der Summe rund 1.200 Millimeter pro Jahr. Im Wasserrechtsverfahren für das Gewinnungsgebiet Oberau gingen die Fachbehörden davon aus, dass der Grundwasserabfluss bei Farchant selbst bei Niedrigwasserverhältnissen noch etwa fünf bis 5,5 Kubikmeter pro Sekunde beträgt. Den Bereich der Schwelle bei Eschenlohe passiert nur ein Bruchteil dieser Menge. Der Rest fließt bei ungestörten Verhältnissen über Quellbäche in die Loisach.

Verhältnisse hinsichtlich des Trinkwasserschutzes

Die Brunnen der Stadt München fördern ausschließlich Grundwasser aus dem tieferen, gespannten Grundwasservorkommen. Im Nahbereich der Fassungen bieten die natürlichen Verhältnisse ein vergleichsweise hohes Schutzniveau. Der das hohe Schutzniveau bewirkende Zwischenstauer reicht nach Süden zu jedoch nur bis Burgrain. Daher nimmt die Schutzfunktion der Grundwasserüberdeckung etwa 2,5 Kilometer grundwasserstromaufwärts vom südlichsten Brunnen aus stark ab.

Etwa 2,5 Kilometer weiter südlich von Burgrain liegt im Tal Garmisch-Partenkirchen. Angesichts der hohen Fließgeschwindigkeit des Grundwassers von elf bis 26,5 Metern pro Tag und des damit verbundenen geringen Reinigungsvermögens des Grundwasserleiters befindet sich diese prosperierende Stadt durchaus noch in einem Bereich, der beim Schutz der Brunnenanlagen von München relevant sein kann. Auch das hohe Verkehrsaufkommen entlang des Loisachtals ist nicht förderlich für den Trinkwasserschutz. Für dessen Qualität konnten zwar bisher keine Beeinträchtigungen durch diese Nutzungen festgestellt werden, doch auch hier gilt es, wachsam zu sein.

Strom aus Trinkwasser

Die gespannten Grundwasserverhältnisse sowie die Ausnutzung der Höhenlage über dem Scheitelbehälter erlauben es im Gewinnungsgebiet Oberau, ohne Einsatz von Pumpen aus drei der Brunnen im sogenannten Saugheberverfahren bis zu 1.000 Kubikmeter pro Sekunde zu fördern. Erst darüber hinaus muss elektrische Energie für den Betrieb von Pumpen aufgewendet werden. Wie das Gewinnungsgebiet Mangfalltal bietet auch Oberau den Vorzug, dass das gesammelte Trinkwasser durch die hohe

Lage der Vorkommen im freien Gefälle, das heißt ohne Einsatz von Pumpen, zum Hochbehälter im Forstenrieder Park fließt. Die Restenergie des ankommenden Wassers treibt außerdem eine Turbine zur Stromerzeugung an. Damit sind die SWM gegenwärtig wahrscheinlich der einzige Wasserversorger, der Strom aus Trinkwasser gewinnt.

Keine Insel der Glückseligen – Trinkwasserschutz tut not

Ein wasserreiches Land, eine weitgehend intakte Landschaft, Grundwasservorkommen, die ohne weitere Behandlung als Trinkwasser genutzt werden können, und vergleichsweise wenig Nutzungen, die dieses Idyll gefährden könnten. Glückliches München, was willst du mehr, könnte man angesichts dieser Situation denken. Die 125-jährige Geschichte der Münchner Wasserversorgung zeigt aber, dass die naturräumlichen Vorzüge allein die Wasserversorgung nicht garantieren können. Ansteigende Nitratwerte, die in der Fassung Mühlthal kurzzeitig 15 Milligramm pro Liter erreichten, während der Grenzwert der Trinkwasserverordnung bei 50 Milligramm pro Liter liegt, und der Nachweis von Pflanzenschutzmittelspuren belegen die Verletzlichkeit der Ressource Grundwasser. Der Qualitätsstandard der Münchner Wasserversorgung wäre niemals erreicht worden ohne den vorsorgenden Trinkwasserschutz, den die Stadt München bereits früh in die Wege geleitet hat, und ohne den hohen technischen Aufwand bei Transport, Speicherung, Verteilung und Überwachung des Trinkwassers.

Doch Wasser hat ein langes Gedächtnis, wie ein Sprichwort sagt. Für das Grundwasser, das in Bayern die primäre Trinkwasserressource darstellt, gilt dieser Spruch im Vergleich zu anderen Wasservorkommen in besonderem Maße. Zwischen einem Niederschlagsereignis und dem Zeitpunkt, zu dem das dabei versickerte Wasser als Trinkwasser beim Verbraucher ankommt, vergehen zum Teil Jahre bis Jahrzehnte. Schadstoffe können sich bei einem derart träge reagierenden System jahrelang im Untergrund ansammeln, bevor sie sich als Belastung im Trinkwasser zeigen. Wird sie dann nachgewiesen, so dauert es mindestens ebenso lange, bis sie abgeklungen ist, selbst wenn der Schadstoffeintrag unverzüglich gestoppt wurde.

Das Prinzip „Vorsorgen ist besser als Sanieren" ist für einen nachhaltigen Grundwasserschutz unerlässlich, will man nicht kostenintensive Reparaturen und aufwendige Sanierungsmaßnahmen riskieren. Handelt die Politik nicht nach diesem Grundsatz, wird sie erst reagieren, wenn das Grundwasser bereits belastet ist. Die für die Münchner Wasserversorgung Verantwortlichen haben dieses Paradigma vorausschauend erkannt und frühzeitig die Initiative ergriffen.

Mit dem Projektbeschluss von 1880 für die Wassergewinnung im Mangfalltal stellte die Stadt München bereits Überlegungen zu einem „Quellschutzgebiet" an, beantragte Schürfverbote und betrieb in den folgenden Jahrzehnten eine großangelegte Grundstückserwerbspolitik, um eine Bebauung des Wasserentnahmegebietes zu verhindern. Bereits um die Wende zum 20. Jahrhundert kaufte sie im Gebiet des Taubenbergs Flächen auf und gestaltete sie zu sogenannten Wasserschutzwaldungen um. Dabei forstete man nicht nur Freiflächen auf und entzog diese damit der landwirtschaftlichen Nutzung. Auch die Bedingungen für den Waldbestand wurden im Hinblick auf den Trinkwasserschutz verbessert. Somit war das Fundament für eine ökologisch orientierte Flächenbewirtschaftung gelegt.

Im Gewinnungsgebiet Mangfalltal erwarb die Stadt Gebäude und Hofstellen, die durch ihre Nähe zu den Fassungsanlagen eine Gefahr für das Grundwasser darstellen konnten, und ließ sie abreißen. Außerdem organisierte und kontrollierte man die Abwasserabfuhr von Anwesen, bei denen die damals übliche Versickerung wegen des Trinkwasserschutzes nicht hinzunehmen war.

„Öko-Bauern" – ein Vorzeigeprojekt

Die Stadt München sucht aktiv die Zusammenarbeit mit der örtlichen Landwirtschaft und fördert im Mangfalltal seit Anfang der 90er Jahre ein Vorzeigeprojekt des ökologischen Landbaus. Zuvor war der Nitratwert des Wassers dort angestiegen. Darüber hinaus waren geringe Spuren von Pflanzenschutzmitteln im Grundwasser nachgewiesen worden. Diese Warnsignale mussten ernstgenommen werden. Die Nitrat- und Pestizidwerte bewegten sich zwar noch weit unter den Grenzwerten der Trinkwasserverordnung. Doch es galt einen schleichenden Anstieg rechtzeitig und nachhaltig zu verhindern.

Im Zuge dieses beispielhaften Kooperationsprojekts mit den örtlichen Landwirten bietet die Stadt diesen finanzielle Hilfen und Beratung bei der Umstellung von konventioneller Landwirtschaft auf ökologischen Landbau an. Besonders wichtig für die regionale Wasserwirtschaft ist das generelle Verbot von chemisch-synthetischen Dünge- und Pflanzenschutzmitteln, dessen Einhaltung durch unabhängige Stellen regelmäßig kontrolliert wird. Darüber hinaus unterstützt die Stadt die Teilnehmer des Programms bei der Vermarktung ihrer lokalen Bioerzeugnisse. Durch die Initiative „Öko-Bauern" ist mit über 2.500 Hektar Landfläche das größte zusammenhängende ökologisch und wasserschonend bewirtschaftete Gebiet der Bundesrepublik entstanden (siehe Abbildung S. 111).

Solche kreativen Kooperationen auf der Basis freiwilliger Vereinbarungen sind als flankierende Maßnahme zum flächendeckenden Gewässerschutz sowie zum speziellen Trinkwasserschutz in Wasserschutzgebieten ausgesprochen sinnvoll. Darüber hinaus stellen sie ein zeitgemäßes und außerordentlich hilfreiches Instrument des Trinkwasserschutzes dar. Aus den Grundwasserschutz-Konzepten für spezifische Regionen sind sie nicht mehr wegzudenken und werden dort in der Regel auch angenommen. Andererseits sind sie kein Ersatz für ausreichend dimensionierte und amtlich ausgewiesene Wasserschutzgebiete. Will man auch in ferner Zukunft „ein naturbelassenes Spitzenprodukt, preiswert und mit höchster Versorgungssicherheit" bieten, wie eine Werbebroschüre der SWM verspricht, kommen die zuständigen Behörden daher nicht umhin, weiterhin wasserrechtliche Vorkehrungen zu treffen und Wasserschutzgebiete per Verordnung verbindlich festzulegen.

Dies klingt fachlich einleuchtend und rechtlich für sich gesehen logisch. Die Umsetzung fällt im verwaltungstechnischen Alltag jedoch oft sehr schwer. Es ist unpopulär, ordnungsrechtliche Maßnahmen auf der Grundlage staatlicher Anordnungen durchzusetzen. In einer „modernen" Gesellschaft, die weniger auf staatliches Handeln als auf bürgerliche Eigenverantwortung setzt, finden sie wenig Anklang bei den unmittelbar betroffenen Bürgern und Bürgerinnen. Schließlich werden persönliche Besitzstände berührt und Nutzungsrechte eingeschränkt. Mit diesem Umstand sehen sich die Stadt München und die beteiligten Behörden bei der notwendigen Neufestsetzung oder Erweiterung der Wasserschutzgebiete im Mangfalltal immer wieder konfrontiert.

Ein Plädoyer für Wasserschutzgebiete

Aus wasserwirtschaftlicher Sicht stellen Wasserschutzgebiete das wichtigste Mittel für einen gezielten Trinkwasserschutz im Sinne der besonderen Vorsorge dar. Bayern hat eigene Leitlinien dafür festgelegt, wie Wasserschutzgebiete auszuweisen sind und welche Gründe dafür vorliegen müssen. Bei der Neuausweisung von Schutzgebieten oder der Ausweitung von bestehenden mangelt es jedoch immer häufiger an der Akzeptanz durch die davon betroffenen Menschen. Die Ausdehnung von Schutzgebieten wird deshalb ganz bewusst in jedem Einzelfall in differenzierter Weise auf das fachlich vertretbare Maß minimiert. Dritte dürfen nur in einem unabdingbaren Umfang belastet werden.

Mit heute rund vier Prozent und künftig etwa fünf Prozent Anteil an der bayerischen Landesfläche nehmen die Wasserschutzgebiete vergleichsweise wenig Raum ein. Der Bundesdurchschnitt liegt bei elf Prozent. Die wichtigsten Instrumente des Trinkwasserschutzes in Bayern bestehen in folgenden Punkten: Wasserschutzgebiete nur für fassungsnahe oder sehr empfindliche Bereiche, wasserwirtschaftliche Vorrang- und Vorbehaltsgebiete, in denen konkurrierende Projekte mit größeren Risikopotenzialen nachrangig sind, sowie ein ganzheitliches Einzugsgebiets-Management durch den Träger der Wasserversorgung zum Beispiel mit aktiver Informationspolitik über die Grenzen und Empfindlichkeit des Trinkwassereinzugsgebiets, verstärkte Eigenüberwachung, Kooperationen usw. Grundlage bildet die fachgerechte Ermittlung des Trinkwassereinzugsgebiets und die differenzierte Bewertung seiner Schutzfunktion. Weiter ausgebaut werden sollten die freiwilligen Kooperationsmodelle zwischen Wasserversorgern und Landwirten mit Regeln für eine Flächenbewirtschaftung, die das Grundwasser in besonderer Weise schont, Prämienzahlungen und einem Ausgleich von Einkommensverlusten.

Auch die allgemeinen wasserwirtschaftlichen und ökologischen Funktionen des Grundwassers können von flächenhaften Schadstoffeinträgen beeinträchtigt werden. Grundwasser, der „unsichtbare Schatz", ist vielerorts sehr empfindlich, auch wenn es von einer schützenden Schicht überdeckt ist. Einmal verunreinigt, ist ein Vorkommen nur mit großem technischem und finanziellem Aufwand teilweise sanierbar. Daher kommt es darauf an, das Grundwasser flächendeckend nach strengen Maßstäben zu schützen und es unabhängig von Nutzungsinteressen ebenso zu sichern wie seine ökologischen Funktionen. Die staatliche Garantenstellung nach dem Vorsorgeprinzip und dem wasserrechtlichen Besorgnisgrundsatz räumt dem Wohl der Allgemeinheit und der Sicherung der öffentlichen Wasserversorgung oberste Priorität ein. Sie muss heutzutage allerdings ergänzt werden durch verstärktes Bewusstsein und aktive Mitwirkung aller Betroffenen – im Geist der Nachhaltigkeit und der Kooperation. Ziel muss es bleiben, das Grundwasser überall in seiner natürlichen, das heißt durch den Menschen möglichst unbeeinflussten Beschaffenheit, zu bewahren.

Dazu muss eine Beeinträchtigung durch natürliche und abbaubare Stoffe beschränkt und der Eintrag synthetischer und persistenter, insbesondere öko- und humantoxischer, Stoffe strikt vermieden werden. Die Schutzfunktion der Böden und Grundwasserüberdeckung sollte so weit als möglich wirksam erhalten und ausgenutzt, darf aber nicht überfordert werden. Der Grundwasserschutz muss deshalb bei der Verringerung der Emissionen an der Quelle ansetzen. Neben einem starken Wasserrecht erfordert dies auch die Unterstützung durch eine vorausschauende, ökologisch orientierte Verkehrs-, Energie- oder Landwirtschaftspolitik.

Eine konsequente Vorsorge und Nachhaltigkeit beim Umgang mit dem Grundwasser fordert auch die Wasserrahmenrichtlinie (EG-WRRL) der Europäischen Union. Um bis 2015 europaweit den geforderten chemischen und mengenmäßigen Zustand des Grundwassers zu erreichen, müssen Messprogramme und zielorientierte Maßnahmenprogramme bis hin zu nachhaltigen Bewirtschaftungsplänen für das Grundwasser in und unter den Partnerländern der Europäischen Union abgestimmt sowie in den Problemgebieten auch tatsächlich umgesetzt werden. Die geplante Grundwasser-Tochterrichtlinie sollte das Niveau des „guten chemischen Zustands" klar festlegen. Außerdem müsste sie die „Spielregeln" zur Sanierung bei punktuellen Belastungen beziehungsweise die Eingriffsschwellen zur Trendumkehr bei diffusen Belastungen ausreichend definieren. Die Standards des deutschen Wasserrechts und bisheriger EU-Richtlinien müssen unbedingt aufrechterhalten und wo nötig präzisiert werden. Ergänzend dazu sollte die Wasserrahmenrichtlinie auch die Grundwasserbiologie stärker einbeziehen.

Entsprechende Gesetzgebungen und Verordnungen, die diese fachlichen Anforderungen an den Grundwasser- und Trinkwasserschutz konkretisieren, stehen bereits zur Verfügung und sind eine unerlässliche Voraussetzung für einen nachhaltigen

Wasserschutz. Sie haben sich in der Vergangenheit bestens bewährt und müssen daher auch in Zukunft konsequent angewendet werden.

Das Wasserhaushaltsgesetz (WHG) führt in seinem Paragraf 19 zu Wasserschutzgebieten aus:

> Soweit es das Wohl der Allgemeinheit erfordert, Gewässer im Interesse der derzeit bestehenden oder künftigen öffentlichen Wasserversorgung vor nachteiligen Einwirkungen zu schützen, können Wasserschutzgebiete festgesetzt werden. In den Wasserschutzgebieten können bestimmte Handlungen verboten oder für nur beschränkt zulässig erklärt werden und die Eigentümer und Nutzungsberechtigten von Grundstücken zur Duldung bestimmter Maßnahmen verpflichtet werden. Stellt eine Anordnung eine Enteignung dar, so ist dafür Entschädigung zu leisten. Setzt eine Anordnung erhöhte Anforderungen fest, die die ordnungsgemäße land- oder forstwirtschaftliche Nutzung eines Grundstücks beschränken, so ist für die dadurch verursachten wirtschaftlichen Nachteile ein angemessener Ausgleich nach Maßgabe des Landesrechts zu leisten.

Das Bayerische Wassergesetz konkretisiert in seinem Artikel 35 die Festsetzung der Wasserschutzgebiete und Schutzanordnungen gemäß dem Wasserhaushaltsgesetz:

> Wasserschutzgebiete werden von den Kreisverwaltungsbehörden durch Rechtsverordnung festgesetzt. Die Wasserschutzgebiete können in Zonen, für die unterschiedliche Schutzanordnungen gelten, eingeteilt werden. Allgemeine Verbote, Beschränkungen und Duldungspflichten nach § 19 Abs. 2 WHG sind in der Rechtsverordnung festzulegen. Die Eigentümer und Nutzungsberechtigten von Grundstücken können an Stelle eines Verbots auch zur Vornahme bestimmter Handlungen verpflichtet werden; insbesondere können an Stelle eines Verbots des Aufbringens von Dünge- oder Pflanzenbehandlungsmitteln Festlegungen getroffen werden, wie die Grundstücke nur in bestimmter Weise zu nutzen, Aufzeichnungen über deren Bewirtschaftung und das Aufbringen von Dünge- und Pflanzenbehandlungsmitteln zu führen oder Bodenuntersuchungen durchzuführen oder durchführen zu lassen sind.

Solidarität ist gefragt

Was sind aber die realen Beweggründe, die staatlich eingeforderte Solidarität für die Gemeinschaft und private (Grund-)Besitzverhältnisse nicht zusammenkommen lassen? Wenn Politiker und Medien das Wasser als unser höchstes Gut bezeichnen, so kann dem kein vernünftig denkender Mensch widersprechen. Dass wir zum nachhaltigen Schutz dieser elementaren Ressource vorausschauend planen müssen, darüber herrscht ebenfalls ein breiter gesellschaftlicher Konsens. Wenn es jedoch darum geht, zu dieser Vorsorge selbst etwas beizutragen, verschiebt sich der persönliche Blickwinkel. In der Konsequenz wird die Existenz im Hintergrund real lauernder Risiken durch sonstige Nutzungen des Menschen in Grundwassereinzugsgebieten bestritten oder kleingeredet.

Stattdessen sieht man die aktuell hohe Qualität des Trinkwassers als Beweis dafür an, dass schließlich alles Notwendige bereits getan und folglich zum Beispiel die Erweiterung eines Wasserschutzgebietes überflüssig sei. Dieser vermeintlich logische Denkansatz führt die Bemühungen eines vorsorgenden Grundwasserschutzes jedoch ad absurdum und könnte sich auf lange Sicht als fatal erweisen.

Ein Zeitungsartikel mit der Überschrift „Geplante Wasserschutzzone schlägt hohe Wellen", der am 8. Juni 2000 in den Münchner Neuesten Nachrichten erschien, bringt einen Konflikt aus der Sicht der örtlich Betroffenen auf den Punkt:

> Ärger verursacht der Vorschlag, ein Wasserschutzgebiet rund um den Taubenberg auszuweisen, den die Landeshauptstadt München beim Landratsamt eingereicht hat ... In einem offenen Brief an Münchens Oberbürgermeister Christian Ude erklärt die Weyarner CSU, dass das Vertrauen in die einvernehmliche Politik der Stadt München erschüttert sei. „Durch Überzeugungskraft und finanzielle Zuschüsse gelang es der Stadt in vorbildlicher Weise, die örtlichen Landwirte zum Beitritt in Ökoverbände zu bewegen, so dass eines der größten zusammenhängenden ökologisch bewirtschafteten Gebiete entstand." Nun sei der Austritt einiger Landwirte zu befürchten.

Der Artikel erweckt den Eindruck, als hätte die Stadt München in früherer Zeit die Förderung des ökologischen Landbaus als Alternative zur Festsetzung eines Wasserschutzgebietes propagiert. Dass der Wasserversorger das unabhängig von der Öko-Umstellung erforderliche Verfahren zur Ausweisung eines Wasserschutzgebietes vorangetrieben hat, wird daher als Vertrauensbruch empfunden. Dabei ist er nur seiner Verantwortung nachgekommen. Durch eine solche Berichterstattung wird in der Öffentlichkeit und bei den Betroffenen eine Stimmung erzeugt, die sich vermeintlich gegen staatliche Bevormundung richtet. Doch dies geht am Problem vorbei und ist der Sache nicht förderlich.

Einen Ausweg aus dieser Situation gibt es nur, wenn wir uns darauf besinnen, dass sich Kooperation und Ordnungsrecht nicht alternativ ausschließen, sondern vielmehr sich ergänzende Bausteine eines ganzheitlichen Trinkwasserschutzes darstellen. Dies ändert nichts an dem Umstand, dass Beschränkungen und Verbote eines Wasserschutzgebietes ausschließlich zulasten von Dritten, das heißt der betroffenen Grundbesitzer, Gemeinden, Straßenbaulastträgern und anderer gehen. Der Begünstigte der Schutzgebietsverordnung, das Wasserversorgungsunternehmen, erhält dagegen quasi ein Privileg, weil er zum Wohl der Allgemeinheit handelt. Dieses scheinbare Missverhältnis wird insbesondere dann als ungerecht empfunden, wenn, wie im Fall der Wasserversorgung München, diejenigen, die die Auflagen zu tragen haben, nicht identisch sind mit den Nutznießern, den Konsumenten des Trinkwassers.

Der Aspekt wird noch verstärkt durch die vermeintliche Konkurrenzsituation zwischen der Großstadt auf der einen und dem ländlichem Raum auf der anderen Seite. Dass die Stadt bei der Trinkwasserversorgung auf die Wasservorräte des Umlands zurückgreift, wird ihr als Willkür und Anmaßung ausgelegt. Dass einer Millionenmetropole wie München gar keine andere Wahl als diese bleibt, wird hierbei oft ausgeblendet.

„D' Stadtrer kemma, mecht'n ins as Wasser nemma!"

Darüber hinaus steht das persönliche Rechtsempfinden in Bezug auf den Schutz des Eigentums und die Eigentumsverhältnisse am Grundwasser häufig im Widerspruch zur öffentlich-rechtlichen Gesetzeslage, die sich am Gemeinwohl orientiert. Sie besagt, dass Grundwasser kein an das Grundeigentum gebundener Besitz ist. Es ist demgegenüber als ein Gemeingut zu begreifen, das im Hinblick auf das Gemeinwohl sowie mit Einschränkungen auch zum Nutzen des Einzelnen einer staatlichen Bewirtschaftung unterliegt.

Als volkstümlicher Exkurs der seit langer Zeit verbreiteten Auffassung, es gäbe ein Eigentum am Wasser, mag der Loisachtaler Andachtsjodler gelten, der während der Wasserrechtsverfahren für das Gewinnungsgebiet Oberau gedichtet wurde:

> Mannder, auf geht's,
> d' Stadtrer kemma
> mecht'n ins as Wasser nemma!
> mecht'n wuhl'n und mecht'n grab'n,
> mecht'n inser Wasser hab'n!

Wer die Trinkwassergewinnung vor der Stadt für die Stadt bereits als Raub an seiner Region empfindet, den schmerzen die tatsächlichen oder vermeintlichen Belastungen durch ein Wasserschutzgebiet umso mehr. Auch die Gemeinden, auf deren Bereiche sich Wasserschutzgebiete erstrecken, sind verständlicherweise wenig erfreut über damit verbundene Einschränkungen bei der potenziellen Entwicklung der Kommune. Ein wesentlicher Interessenkonflikt ergibt sich durch allfällige beschränkende Maßgaben für die Bebauung und Entwicklung in den einzelnen Schutzzonen eines Gebietes. In der engeren Zone, die an den Fassungsbereich anschließt, ist eine Bebauung in aller Regel verboten. In der weiteren Schutzzone kann Bebauung grundsätzlich zugelassen werden. Voraussetzung dafür ist jedoch, dass anfallendes Abwasser in eine dichte Sammelentwässerung eingeleitet werden kann, eine Bedingung, die im ländlichen Raum nicht immer zu erfüllen ist.

Um einer konzentrierten Bebauung Einhalt zu gebieten, dürfen in der weiteren Schutzzone in der Regel keine Baugebiete ausgewiesen werden. Damit greift die Schutzgebietsverordnung in die Planungshoheit der betroffenen Gemeinden ein. Hier treten also zwei Gemeinwohlaspekte in unmittelbare Konkurrenz: die Planungshoheit der Gemeinden und der Trinkwasserschutz.

Wie in vielen anderen Wasserschutzgebietsverfahren tritt auch im Mangfalltal als Sprachrohr der betroffenen Grundeigentümer der „Verein der Wasserschutzzonen-Geschädigten" auf. Dabei handelt es sich um eine örtliche Interessenvertretung, die mit dem Dachverband des Bundes der Schutzgebietsbetroffenen in Verbindung steht. Diese Gruppierung versucht die Festsetzung von Wasserschutzgebieten möglichst zu verhindern oder, wo dies nicht möglich ist, entsprechend hohe Entschädigungsforderungen durchzusetzen.

Begründet wird dieses Ansinnen mit der Behauptung, bei Einbeziehung von Grundstücken in Wasserschutzgebiete tendierten deren Marktwerte infolgedessen gegen null. Diese auf den ersten Blick nicht von der Hand zu weisende Befürchtung der Betroffenen wurde inzwischen in einer grundlegenden Studie überprüft und hat sich als nicht haltbar erwiesen. Des Weiteren stellt der Verein die Größe der Wasserschutzgebiete und die Regelungstiefe der angestrebten Schutzgebietsverordnung in überzogener Weise dar: Die mit der Festsetzung von Wasserschutzgebieten verbundenen Einschränkungen kämen einer Enteignung gleich. Sie seien daher nicht rechtens und begründeten eine Entschädigung der Betroffenen.

Auch wenn diese pauschalen Behauptungen in der Mehrzahl der Fälle keiner sachlichen Überprüfung standhalten, so verfügt die Gruppierung in der lokalen Presse doch über eine Präsenz, die ihre Wirkung auf die Kommunalpolitik nicht verfehlt.

Wege zur Vernunft

Will man dem Trinkwasserschutz zu der ihm gebührenden Geltung verhelfen und die Lebensgrundlagen für kommende Generationen erhalten, so müssen die anstehenden Wasserschutzgebietsverfahren mit Blick auf den vorausschauenden Grundwasserschutz zu Ende gebracht werden. Angesichts der sich abzeichnenden weltweiten Wasserproblematik ist es wichtig, den Dialog mit den Beteiligten offensiv anzugehen.

Das Ziel muss darin bestehen, die Solidarität derer einzufordern, die mit ihrem Besitz auch Verantwortung für das Gemeinwohl tragen. Dies ist nicht zuletzt vor dem Hintergrund der möglichen Bedrohung unserer Wasserreserven durch den Klimawandel von Bedeutung. Ausgleichszahlungen sind dabei als fairer Kompromiss – wo berechtigt – ins Auge zu fassen. Wasserschutzgebiete werden im sogenannten förmlichen Verfahren als Verordnung des Landkreises festgesetzt. Dabei müssen Betroffene und Träger öffentlicher Belange nach bestimmten Verfahrensregeln beteiligt werden. Zwischen möglicherweise auseinandergehenden Interessen ist abzuwägen und schlussendlich eine Entscheidung zu treffen. Das vorgeschlagene Wasserschutzgebiet muss bezüglich seiner Größe und Ausdehnung sowie der damit verbundenen Verbote und einschränkenden Bestimmungen begründet sein. Außerdem muss das Ausweisungsverfahren ohne Formfehler abgewickelt worden sein. Wenn all dies zutrifft, kann eine Schutzgebietsverordnung nicht durch eine Normenkontrollklage zum Beispiel von Grundeigentümern zu Fall gebracht werden. Dass die Rechtmäßigkeit der Wasserschutzgebietsverordnung für die Mühlthaler Hangquellen in zwei Normenkontrollklageverfahren bestätigt wurde, ist hierfür ein beredtes Beispiel.

Diese Art der Hoheitsverwaltung hat in Zeiten, in denen Eigenverantwortlichkeit und Deregulierung das Wort geredet wird, jedoch kaum Konjunktur. Daher gehen die Akteure von Wasserschutzgebietsverfahren nicht selten mit dem Anspruch an die Sache heran, im Vorfeld der Schutzgebietsfestsetzung ein Einvernehmen zwischen allen Beteiligten herzustellen. Die Auseinandersetzungen um Wasserschutzgebiete sind oft von Emotionen geprägt, deshalb ist es nicht einfach, diesen Anspruch durchzusetzen. Wo Betroffene auf dem Standpunkt beharren, bereits die planerische Kennzeichnung eines Grundstücks als Wasserschutzgebiet führe zu dessen völliger Entwertung, ist nur schwer ein Kompromiss zu finden.

Jede Wahrheit braucht einen Mutigen, der sie ausspricht

Aufseiten des Normgebers, sprich des Landratsamtes, wird man sich damit beschäftigen müssen, wie eine Hoheitsverwaltung dem betroffenen Bürger in der Sache angemessen begegnen kann – auch wenn ein Konsens auf „Augenhöhe" eine Utopie bleiben wird. Wasserschutzgebietsverfahren sollten allerdings auch dann zeitnah beendet werden, wenn Einvernehmen mit den Betroffenen nur schwer herzustellen ist. Andernfalls würde zukünftig die Wasserversorgung von Großstädten wie München über Gebühr belastet oder gar gefährdet.

Zukunft gemeinsam „schultern"

München bietet das günstigste Trinkwasser unter den zehn größten Städten Deutschlands, wie aus einem aktuellen Vergleich hervorgeht. Dauerhaft günstige Preise verleiten daher manchen auch zu Verschwendung und zu einem unreflektierten Umgang mit der Ressource Wasser, frei nach dem Motto: Was nichts kostet, hat auch keinen Wert.

Dabei ist Trinkwasser schließlich keine beliebige Handelsware. Über diesen Punkt sind sich Politiker und Fachleute einig. Zwischen dem Freistaat Bayern und den Kommunen besteht ein grundsätzlicher Konsens hinsichtlich der umweltpolitischen und wasserwirtschaftlichen Zielsetzung, die öffentliche Wasserversorgung als ein wesentliches Element der staatlichen Daseinsvorsorge in der Verantwortung kommunaler Körperschaften, also der weitgehend regional verankerten Wasserversorgungsunternehmen, zu erhalten. Eine genau gegenläufige Entwicklung ist derzeit auf europäischer Ebene beziehungsweise weltweit zu beobachten, wo zu befürchten steht, dass durch Liberalisierungen die öffentliche Wasserversorgung zunehmend zum Spielball des freien Marktes wird.

Bekannte Beispiele für solche Fehlentwicklungen, die von einer Verteuerung des Wassers für den Verbraucher bis hin zu schlechteren Versorgungsbedingungen reichen können, sind von der Berliner Wasserversorgung, aber auch von der Privatisierung des britischen Wassermarktes bekannt. Längst hat sich gegen eine mögliche Liberalisierung der Trinkwasserversorgung eine breite Ablehnungsfront formiert. Das Thema Wasser steht bei vielen mittlerweile ganz oben auf der Agenda. Sei es der Bayerische Städtetag oder der Bayerische Gemeindetag, seien es die Landtagsfraktionen, Bürgermeister oder Stadtratsfraktionen aller Parteien, Verbände oder Vereine, wie der Bund Naturschutz (BUND): „Hände weg vom Trinkwasser" ist der gemeinsame Tenor all derer, die einem ungezügelten Wettbewerb eine klare Absage erteilen.

Auch der Münchner Oberbürgermeister Christian Ude hat sich ohne Wenn und Aber positioniert und betont: „Unsere Wasserwirtschaft steht für ein Stück Münchner Lebensqualität. Wasserversorgung ist ein Teil der öffentlichen Daseinsvorsorge, sie eignet sich nicht für Liberalisierungsexperimente." Und auch die bayerische Staatsregierung gibt unmissverständlich zu verstehen, dass die Liberalisierung in der Wasserversorgung verhindert werden muss, und meint damit, dass die Aufgabe der Wasserversorgung in kommunaler Hand und öffentlicher Verantwortung bleiben muss. Dies schließt jedoch die wohlüberlegte Einbeziehung von privaten Dienstleistungen in die Wasserversorgung nicht aus. Private Dienstleister können zum Beispiel Teilaufgaben oder die Betriebsführung übernehmen. Die Verantwortung der Aufgabenerfüllung bleibt aber auch in diesem Fall bei den Kommunen.

Wenn die Wasserversorgung hingegen privaten Großkonzernen überlassen würde, bestünde die Gefahr, dass Qualität, Umweltaspekte und letztendlich die Interessen der Verbraucher auf der Strecke bleiben.

Die Liberalisierung als Anfang allen Übels zu verteufeln allein genügt nicht. Die Dinge zu belassen, wie sie sind, reicht ebenfalls nicht aus. Vielmehr sind die Wasserversorger aufgefordert, die Zusammenarbeit untereinander zu fördern. Die Losung lautet: Qualitätssicherung bei Organisation und Betrieb. Eine wesentliche Voraussetzung für die Aufrechterhaltung der dezentralen Verantwortungsstrukturen in der Wasserversorgung ist die Kooperation und Vernetzung kleinerer und größerer Wasserversorgungsunternehmen, um den immer komplexeren Anforderungen gerecht zu werden.

Ansätze hierzu bieten Kennzahlenvergleiche, das sogenannte Benchmarking, Leitfäden der Kooperation sowie Betriebs- und Organisationshandbücher. Eine gezielte Qualitätssicherung bei Organisation und Betrieb hilft dabei, eine langfristige Substanzerhaltung, gesicherte (Re-)Investitionsraten sowie qualifiziertes Personal sicherzustellen. Eine Modernisierung durch Vernetzung der Kompetenzen schafft unter dem Stichwort „Best Practice" die Möglichkeit, Synergieeffekte zu nutzen, und führt zu konzentriert, das heißt vereint verantwortlichen Werksleitungen, trägt gemeinsame Entscheidungsebenen und erhält letztendlich autonome Wassergewinnungen und technische Anlagen. Der Mangel an Finanzmitteln für Substanzerhalt und technische Neuausstattung sowie der Mangel an Qualifikation des zur Verfügung stehenden Personals sind nur zwei Beispielfaktoren für die Verwundbarkeit kommunaler Wasserversorgungen.

Noch verhallen die Warnrufe von Fachleuten in der Branche, und die genannten Vorschläge und Empfehlungen werden zurückhaltend bis ablehnend quittiert. Und doch gibt es erste regionale Ansätze von Wasserversorgern für eine zaghafte Zusammenarbeit. Beispiele hierfür geben Initiativen von Selbsthilfeorganisationen, wie das Bündnis der „ipse Service GmbH" des Bayerischen Gemeindetages, Wasser-Info-Team (WIT) Bayern, die aquaKomm und andere.

Es bleibt die Botschaft „Steter Tropfen höhlt den Stein": Zur Bewältigung der vielfachen Herausforderungen sind leistungsfähige und kompetente Wasserversorgungsunternehmen notwendig. Dabei können alle nur davon profitieren, wenn die Wasserversorger im Umland von großen Städten zusammenarbeiten.

Wie zukünftig die Wasserversorgung im ländlichen Bereich organisiert werden wird, darüber kann nur spekuliert werden. Tatsache ist, dass sich die Anlagen kommunaler Betreiber effizienter und kostengünstiger durch Zusammenschlüsse unterhalten ließen. Ansonsten könnte die Konkurrenz von privaten Unternehmen mittelfristig kommunale Betriebe in ihrer Existenz gefährden. So lautet auch ein Appell zur Kooperation des Bayerischen Gemeindetags.

Appell zur Kooperation von Dr. Uwe Brandl, Präsident des Gemeindetages:

> Das Denken in kommunalen Grenzen passt nicht mehr in die Landschaft. Zu 70 Prozent haben wir mentale Probleme, die das Nachdenken über die Möglichkeiten interkommunaler Zusammenarbeit erschweren. Nach wie vor herrscht bei Bürgermeistern und Räten die Neigung, in kommunalen Grenzen zu denken. Ohne die Eigenständigkeit aufzugeben, könnten kommunale Betreiber ihre Anlagen effizienter und kostengünstiger unterhalten, wenn sie sich zusammentun. Dies ist notwendig, um sich rechtzeitig für den Wettbewerb zu rüsten.

Aktiv informieren und rechtzeitig handeln

Heutzutage genügt es nicht, den vorsorgenden Grundwasserschutz aus rein technischer Sicht zu betreiben und das Thema Trinkwasserversorgung den Fachleuten „im stillen Kämmerlein" zu überlassen. Um die Ziele einer nachhaltigen Wasserpolitik auf eine breite Basis zu stellen, bedarf es der Information und Unterstützung einer interessierten Bürgergesellschaft, die von einem solchen Wasserschutz langfristig profitiert.

Die SWM haben dies erkannt und im wahrsten Sinne des Wortes einen Weg ins Leben gerufen, der die Öffentlichkeit auf geradezu spielerische Art und Weise an die aktuellen Themen des Grundwasserschutzes und der Trinkwasserversorgung von der Quelle bis zum Wasserhahn in der Stadt heranführt. Der sogenannte M-Wasserweg stellt eine informative und unterhaltsame Form der Information dar, die den Menschen bewusstmacht, woher ihr Trinkwasser kommt – frei nach dem Motto: „Was man kennt, das schätzt man auch." An 20 Anlaufstationen entlang eines Rad- und Wanderweges werden Informationen rund um die Trinkwasserversorgung der Millionenstadt München zu den Themenbereichen Geschichte der Münchner Wasserversorgung, Technik, Bauwerke, Transport, Wasserschutzmaßnahmen und Wasserqualität vermittelt, Naturerleben und Kultur aus der Region inbegriffen.

Wenn die Prognosen der Klimaforscher zutreffen, müssen wir uns auch in unseren Breitengraden auf trockenere Zeiten einstellen. Nach den Klimaprognosen für Bayern wird sich die Anzahl der heißen Tage im Jahr mit über 30 Grad annähernd verdoppeln. Damit wird die Nachfrage nach Wasser immer größer. Gleichzeitig gehen die Niederschlagsmengen zurück. Inwiefern es langfristig zu Einflüssen durch den prognostizierten Klimawandel in Bayern auf die Trinkwasserversorgung kommen wird, vermag heute noch keiner verlässlich zu beantworten. Nichtsdestotrotz sind wir gut beraten, die Zeichen der Zeit zu erkennen und rechtzeitig unser Handeln darauf abzustellen. Die Botschaft kann nur heißen: Lieber heute schonen, was morgen schon (zu) knapp sein kann.

Literatur

Deutsche Vereinigung des Gas- und Wasserfaches, Länder-Arbeitsgemeinschaft Wasser (DVGW-LAWA): Kolloquium Ökologie und Wassergewinnung, DVGW-Schriftenreihe Wasser Nr. 78, Eschborn 1993

Bayerisches Geologisches Landesamt (Hrsg.): Geologische Karte von Bayern 1 : 25.000, Erläuterungen zum Blatt Nr. 8432 Oberammergau, München 1967

Bayerisches Geologisches Landesamt (Hrsg.): Geologische Karte von Bayern 1 : 25.000, Erläuterungen zum Blatt Nr. 8036 Otterfing und zum Blatt 8136 Holzkirchen, München 1985

Stadtwerke München/Wasserwerke (Hrsg.): Hundert Jahre Münchner Wasserversorgung 1883–1983, München 1983

Stadtwerke München GmbH (Hrsg.): Münchner Wasser, quellfrisch und gesund, München 1999

Süddeutsche Zeitung, Lokal- und Bayernteil „Münchner Neueste Nachrichten" vom 8. Juni 2000

Stadtwerke München (Hrsg.): M-Wasser – ein erstklassiges Naturprodukt. München, Juli 2005

Naumann, Matthias/Wissen, Markus: Neue Räume der Wasserwirtschaft. Untersuchungen zur Trinkwasserver- und Abwasserentsorgung in den Regionen München, Hannover und Frankfurt (Oder). Sozial-ökologische Forschung, Leibniz-Institut für Regionalentwicklung und Strukturplanung (IRS). Forschungsverbund netWORKS, Deutsches Institut für Urbanistik, Berlin 2006

Verordnung über natürliches Mineralwasser, Quellwasser und Tafelwasser (Mineral- u. Tafelwasserverordnung) BGBl I, 1984, 1036, zuletzt geändert durch Art. 1 V v. 1. Dezember 2006, BGBl I 2006, 2762, www.swm.de

Von der Quelle ins Haus

Ottmar Hofmann, Sven Lippert, Thomas Prein, Erwin Weberitsch

≈ Die Wasserverteilung

Das Münchner Wasserverteilnetz ist über viele Jahrzehnte gewachsen. Seit dem Jahr 1883 wurde es mit der „Ersten Wasserleitungsordnung" entsprechend den Bedürfnissen der Landeshauptstadt kontinuierlich aufgebaut. Die Entwicklung des Rohrnetzes ist geprägt durch die Bauweisen und Materialien, die in seinen unterschiedlichen Phasen angewendet wurden. In den letzten 25 Jahren haben sich jedoch auch durch den Einzug moderner Arbeitsmethoden wie der elektronischen Datenverarbeitung, den Gerätepark und den Kostendruck deutliche Veränderungen ergeben.

Das Rohrnetz

Das Stadtgebiet Münchens ist in drei Druckzonen entsprechend der Höhe über dem Meeresspiegel aufgeteilt. Diese Gliederung ist erforderlich, um einerseits einen Mindestwasserdruck vorzuhalten, der auch die Versorgung in Hochhäusern ermöglicht. Andererseits begrenzt die Regelung aber auch den Höchstdruck, sodass handelsübliche Armaturen in den Haushalten diesem standhalten.

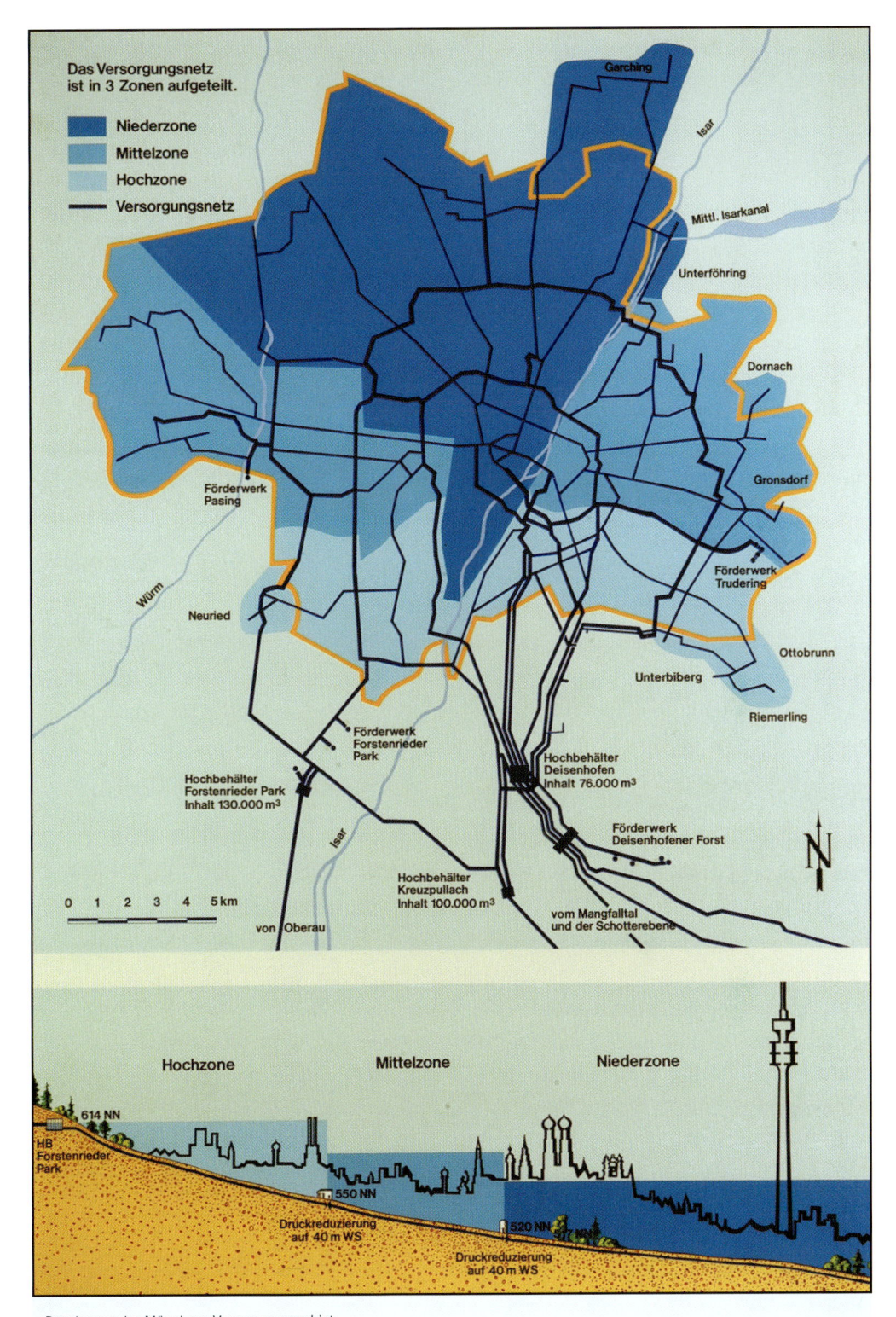

Druckzonen im Münchner Versorgungsgebiet

Das Wassernetz setzt sich aus einem System von Hauptwasser-, Versorgungs- und Anschlussleitungen zusammen. Die Hauptleitungen übernehmen den Transport von den Speichern im Münchner Süden in die einzelnen Stadtviertel, Versorgungsleitungen erschließen nahezu jede Straße, und die Anschlussleitungen verbinden schließlich die Gebäude mit dem Versorgungsnetz. Der Durchmesser der Leitungen liegt zwischen 1.200 Millimetern bei Hauptwasser- und 32 Millimetern bei Anschlussleitungen.

Das Verteil- und das Rohrnetz – Projektierung und Berechnung

Hauptwasser- und Versorgungsleitungen bilden ein vernetztes System, die Geschwindigkeit und Fließrichtung in ihnen ergeben sich aus den Abnahmen der Verbraucher. Um neue Leitungen in dieses System einzufügen, sind zunächst hydraulische Rechnungen erforderlich, die den ausreichenden Druck und die benötigten Mengen berücksichtigen, um als Ergebnis die erforderlichen Leitungsdurchmesser zu liefern.

Seit den 1960er Jahren kommt der elektronischen Datenverarbeitung eine immer größere Bedeutung beim Netzbetrieb zu. Heute existiert ein mathematisches Modell des Wasserversorgungsnetzes, in dem alle bestehenden Leitungen mit den Verbrauchsstellen abgebildet sind. Neue Verbraucher werden mit ihren Abnahmemengen und dem für ihre Versorgung erforderlichen Druck in das Modell eingefügt. Damit lassen sich die Auswirkungen auf das bestehende Netz und die Kenndaten für die Planung ermitteln: Das Ergebnis sind neue oder größere Leitungen im Netz.

Auf der Grundlage dieser Daten erfolgt die Planung, bei der zunächst ein Weg für die Verlegung der Leitung gefunden werden muss. Dabei sind Zwangspunkte durch bestehende Bauwerke, Leitungen der anderen Sparten (Strom, Gas, Abwasser), aber auch Einflüsse des Verkehrs zu beachten.

Seit Ende der 90er Jahre wird anstelle der „Zeichenbretter" ein rechnergestütztes Entwurfsprogramm (Computer Aided Design, CAD) benutzt, um die Bauausführung der neuen Leitungen zu projektieren. Die Daten der neu erstellten oder veränderten Leitungen werden in ein bereits bestehendes elektronisches Bestandsplanwerk und das mathematische Netzmodell übernommen.

In der jüngsten Weiterentwicklung verschmelzen das Planungs- und das Bestandswerkzeug in einem Netzinformationsmodell (NIS), das nach Abschluss der Planung das Bestandsplanwerk automatisch auf den neuesten Stand bringt. Gleichzeitig erfolgen NIS-Planungen auf der Basis des im System abgebildeten Bestands. Ein einziges Software-Werkzeug dient also dazu, den Bestand zu „pflegen" und Neuerungen zu planen. Somit stehen immer die aktuellen Informationen zur Verfügung.

Das Material der Rohrleitungen

In der frühen Wasserversorgung wurden bis zum 19. Jahrhundert vor allem Holzrohre eingesetzt. Ab etwa 1850 verwendete man überwiegend Gussrohre, deren Muffen abgedichtet und anschließend von außen mit Blei verstemmt wurden. Seit Anfang des 20. Jahrhunderts verlegte man zunehmend Mannesmann-Stahlrohre, die Vorteile bei der Verarbeitung brachten. In den 60er Jahren setzten sich die duktilen Gussrohre durch. Für sie sprach ihr geringeres Gewicht, ihre höhere Bruch- und Zugfestigkeit und eine verbesserte Verbindung mit zugfesten Muffen. Bei Leitungen bis zu 400 Millimetern Durchmesser hat sich der Werkstoff bis heute behauptet. Größere Rohrleitungen werden heute in der Regel als geschweißte Stahlrohrleitungen verlegt. Alle Rohrleitungen aus Metall müssen sowohl außen als auch innen gegen Korrosion geschützt werden. Daher kleidet man ihre Innenflächen seit den 80er Jahren mit Zementmörtel aus. In der Regel erledigt dies bei kleinen Durchmessern der Rohrhersteller, bei großen erfolgt eine maschinelle Auskleidung im fertig verlegten Rohr. Dieses Verfahren wendet man auch bei der Sanierung von Leitungen an, die bereits in Betrieb sind.

Bei der Fertigung der Rohre mit geringerem Durchmesser pumpt der Hersteller im Werk definierte Mörtelmengen in die Leitungen. Diese werden anschließend an Muffe und Einsteckende verschlossen und in Rotation versetzt. Durch die Zentrifugalkraft wird der Mörtel mit der 75- bis 130fachen Erdbeschleunigung an der Rohrwand verteilt, verdichtet und geglättet. Die Stärke des Zementmörtels beträgt entsprechend dem Rohrdurchmesser etwa drei bis zehn Millimeter. Zum äußeren Schutz der Rohre gegen Korrosion wird meist eine Polyethylen-Beschichtung vorgenommen. Dazu wird ein sogenannter Ringextruder über das Rohr geführt, eine Maschine, mit der plastische Stoffe gleichmäßig auf einen Rohrumfang aufgebracht werden können. Der austretende Polyethylen-Mantel wird fest mit dem Rohr verbunden. Alternativ kann das Rohr durch einen Zinküberzug oder eine Umhüllung aus Zementmörtel geschützt werden. So gesicherte Rohre haben bei sorgfältiger Verlegung eine angestrebte Gebrauchsdauer von mindestens 50 Jahren.

Um fertig verlegte Leitungen von innen auszukleiden, werden sie zunächst gereinigt. Hierzu wird ein Molch, eine Art Bürste mit den Abmessungen der Rohrleitung, durch die Leitung gezogen.

Anschließend wird mit einem rotierenden Düsenkopf Zementmörtel auf die Rohrwandung aufgetragen. Durch die hohe Geschwindigkeit des Mörtels beim Aufschleudern erfolgt die gleichmäßige Verteilung und Verdichtung in einem Arbeitsgang. Eine Vorrichtung zieht den Düsenkopf durch das Rohr, wodurch eine nahtlose Beschichtung sichergestellt wird.

Ein Glättrichter nimmt im nächsten Arbeitsgang mit einer rotierenden Kelle die Glättung des Zementmörtels vor. Die glatte Oberfläche sorgt dafür, dass die Reibungsverluste beim Wasserdurchfluss so gering wie möglich bleiben und so am Ende der Leitung auch ein ausreichender Wasserdruck zur Verfügung steht.

Zumindest im Hausanschlussbereich hat sich in den letzten Jahren der Werkstoff Polyethylen mit seiner hohen Dichte zu einer Alternative entwickelt. Sein geringes Gewicht, seine leichte Verarbeitung, zugfeste Verbindungen durch Schweißmuffen, die Anlieferung als Rollenware und damit eine muffenfreie Herstellung beliebiger Längen bieten Vorteile, die einen kostengünstigen und langlebigen Wasserhausanschluss ermöglichen.

Der Bau des Wasserversorgungsnetzes

Im öffentlichen Straßenraum erfolgt die Verlegung von Leitungen in den Spartenräumen, die die Landeshauptstadt festgelegt hat. Dadurch soll erreicht werden, dass alle Tiefbauverlegungen klar den Sparten Wasser, Gas, Strom, Telekommunikation, Abwasser oder Fernwärme zugeordnet werden. Außerdem soll vermieden werden, dass vorhandene Leitungen bei der Verbauung neuer gekreuzt werden müssen, was mit großräumigen Aufgrabungen bei Sanierungs- oder Reparaturarbeiten verbunden ist.

Herrschte noch vor 25 Jahren der „klassische" Verbau mit Bohlen, senkrechten Kanthölzern und Stützen aus Holz vor, so kommen heute meist Elemente wie Stahlverbauplatten, die Verbaubox oder Ähnliches zum Einsatz. Bei der Verbaubox handelt es sich um zwei senkrechte Stahlplatten, die über Druckspindeln miteinander verbunden sind und beim Aushub in den Boden gedrückt werden. Vorteilhaft ist ihre effiziente Handhabung beim Einbau, aber auch beim Umsetzen. Ihr großes Gewicht können die heutigen PS-starken Baumaschinen gut bewältigen. Nur bei Spartenquerungen sind solche Stahlverbauplatten nicht einsetzbar und werden durch den klas-

Verbaukasten „Krings-Verbau"

sischen Verbau mit Bohlen oder ähnlichen Konstruktionen ergänzt. Dieses Verfahren ermöglicht eine deutlich schnellere Verbauleistung bei gleichzeitig geringeren Kosten.

In früheren Jahren bettete man die Rohre bei der Verlegung oft in Sand oder umhüllte sie damit. Durch den widerstandsfähigen Außenschutz der Rohre kann auf diese Methode bei dem in München vorherrschenden Baugrund inzwischen verzichtet werden. Dies beschleunigt die Verlegung und senkt deren Kosten. Nur bei ungünstigen Bodenverhältnissen, zum Beispiel bei der Verlegung in Bauschutt, kommt die Einsandung der Rohre noch zum Einsatz. Nachdem die Rohre lange Zeit von Hand verlegt wurden, herrscht heute die kostengünstigere maschinelle Ausführung vor.

Hausanschlussraum

Die Spartenbündelung brachte Ende der 1990er Jahre eine entscheidende Veränderung bei der Gebäudeerschließung. Auf Privatgrund gibt es keine Spartenräume, daher wurden bei der Verlegung verschiedener Leitungen oft nacheinander mehrere Löcher in die Gebäudeaußenwände gebohrt. Auf Wunsch des Kunden konnte nun eine gemeinsame Hausanschlussleitung auf dem Privatgrund verlegt werden. Dadurch werden nicht nur die Hausanschlüsse schneller erstellt, es sind auch keine separaten Bohrungen nötig, sondern eine einzige dient allen Sparten: Gas, Wasser, Strom und Telekommunikation. Bei den ausführenden Firmen hat die Spartenbündelung die Spezialisierung auf eine Sparte verdrängt, das heißt, die Firmen führen nicht nur die Einrichtung der Wasser-, sondern auch der Gas- oder Stromleitungen aus.

Das Projekt Hofoldinger Stollen

Um die Wasserversorgung Münchens dauerhaft sicherzustellen, wurde in den 1980er Jahren ein Projekt zur Erneuerung der Wasserzuleitungen aus dem Mangfallgebiet begonnen. Die neue Leitung wird als Stollen vollständig unterirdisch „aufgefahren", wie die Bergleute sagen.

Den letzten Abschnitt dieser Leitung bildet der Hofoldinger Stollen, dessen Bau 1999 begonnen wurde. Er ist mit etwa 17,5 Kilometern der längste Bauabschnitt.

Eine Vortriebsmaschine gräbt aus einem Startschacht heraus einen Stollen von 3,40 Metern Durchmesser, der mit faserbewehrten Betonfertigteilen, sogenannten Tübbingen, ausgekleidet wird. Beim Vortrieb wurde eine durchschnittliche Leistung von 24 Metern pro Tag erreicht. Zunächst wird eine Schrämme, ein mit Felsmeißeln besetzter rotierender Kopf, gegen den Boden vor der Tunnelbohrmaschine, genannt „Ortsbrust", gedrückt. Mit kreisförmigen Bewegungen löst sie den Boden, der über

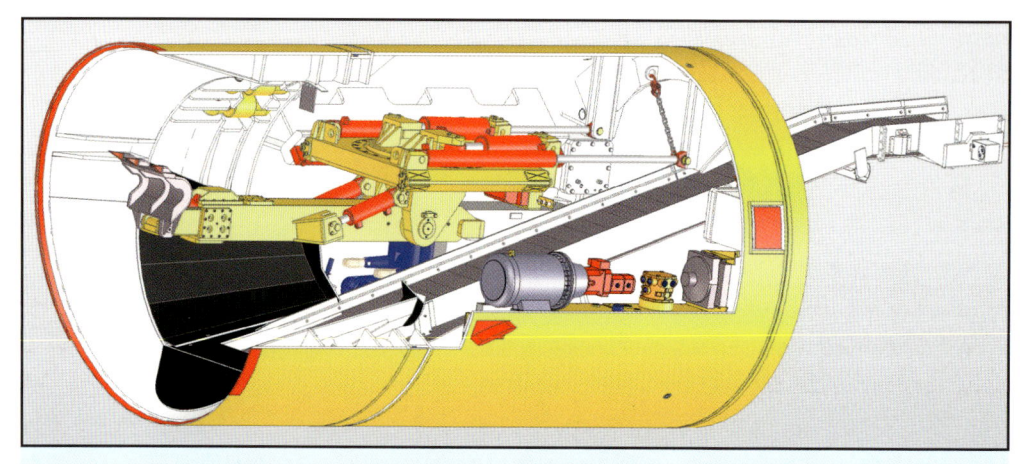

Teilschnittmaschine mit Materialförderung, Schemabild System Herrenknecht

OB Christian Ude und Stephan Schwarz beim Radeln durch einen Stollen

Förderbänder auf die Loren eines Zuges geladen wird. Dieser Zug pendelt zwischen Abbaustelle und dem Startschacht: Auf dem Weg zum Startschacht befördert er Aushubmaterial aus dem Tunnel, auf der Rückfahrt Baumaterialien wie Tübbinge zur Abbaustelle. So werden Leerfahrten vermieden.

Im Startschacht wird das Aushubmaterial zur Oberfläche gefördert. Rund 150.000 Kubikmeter Fels, Kies und Sand wurden aus dem Stollen heraustransportiert. Dieses Material verwendet man nach Möglichkeit weiter, zum Beispiel zum Bau von Waldwegen.

Im Schutz der Tunnelbohrmaschine wird der eigentliche Stollen geschaffen. Sechs Tübbinge von einem Meter Breite und 18 Zentimetern Stärke bilden zusammengesetzt einen Ring mit einem Innendurchmesser von 2,90 Metern. Er stützt das umgebende Erdreich. In den so entstandenen Stollen wird eine Stahlrohrleitung mit 2,20 Metern Durchmesser eingebaut. Dazu fährt man zwölf Meter lange Rohre auf kleinen Wagen in den Stollen ein, zentriert die Leitungen und verschweißt sie von innen miteinander. Letzteres ist eine äußerst anstrengende Arbeit, da im gesamten Rohrumlauf geschweißt werden muss, auch über Kopf. Sie wird erschwert durch die sehr beengten Verhältnisse und den Rauch, der beim Schweißen die Sicht behindert. Der Ringraum zwischen Stahlleitung und Stollen wird mit Dämmer, einem dünnflüssigen Zement-Sand-Gemisch verfüllt, das dem äußeren Korrosionsschutz dient. Für das hier eingesetzte Verfahren besitzen die SWM eine lizenzfreie Nutzungsoption eines patentierten Verfahrens. Innen wird die Rohrleitung mit Zementmörtel ausgekleidet.

Die fertige Leitung ist auf eine Durchflussleistung von maximal 4.200 Litern pro Sekunde ausgelegt und sichert über eine Länge von insgesamt rund 29,5 Kilometern

Einbau der Stahlrohrleitung in den Stollen

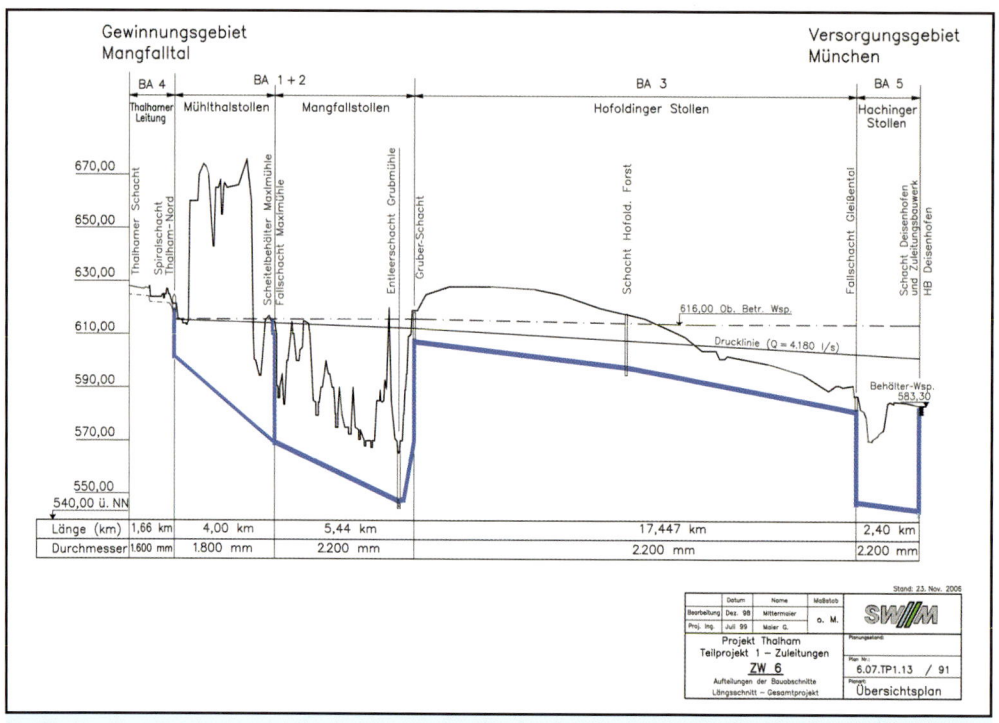

Längsschnitt zum Projekt „Neue Zuleitungen aus dem Mangfalltal"

die Zulieferung quellfrischen Trinkwassers aus dem Mangfallgebiet ohne zusätzliche Pumpenergie.

Die Trinkwasserversorgung vom Hochbehälter bis zum Wasserzähler

1883 betrug die Gesamtlänge öffentlicher Wasserleitungen 154 Kilometer. Heute, 125 Jahre später, umfasst das Trinkwasserversorgungsnetz 3.102 Kilometer Länge.

Topografisch bedingt würde sich in den tiefen Lagen des Versorgungsgebietes der Stadt München ohne jegliche Regulierung ein zu hoher Netzdruck einstellen. Daher wurde das Versorgungsnetz in drei verschiedene Bereiche – Hoch-, Mittel- und Niederdruckzone – aufgeteilt, sodass möglichst gleiche Verhältnisse im Netz erreicht werden. Diese Zonen sind durch insgesamt 15 Regulierstationen im Übergangsbereich voneinander abgetrennt. Hier wird der Wasserdruck von acht bar auf 4,5 bar reduziert.

125.000 Anwesen sind an das Münchner Versorgungsnetz angeschlossen. Zu seiner Steuerung sind 31.200 Absperrarmaturen notwendig. Diese Vorrichtungen erlauben es zum Beispiel, eine Straße kleinräumig abzuriegeln, wenn dort ein Rohrbruch auftritt. Für die Zeit der Reparatur sind in diesem Fall nur wenige Haushalte von der

Druckreduzieranlage an der Etzwiesenstraße – Hauptwasserleitung HW 8 – DN 1200 mm, Armaturenraum

Versorgung abgeschnitten. Dauern die Arbeiten länger, wird eine provisorische Notversorgung aufgebaut.

Die Wasserversorgung hat heute wie schon zum Zeitpunkt ihrer Entstehung auch die Aufgabe, genügend Wasser für den Brandschutz bereitzustellen. An über 27.500 Hydranten, die entsprechend der Bebauung über das Stadtgebiet verteilt sind, kann die Feuerwehr Wasser beziehen. Die Abstände zwischen ihnen sind so gewählt, dass alle in der Nähe liegenden Gebäude über Schläuche erreicht werden können.

Die Netzleitstelle

Ein so großes Versorgungsgebiet muss rund um die Uhr beobachtet und gesteuert werden. Diese Aufgabe übernehmen die Mitarbeiter der zentralen Leitstelle der Stadtwerke München. An Messstellen, die über das gesamte Versorgungsgebiet verteilt sind, wird der Druck permanent überwacht und von dort online zur Messwarte übertragen. Solche Mess- und auch Steuereinrichtungen sind an mehr als 30 zentralen Punkten der Hauptleitungen und darüber hinaus in Zuleitungen installiert. Die zentrale Netzleitstelle kontrolliert außerdem die Anlagen in den Gewinnungsgebieten und den Speicherbehältern.

Die Steuerung ist nahezu vollständig automatisiert. Neben der technischen Netzüberwachung sind alle wichtigen Anlagen auch gegen unbefugtes Betreten gesichert. Sollte sich jemand unerlaubt einer Anlage nähern, wird dies automatisch registriert und ein Alarm wird ausgelöst.

Die Vielzahl der ständig in der Messwarte auflaufenden Meldungen ermöglicht eine optimale Steuerung. Sie gewährleistet, dass zu jeder Zeit die benötigte Trinkwassermenge mit dem erforderlichen Druck zur Verfügung gestellt werden kann. Bricht zum Beispiel das Rohr einer wichtigen Leitung, verringert sich nicht nur der Druck im Netz, auch der Wasserverbrauch steigt außergewöhnlich an. Diese Veränderungen werden registriert und erzeugen eine Meldung in der Netzwarte.

Durch Betätigung der in den Hauptleitungen installierten Absperrarmaturen, sogenannter Schnellschlussschieber, werden die betroffenen Leitungsstränge innerhalb kürzester Zeit, also in weniger als fünf Minuten, außer Betrieb gesetzt.

An 365 Tagen im Jahr nimmt die Leitstelle nicht nur automatisch auflaufende Störmeldungen entgegen, sondern auch die von Kunden, von Unternehmen oder Behörden. Für außerplanmäßige Notfall- und Reparatureinsätze sind die Mitarbeiter des Entstördienstes mit umfassender Kenntnis des Rohrnetzes 24 Stunden einsatzbereit. Ihre langjährige Betriebserfahrung ermöglicht bei Rohrbrüchen ein schnelles Eingreifen, um Personen- oder große Vermögensschäden zu verhindern.

Von der Störungsannahme bis zur Weitergabe der Meldung an den Außendienstmitarbeiter vergehen nur wenige Minuten, im Notfall erreichen die mit modernen Blaulichtfahrzeugen ausgestatteten Mitarbeiter innerhalb von 30 Minuten jede Störungsstelle im gesamten Versorgungsgebiet. Bei Großstörungen außerhalb der Arbeitszeiten werden die Mitarbeiter in der Bereitschaft alarmiert und mit den entsprechenden Arbeitsgeräten zur Schadensstelle beordert.

Der Reparaturtrupp vor Ort ist ausgestattet mit dem erforderlichen Gerät zum Freilegen und Reparieren der Rohre. Handelt es sich um einen größeren Schaden, wird zunächst die Versorgung provisorisch wiederhergestellt. Parallel dazu beginnt man mit der Planung und Organisation der endgültigen Reparatur. Zur genauen Orientierung verfügt jedes Fahrzeug über den elektronischen Zugang zum digitalen Planwerk, das die Einzelheiten der Situation vor Ort enthält. Bei den Aufgrabungen ist es wichtig, die Lage anderer Versorgungseinrichtungen zu kennen. Nur so lässt sich vermeiden, dass durch unsachgemäße Arbeiten eine benachbarte Gas- oder Stromleitung beschädigt wird.

Der Betrieb

Neben den Schadensfällen, die eine sofortige Reparatur erfordern, gibt es auch planbare Arbeiten am Rohrnetz, die von sogenannten Sperrkolonnen durchgeführt werden. Sie erstellen Pläne für die Sperrung der jeweiligen Leitungsabschnitte und informieren die Kunden rechtzeitig über eine Unterbrechung der Versorgung. Erst danach werden die Reparaturen von SWM-eigenen Kolonnen oder im Auftrag der Stadtwerke durch beauftragte, auf derartige Arbeiten spezialisierte Fremdfirmen ausgeführt. Der Netzleitstelle erfasst die Stör- und Reparaturfälle systematisch. Auf diesen Daten bauen die Entscheidungen für die langfristige und systematische Erneuerung oder die Erweiterung des Netzes auf.

Um zu wissen, ob und welche Rohrleitungen oder Netzteile erneuert werden müssen, ist die Kenntnis und systematische Erfassung der Rohrnetzverluste, also undichter Stellen, wichtig. Selbstverständlich ist es das vordringliche Ziel der Verantwortlichen, solche Wasserverluste so gering wie möglich zu halten, doch sie können nicht immer ganz verhindert werden. Für das Aufspüren von Leckagen gibt es verschiedene Techniken, die alle auf dem Prinzip basieren, das Geräusch austretenden Wassers zu orten. Dabei macht man sich das physikalische Prinzip zunutze, nach dem unter Druck stehendes Wasser ein Fließgeräusch erzeugt, sobald es durch eine kleine Öffnung austritt. Durch den Einsatz modernster Technik gelingt es den Spezialisten, Lecks punktgenau zu orten.

Mitarbeiter mit Geophon bei der Lecksuche

Im Durchschnitt wird so jeder Leitungsabschnitt einschließlich der Hausanschlüsse einmal jährlich auf Dichtigkeit überprüft. Die Trefferquote bezüglich der festgestellten Leckagen liegt bei 98 Prozent. Die Anwendung dieser Suchmethoden erlaubt, auf große Aufgrabungen zu verzichten, sodass man teure Fehlgrabungen vermeiden und eine schnelle Reparatur der festgestellten Leckagen garantieren kann.

Straßenüberflutung nach einem Rohrbruch

Die Qualitätssicherung

Jeder Eingriff in das Rohrleitungsnetz ist mit der Gefahr einer Verkeimung verbunden. Um die hohe Qualität des Münchner Trinkwassers zu gewährleisten, führen zwei fachkundig geleitete Arbeitskolonnen die Entkeimung der neu verlegten Versorgungs- und Hausanschlussleitungen durch.

Nach dem Spülen der entkeimten Leitungsabschnitte werden Wasserproben entnommen. Erst wenn das Labor bestätigt, dass es sich um eine der Trinkwasserverordnung entsprechende, einwandfreie Probe handelt, erfolgt die Freigabe und Inbetriebnahme des Leitungsabschnittes.

Veranstaltungen

Der Auf- und Abbau der Trinkwasserversorgung stellt bei Kurzzeitveranstaltungen wie Volksfesten oder besonderen Märkten eine spezielle Herausforderung dar. Auch sie bedürfen der Qualitätskontrolle des Trinkwassers.

Bei der Auer Dult auf dem Mariahilfplatz, bei sämtlichen Weihnachtsmärkten im Stadtgebiet, beim Tollwood-Festival, bei Sportveranstaltungen oder beim Oktoberfest sind die Mitarbeiter der Stadtwerke München dafür verantwortlich, die Wasserqualität zu garantieren. Zum Beispiel müssen von Mitte Juli bis zum Beginn des Oktoberfestes Mitte September auf der Theresienwiese 750 zusätzliche vorübergehende Trinkwasseranschlüsse gelegt werden.

Zier- und Trinkbrunnen

In München gibt es mehr als 800 Zier- und Trinkbrunnen, von denen 185 von den SWM gewartet werden. Die übrigen befinden sich überwiegend in der Obhut des Baureferates. Für die Einwohner und viele Besucher der Stadt stellen sie beliebte Treffpunkte dar. Sie sind ein wesentliches Gestaltungsmerkmal des städtischen Raums. Kinder spielen gern mit Wasser, das fließende Wasser beeinflusst außerdem in erfrischender Weise das unmittelbare Kleinklima des umgebenden Stadtgebietes. Es gehört zu den besonderen Aufgaben der SWM, diese Anlagen zu warten, zu reinigen und instand zu halten, die Brunnen winterfest zu machen und sie jedes Frühjahr wieder in Betrieb zu nehmen. Sie attraktiv und sauber zu halten bedeutet, dass ihre Becken und Anlagen häufig mehrmals in der Woche gereinigt werden müssen.

Die zum Teil sehr alten Brunnen sind heute teilweise mit neuester Umwälztechnik ausgestattet. Den von Karl Valentin zu literarischen Ehren erhobenen Traumberuf „Spritzbrunnenaufdreher" gibt es also wirklich. Er erfordert heute eine breitgefächerte Ausbildung und viel technisches Verständnis, Anforderungen, die die Mitarbeiter der Stadtwerke mit Engagement und Herzblut erfüllen.

Oktoberfestwiese (Foto: H. Gebhardt)

Die Hausinstallation

Bevor das Wasser in ein Gebäude gelangt, passiert es einen Wasserzähler. Jeder zufließende Kubikmeter wird registriert und findet sich später als Nachweis auf der Wasserrechnung der Hausbesitzer oder -mieter wieder. Die Zähler entsprechen den gesetzlichen Eichvorschriften und werden, um Ungenauigkeiten auszuschließen, in der Regel alle sechs Jahre ausgetauscht. Die Verantwortung der SWM reicht also bis zum Zähler. Für den Qualitätserhalt des Trinkwassers ist es wichtig, dass auch für die Hausinstallation nur solche Materialien eingebaut werden, die von den Fachprüfstellen zugelassen sind. Die Stadtwerke halten in diesem Zusammenhang engen Kontakt zu den Fachbetrieben des Handwerks, die in der Regel die Hausinstallationen im Auftrag des Bauherren oder Hauseigentümers ausführen. Regelmäßig werden Weiterbildungskurse und Erfahrungsaustauschveranstaltungen angeboten und durchgeführt. Bei der Beauftragung von Arbeiten an der Hausinstallation sollte man demnach unbedingt auf die Qualifikation des ausführenden Betriebes achten.

Stadtentwicklung und Wasserverbrauch gestern – heute – morgen

Der Wasserverbrauch wird maßgeblich bestimmt durch die Einwohnerzahl und den durchschnittlichen Verbrauch eines Einwohners pro Tag sowie die wirtschaftliche Entwicklung der Stadt. Seit der Nachkriegszeit bis in die 60er Jahre stieg der Wasserverbrauch kontinuierlich an. Grund dafür war das Bevölkerungswachstum,

Spritzbrunnenaufdreher

verbunden mit dem Wirtschaftsaufschwung und der zunehmenden Ausstattung der Haushalte mit wasserverbrauchenden Geräten wie Wasch- und Spülmaschinen. So wurde noch zu Beginn der 80er Jahre für die Zukunft ein weiterer deutlicher Anstieg des Wasserverbrauchs erwartet. Dann wurden wassersparende Haushaltsgeräte entwickelt, und das Umweltbewusstsein in der Bevölkerung und in der Wirtschaft nahm zu. Dies führte dazu, dass der durchschnittliche Wasserverbrauch je Einwohner bis Mitte der 90er Jahre stetig sank. Darüber hinaus stagnierte in den 80er Jahren die Bevölkerungszahl der Landeshauptstadt. Selbst ein erneutes Anwachsen der Stadtbevölkerung im Jahrzehnt darauf ließ den Wasserverbrauch nicht wieder ansteigen, da er im Durchschnitt je Einwohner noch immer in stärkerem Maß abnahm.

Erst nachdem die Ausstattung von Haushalten mit wassersparenden Geräten eine Sättigung erreicht hatte und auch die Mehrfachnutzung von Wasser in Gewerbe und Industrie durch die Entwicklung von Kreislaufverfahren mehr und mehr zur Regel geworden war, pendelte sich der Wasserverbrauch je Einwohner auf einen gleichbleibenden Wert ein.

Zu Beginn des 21. Jahrhunderts hat die Stadt einen neuen Zuwachs ihrer Bevölkerung zu verzeichnen. Nach dem Rückzug von Militär, Bahn und Post aus innerstädtischen Bereichen wandelte und wandelt die Landeshauptstadt daher auch weiterhin frei gewordene Flächen – wie im Arnulfpark oder im Ackermannbogen – in neue Wohn- und Gewerbegebiete um. Außerdem entstehen in den Randbezirken wie in Freiham neue Wohnsiedlungen.

Aufgrund des leichten Bevölkerungswachstums und des seit einigen Jahren mit zu beachtenden Faktors Klimawandel wird für München insgesamt wieder ein Anstieg des jährlichen Wasserbedarfs erwartet. Der Klimawandel führt wahrscheinlich zu einer größeren Zahl an heißen Tagen, an denen erfahrungsgemäß besonders viel Wasser benötigt wird und es auch häufiger Verbrauchsspitzen geben könnte. Durch die drei Hochbehälter ist die Versorgungssicherheit jederzeit gesichert, da diese derartige Verbrauchsschwankungen ausgleichen können.

Unterhalts- und Vorsorgeinvestitionen

Nach wie vor gelten die Grundsätze einer technisch sicheren, hygienisch einwandfreien und wirtschaftlich nachhaltigen Wasserversorgung für Investitionen in Leitungen und Anlagen der Wasserverteilung. Neben der zeitnahen Sanierung oder Erneuerung erfolgt auch eine langfristige strategische Planung für das Münchner Wassernetz. Dabei wird ein Betrachtungszeitraum von mindestens 30 Jahren angesetzt.

Die systematische Erfassung und Auswertung von Störungen und Schäden ist eine wichtige Voraussetzung, um Schwachstellen im Netz zu erkennen und Schäden bereits im Frühstadium zu erfassen – der Lecksuchdienst liefert hierbei wichtige Informationen. Bei einer Schadensbehebung werden Materialuntersuchungen am Rohrmaterial durchgeführt, um die Schadensursache zu ermitteln. Über die Reparatur von schadhaften Leitungen hinaus ist es insbesondere wichtig, diejenigen Leitungen, die das Ende ihrer Lebensdauer erreichen und an denen gehäuft weitere Schäden zu erwarten sind, nach einem Austauschplan zu erneuern. Dies ist in solchen Fällen wirtschaftlich günstiger, als weitere Reparaturen vorzunehmen.

Um den Zeitpunkt der optimalen Erneuerung zu bestimmen, wird regelmäßig der Zustand der Leitungen und Anlagen bewertet und eine ganzheitliche Betrachtung über den gesamten Lebenszyklus durchgeführt – das heißt, es werden die Kosten für Planung, Bau, Betrieb, Instandhaltung und Rückbau betrachtet. Nicht in jedem Fall ist eine Erneuerung notwendig, vielfach kann durch eine Sanierung die Lebensdauer einer Leitung wesentlich verlängert werden. Dies geschieht beispielsweise durch Innenauskleidung der Leitungen mit Zementmörtel und durch Maßnahmen zum Korrosionsschutz an Hauptwasserleitungen. Alle diese Maßnahmen gewährleisten eine auch zukünftig sichere und wirtschaftliche Verteilung von Trinkwasser hoher Qualität an die Verbraucher.

Die Qualität des Trinkwassers

Das Trinkwasser ist eines der bestkontrollierten Lebensmittel überhaupt. In München wird es täglich mit modernsten Methoden analysiert – und das weit über die Vorschriften der neuesten Trinkwasserverordnung hinaus. Die biologische und chemische Untersuchung zählt seit Beginn der städtischen Wasserversorgung zu den wichtigsten Garanten für eine gute Wasserqualität.

Frühe Untersuchungen

Im Jahr 1883 wurde der erste Teil der heutigen Wasserversorgung, die Mühlthaler Hangquellen, fertiggestellt. Bereits die damaligen Untersuchungen durch das von Max von Pettenkofer 1879 neu gegründete Institut für Hygiene und Mikrobiologie der Ludwig-Maximilians-Universität beschrieben das Wasser als stets farblos, klar und frei von Flocken, tierischen und pflanzlichen Organismen. Der pH-Wert wurde als schwach alkalisch angegeben, was auf das Fehlen von Säure und damit auf günstige Korrosionseigenschaften hinwies.

Die Messungen direkt an den Quellen ergaben Temperaturschwankungen unter 1 Grad C. Auch im Behälter wurden in den Jahren 1886 bis 1888 sehr konstante Temperaturen von 8,13 bis 8,75 Grad Celsius gemessen. Dies deutete auf eine gleichbleibende, stabile Beschaffenheit des Wassers hin.

Schon 1874 wurden auch biologische Untersuchungen durchgeführt. Grün- und Kieselalgen sowie Wasserbakterien befanden sich in äußerst geringer Zahl im Quellwasser. Wiederholt wurden im Münchner Hygieneinstitut Wasserproben aus dem Leitungsnetz des Instituts bakteriologisch untersucht. Die Ergebnisse haben sich bis heute nicht verändert: In den Mühlthaler Hangquellen finden wir durchschnittlich 0 bis 1 Keim pro Milliliter, ein hervorragender Wert.

Zwischen 1883 und 1890 wurden auch chemische Untersuchungen durchgeführt (siehe auch S. 59). Bestimmt wurden dabei folgende Parameter:

Gase: Sauerstoff, Stickstoff, Kohlensäure
Kationen: Kalzium, Magnesium, Kalium, Natrium, Ammonium, Eisen
Anionen: Karbonat, Silikat, Sulfat, Chlorid, Nitrat, Nitrit, organische Stoffe, Gesamtrückstand

Ammonium, Eisen und Nitrit wurden damals wie heute nicht nachgewiesen. Bei einem Vergleich der seinerzeitigen Messwerte mit unseren heutigen zeigt sich nur ein geringer Unterschied. Lediglich beim Nitratgehalt ist ein Anstieg zu verzeichnen. Insgesamt zeigt dies, dass der Boden schon früher frei von Düngemitteln war.

Seit 125 Jahren unverändert ist auch der Gehalt an organischen Stoffen. Die Gasbestimmung im Wasser ergab, dass das Leitungswasser 1888 mit Luft gesättigt war, was eine fast 100-prozentige Sauerstoffsättigung bedeutete. Deshalb weist das Münchner Trinkwasser keine Eisen- und Mangangehalte auf und riecht auch entsprechend frisch.

Seit 1912 ist in Bayern das Verlegen von Bleileitungen für die Trinkwasserversorgung verboten, da in neuen Bleirohren Spuren von Blei herausgelöst wurden. Da im Laufe der Jahrzehnte alle Leitungen erneuert wurden, ist dieses Problem heute nicht mehr gegeben. Auch das Verhalten des Leitungswassers in verzinkten Rohren wurde schon sehr früh eingehend überprüft. Versuche ergaben, dass sich das Zink aus neuen Rohren, und nur aus diesen, im durchfließenden Wasser löst. Nach einer kurzen Phase der Zinklösung bildet sich allerdings von selbst eine Schutzschicht. Die kurzzeitig auftretenden geringen Zinkkonzentrationen im Trinkwasser sind gesundheitlich ohne Bedeutung.

Es ist beachtlich, in welch einer Vielfalt und Systematik bereits vor über 125 Jahren Wasseruntersuchungen durchgeführt werden konnten. Die Ergebnisse der damaligen Zeit wurden durch die Erfahrungen bis heute bestätigt und mit detaillierteren Analysen gesichert. Für die Bevölkerung der Stadt München wirkten sich die Untersuchungen segensreich aus. Seit 1883 hat es in München keine Typhus- oder Choleraepidemien mehr gegeben, obwohl in der Zwischenzeit zwei Weltkriege durch das Land zogen.

Die Überwachung der Wasserqualität seit 1955

Als Bayern nach dem Zweiten Weltkrieg amerikanische Besatzungszone wurde, musste die Stadt München ihrem Trinkwasser Chlor zusetzen, denn aufgrund einer amerikanischen Militärbestimmung durften Angehörige der US-Armee nur mit Chlor desinfiziertes Trinkwasser verwenden. 1945 setzten die Stadtwerke zunächst 0,4 Milligramm pro Liter freies Chlor zu, später 0,2 Milligramm pro Liter. Da die Chlorzehrung, also der Abbau des Chlors im Münchner Leitungswasser, maximal 0,05 Milligramm pro Liter Chlor beträgt, war ein Chlorgehalt von 0,35, später 0,15 Milligramm pro Liter Chlor beim Abnehmer nachweisbar.

Es gehörte zu den zentralen Zielen der SWM, die Chlorung möglichst bald wieder aufgeben zu können. Dafür mussten sie den Besatzungs- und später den städtischen Behörden allerdings nachweisen, dass das Münchner Trinkwasser auch ohne jeglichen Zusatz von sehr guter Qualität war. Dies erforderte intensive bakteriologische und chemische Untersuchungen, eine Aufgabe, die das Hygieneinstitut nicht mehr übernehmen konnte.

Die Stadtwerke errichteten ein eigenes Labor und führten ab Oktober 1955 die erforderlichen Untersuchungen selbst durch. Zunächst wurden mikrobiologische Parameter bestimmt, die nach wenigen Wochen durch chemische ergänzt wurden. Die Probenahmestellen lagen im Bereich der Fassungs- und Speicheranlagen und an repräsentativen Stellen des Rohrnetzes.

Bei den bakteriologischen Untersuchungen prüfte man 160 Milliliter Wasser auf das Bakterium Escherichia coli. Es kommt im menschlichen und tierischen Darm vor und zeigt eine Verunreinigung durch Fäkalien an. Somit dient es als Indikator für ein mögliches Vorhandensein von Krankheitserregern. Zusätzlich wurde bei jeder Untersuchung die Zahl der Mikroorganismen in einem Milliliter Wasserprobe bei 37 Grad Celsius und 22 Grad Celsius Bebrütungstemperatur, die sogenannte Koloniezahl (koloniebildende Einheiten, KBE), bestimmt. Die Koloniezahl zeigt die Zahl von lebens- und vermehrungsfähigen Mikroorganismen und damit die Belastung eines

Wassers an. Eine konstante und niedrige Koloniezahl ist Voraussetzung für eine sichere Wasserversorgung.

In das Untersuchungsprogramm wurde auch die Überwachung der Oberflächengewässer, die Mangfall und die Schlierach sowie der Tegernsee und der Schliersee, aufgenommen. Zu den chemischen und bakteriologischen Untersuchungen kamen biologische Verfahren hinzu. Dazu gehörten unter anderem die Bestimmung von Sauerstoff und biologischem Sauerstoffbedarf BSB5 sowie die Untersuchung des Planktons und der Makro- und Mikroflora und -fauna. Die Seen wiesen einen hohen Nährstoffgehalt auf, in der Fachsprache „Eutrophierung" genannt. Im Tegernsee trat zum Beispiel die Burgunderblutalge (Oszillatoria rubescens) in großer Zahl auf. Dies war ein Anzeichen dafür, dass die Wasserqualität des Sees bereits sehr gefährdet war. Weitere Belastungen verursachten das Bergwerk Hausham für die Schlierach und drei Papierfabriken für die Mangfall. Es mussten also Sanierungsmaßnahmen durchgeführt werden, um sicherzustellen, dass beide vorgelagerten Gewässer die Wasserversorgung nicht gefährden konnten und die Qualität unverändert erhalten blieb.

Im Jahr 1956 befürchtete man infolge der US-amerikanischen Atombombenversuche im Pazifik eine radioaktive Verseuchung des Trinkwassers. Bereits kurz nach den Versuchen Anfang Juli stattete man das Münchner Labor als eines der ersten in Deutschland mit Geräten zur Messung von Radioaktivität aus und begann die Gesamt- und Rest-Betaaktivität an allen Untersuchungsstellen, den Oberflächengewässern und im Regenwasser Thalham festzustellen. Das Ergebnis zeigte bei allen Grund- und Quellwässern einen einwandfreien Befund.

Sanierungsmaßnahmen im Bereich Thalham

Auch für die Reisacher Grundwasserfassung waren Sanierungsmaßnahmen notwendig, wenn die Chlorung aufgehoben werden sollte. Um der Forderung nach einem hygienisch einwandfreien Oberflächenwasser im Fassungsgebiet nachzukommen, unterstützten die Wasserwerke die Sanierung von Tegernsee und Schliersee finanziell. Mitte der 60er Jahre wurde die Ringkanalisation um den Tegernsee gebaut und unterhalb von Gmund eine zweistufige Kläranlage erstellt, die außerdem die Abwässer von zwei Papierfabriken aufnimmt. Die dritte Papierfabrik in Müller am Baum wurde verpflichtet, selbst eine weitgehende Reinigung der Betriebswässer und ihrer sanitären und häuslichen Abwässer durchzuführen.

Die Abwässer der Schliersee- und Schlierachtalgemeinden werden unterhalb von Miesbach in einer anfangs zweistufigen, seit 1982 dreistufigen Anlage gereinigt. Dieses Klärwerk nimmt auch Industriewässer des Schlierachtales auf.

Das Wasser aus den Abläufen der Klärwerke und der beiden Flüsse wurde laufend vom Labor der Wasserwerke überwacht. Danach erholte sich der Tegernsee rasch und weist heute eine hervorragende Wasserqualität auf. Der Schliersee hat nicht den Stand des Tegernsees erreicht, er gehört zu den sogenannten meromiktischen Seen, bei denen die Eutrophierung nicht nur vom Menschen verursacht wird. Beide Flüsse im Einzugsgebiet, Mangfall und Schlierach, weisen inzwischen eine gute bis zufriedenstellende Qualität auf.

Kurz nach dem Erlass ministerieller Richtwerte für Schutzgebiete in Bayern im Jahr 1953 beantragten die Wasserwerke eine Festsetzung der Schutzzonen. Die Ergebnisse der chemischen und mikrobiologischen Untersuchungen ergänzten die geologischen Analysen und dienten ebenso der Festlegung der Schutzgebietsgrenzen.

Nach der Ausweisung der Schutzgebiete konnten die Wasserwerke den Einzugsbereich weiter sanieren. Gerade das Wasser aus den Pumpwerken Thalham-Nord und -Süd war durch verschiedene Anwesen beeinträchtigt. Von Neumühle bis zum nördlichen Bereich des Pumpwerks verlief eine Abwasserleitung, die zwar als relativ sichere Druckleitung gebaut worden war, aber doch einen potenziellen Gefahrenherd darstellte.

Die Untersuchungen erstreckten sich über zehn Jahre. 1967 waren die zuständigen Behörden schließlich überzeugt, dass eine Versorgung der Münchner mit einwandfreiem Trinkwasser auch ohne den Zusatz von Chlor möglich ist.

Untersuchungen im Loisachgebiet

Seit 1955 führte das Labor Untersuchungen im Zusammenhang mit dem Projekt Oberau durch. Sämtliche Grundwasserpegel sowie Oberflächen- und Quellwasser zwischen Farchant und Eschenlohe wurden geprüft. In beiden Pumpversuchen wurden täglich Wasserproben untersucht. Dabei wies das Wasser an den einzelnen Grundwasserprobestellen über die Jahre keine wesentlichen Veränderungen in seiner chemischen Zusammensetzung auf. Aus mikrobiologischer Sicht ist das Wasser wie in Thalham stets einwandfrei. Eine Reihe von Untersuchungen und Berechnungen wurde vorgenommen, um die Mischbarkeit des Wassers mit dem aus Thalham und der Schotterebene stammenden zu beurteilen. Korrosionen oder Kalkausscheidungen sind dabei nicht zu erwarten. Das bedeutet, dass das Wasser aus allen unseren Gewinnungsgebieten ohne zusätzliche Maßnahmen gemischt werden kann, ohne dass der Verbraucher eine negative Veränderung seiner Eigenschaften zu befürchten hätte.

Die Trinkwasserqualität und das Labor der SWM

Das Münchner Trinkwasser ist damals wie heute von einwandfreier mikrobieller und chemischer Qualität. Die Tabelle auf S. 180 zeigt, dass sich die Gehalte ausgewählter Parameter im Münchner Trinkwasser seit 1911 bis heute nicht wesentlich verändert haben.

An den einzelnen Zapfstellen ist das Wasser farblos, klar und ohne besonderen Geruch und Geschmack. Es ist frei von Schadstoffen jeder Art. Der Gehalt an Schwermetallen liegt unter der Nachweisgrenze. Die Konzentration von Nitrat und Sulfat bewegt sich weit unterhalb der empfohlenen Richt- und Grenzwerte. Das Trinkwasser befindet sich im sogenannten Kalk-Kohlensäure-Gleichgewicht und bildet auf metallischen Rohrwerkstoffen eine Schutzschicht; Korrosionen an üblicherweise eingesetzten Werkstoffen finden deshalb nicht statt. Nennenswerte Kalkausscheidungen treten bis 60 Grad Celsius nicht auf. Erst bei einer Erwärmung über 60 Grad Celsius fällt ein weißer Niederschlag von Kalk aus. Eine Nachbehandlung des Wassers ist daher im Haushalt bis zu dieser Temperatur nicht erforderlich. Das Münchner Leitungswasser gehört also zu den reinsten Lebensmitteln, die der Bürger in dieser Stadt zu sich nimmt.

Grundlage für die Auswertung der Untersuchungsbefunde waren die „Standard Methods" der „American Public Health Association" von 1955 und die Empfehlungen der World Health Organization von 1963 und 1970. Bei der Beurteilung der technischen Eigenschaften des Trinkwassers wurden die entsprechenden Normen und das Regelwerk des Deutschen Vereins des Gas- und Wasserfaches (DVGW) zugrunde gelegt. Auch die Häufigkeit von Untersuchungen und die Anwendung bestimmter Verfahren passte man den amerikanischen Vorschriften, jenen der staatlichen bakteriologischen Untersuchungsanstalt München und den Deutschen Einheitsverfahren an. Seit 1976 erfolgen Auswertung und Anzahl der Untersuchungen nach den Vorschriften der Trinkwasserverordnung.

Parameter	1911	1955	1970	2007
Abdampfrückstand mg/l	282,0*	302,**	323,0**	320,0**
Oxidierbarkeit mg/l als Sauerstoff (O_2)	0,5	0,3	0,6	
Chlorid mg/l	4,0	3,9	3,9	7,7
Nitrat mg/l	0	4,4	8,9	7,3
Nitrit mg/l	0	0	nicht nachweisbar	
Sulfat mg/l	–	16,5	11,5	23,8
Ammonium mg/l	0	0	nicht nachweisbar	< 0,05
Eisen gesamt mg/l	Spur	0	nicht nachweisbar	< 0,02
Calcium mg/l	79,5	80,7	85,1	75,9
Magnesium mg/l	18,8	19,5	21,2	19,9
Grad deutsche Härte (Gesamthärte)	15,5	15,8	16,9	15,2
*Temperatur 110 Grad C / **Temperatur 100–105 Grad C				

Das Labor der Stadtwerke München wurde von Beginn an durch die Behörden anerkannt, seit 1994 ist es als Untersuchungsstelle gemäß Trinkwasserverordnung zertifiziert. Im Jahr 2002 erfolgte die Akkreditierung gemäß DIN EN ISO/IEC 17025. Dies ist eine international gültige Kompetenzbescheinigung für das Labor.

Entsprechend der Trinkwasserverordnung von 2001 sind für die routinemäßigen Parameter, das heißt primär die Mikrobiologie, knapp 1.000 Proben pro Jahr im Stadtgebiet zu untersuchen. Tatsächlich werden bei den Stadtwerken München etwa 14.000 Proben pro Jahr an allen denkbaren Stellen des Gewinnungs- und Verteilungsgebietes untersucht, um ständig die Qualität zu sichern. Dasselbe gilt für periodische Untersuchungen: Nach Trinkwasserverordnung sind 22 Proben im Jahr erforderlich. In diesem Fall werden etwa 1.200 Proben pro Jahr chemisch untersucht und dabei rund 6.000 Einzelergebnisse ermittelt.

Die Ergebnisse aller Analysen zeigen seit Jahren die hervorragende Qualität des Münchner Trinkwassers. Die zulässigen Grenzwerte werden weit unterschritten, die Werte für organische Parameter liegen sogar unter der chemischen Nachweisgrenze. Mit modernster Analysetechnik können kleinste Mengen an Stoffen im Nanogramm-Bereich, also ein Milliardstel Gramm Substanz, gemessen werden.

Ein weiterer Mosaikstein sind unsere Bioindikatoren. Fische reagieren sehr sensibel auf Veränderungen der Wasserqualität. Daher wurden Forellen und Saiblinge an strategisch ausgewählten Standorten gewissermaßen als Vorkoster stationiert und gewährleisten eine ständige Überwachung des Trinkwassers. Die Testbecken werden rund um die Uhr überwacht. Stirbt auch nur ein Fisch, tritt automatisch ein Alarmplan in Kraft, um eventuell kontaminiertes Trinkwasser sofort abzufangen und es keinesfalls zum Verbraucher gelangen zu lassen.

Besonderen Wert legen die Stadtwerke München auf die „Verpackung" des Trinkwassers, die Trinkwasserleitungen. Seit 1993 werden die alten Zubringerleitungen sukzessive durch eine tiefliegende Stollenleitung ersetzt. Durch die Wahl eines falschen Materials kann die Qualität des Wassers nachhaltig beeinträchtigt werden. Deshalb entschied man sich für eine SWM-interne Materialprüfung und vermeidet grundsätzlich die Verwendung organischer Stoffe.

Auf regelmäßigen Begehungen der Leitungen werden kritische Bereiche aufgespürt und entsprechende Überwachungsprogramme festgelegt. Im Rahmen des „Integrierten Qualitäts- und Umweltmanagementsystems" (IQUM) sind entsprechende Maßnahmepläne bei Störungen ausgearbeitet und dokumentiert.

Qualitätssicherung für die Zukunft

Die genannten Maßnahmen belegen in der Summe, dass unsere Anlagen jederzeit ein den höchsten Anforderungen entsprechendes Trinkwasser an die Verbraucher abgeben. Wir dürfen uns auf dem Erreichten allerdings nicht ausruhen. Gerade im Hinblick auf die Modernisierung der Wasserwirtschaft müssen wir das Ziel im Auge behalten, den Bürgern auch auf lange Sicht naturbelassenes Trinkwasser ohne Zusätze in höchster Qualität zur Verfügung stellen zu können.

Die kommunalen Wasserversorger – wie die Stadtwerke München – stehen für eine sichere, nachhaltige und preisgünstige Versorgung und können den Qualitätsstandard in optimaler Weise garantieren. Die SWM setzen auf modernste Analytik, um künftige mögliche Veränderungen der Wasserqualität unmittelbar feststellen zu können. Im Rahmen von Vorfeldmessungen wird online die Leitfähigkeit des Grundwassers an strategisch wichtigen Stellen gemessen. Zusätzlich sind Partikelmessgeräte und spezifische Sonden zur Erfassung von organischen Substanzen im Einsatz. Veränderungen im Grundwasser – zum Beispiel durch das Einsickern von Flusswasser im Hochwasserfall – werden damit frühzeitig erkannt. So können sofort entsprechende Maßnahmen ergriffen werden.

Auch der enge Kontakt zu wissenschaftlichen Einrichtungen hilft uns, über zukünftig aktuelle Themen umgehend informiert zu sein und neue Strategien anzuwenden. In Zusammenarbeit mit der Technischen Universität arbeiten die Stadtwerke an laseroptischen Online-Messgeräten, die einen möglichen Eintrag von belastetem Wasser, wie bei einem Schadensfall oder einem Niederschlagsereignis, unmittelbar anzeigen können. Ein weiteres Projekt beschreibt die Detektion von Mikroorganismen vor Ort mithilfe molekularbiologischer Methoden.

Zusammenfassend lässt sich sagen: Die Münchner erhalten ein naturbelassenes Trinkwasser, das ohne jede Aufbereitung beim Verbraucher ankommt. Das M-Wasser ist frei von Schadstoffen jeglicher Art und kann von allen Bevölkerungsgruppen bedenkenlos konsumiert werden. Zusammen mit den umfangreichen Kontrollen des Labors sichern die SWM höchste Trinkwasserqualität.

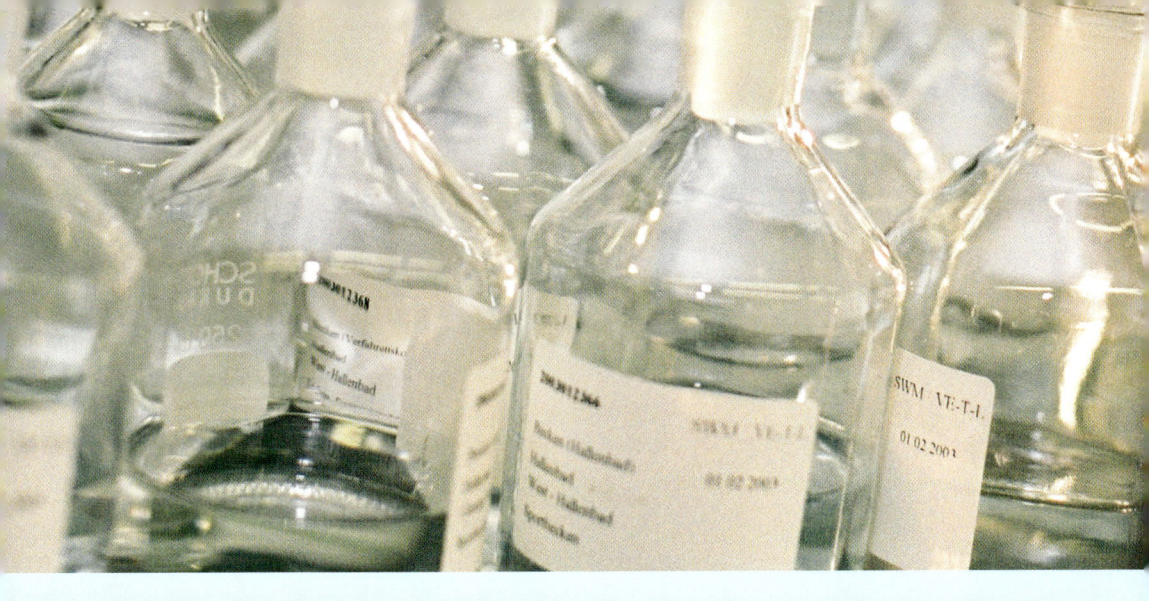

Wasser – ein Stoff mit Vergangenheit und Zukunft

Reinhard Nießner

Eine Betrachtung aus der Sicht des Naturwissenschaftlers

Wasser ist ein kaum vermehrbares lebensnotwendiges Gut. Der Chemiker ist zwar leicht in der Lage, aus Wasserstoff und Sauerstoff wirklich neues Wasser herzustellen, aber da Wasserstoff heutzutage wiederum aus Wasser hergestellt wird, wäre dies ein wenig ökonomisches Unterfangen.

Wir müssen also mit dem auskommen, was wir auf der Erde und in der darüber befindlichen Atmosphäre vorfinden. Dies wirft die Frage nach der Herkunft und dem weiteren Schicksal von Wasser auf.

Herkunft und Verbleib des irdischen Wassers

Cécile Engrand und andere Forscher untersuchten das Verhältnis der Isotopen Deuterium zu Wasserstoff von in der Antarktis vorgefundenen Mikrometeoriten. Die im Jahr 1999 veröffentlichten Ergebnisse belegen eindeutig, dass das Wasser einen extraterrestrischen Ursprung haben kann. Aus demselben Jahr stammt eine Publikation von Summers und Siskind, die die Reaktion von Sauerstoff mit Deuterium auf der Oberfläche von Meteoritenstaub als Erklärung für das ungewöhnlich reichliche Vorkommen von Wasser in der Mesosphäre heranziehen.

Maurette und Koautoren beschreiben ein Jahr später die Akkumulation von Wasser und die Bildung der Ozeane gar als die Folge einer Anhäufung derartiger Mikrometeoriten auf der noch jungen Erde – also vor rund 4,45 Milliarden Jahren. Dies hätte die Bildung einer Wassergasatmosphäre um den Planeten zur Folge gehabt. Mit der zunehmenden Abkühlung könnte es dann zur Wasserkondensation an einem einzigen Kondensationskern, dem Erdball, gekommen sein. 2006 sehen Krüger und Kissel darüber hinaus eine alternative Wasserquelle in der Abspaltung von Wasser aus sauerstoffhaltigen polyzyklischen aromatischen Kohlenwasserstoffen im interstellaren Raum beziehungsweise in der Mesosphäre unter dem Einfluss von harter UV-Strahlung.

Eine Abwägung diverser Theorien zum Ursprung von Wasser auf der Erde hat Lunine bereits im Jahr 2002 vorgenommen. Seiner Diskussion folgend stammt das Wasser überwiegend vom Asteroidengürtel jenseits der Sonne, gewonnen durch Einschläge sogenannter wasserreicher Körper auf der entstehenden Erde. Analysen von Asteroidenkörpern beziehungsweise Mikrometeoriten erhärten diese These.

Zum Glück war die Erde aus der „Sicht" der Sonne zu damaliger Zeit ein Körper, dessen Temperatur im Durchschnitt unter dem Gefrierpunkt von Wasser lag. Dadurch ist der Verbleib unseres Wassers auf der Erdoberfläche bei einer mittleren Oberflä-

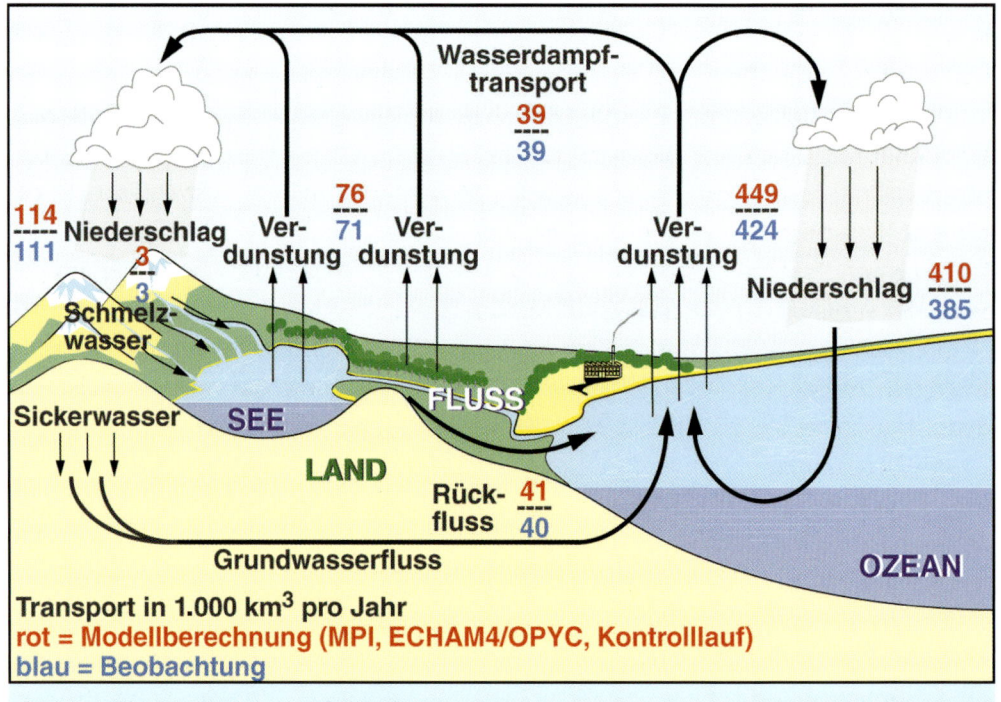

Der irdische Wasserkreislauf mit seinen Schaltstellen

chentemperatur von 285 Kelvin beziehungsweise 12 Grad Celsius vorerst gesichert, obwohl der CO_2-Gehalt steigt, der die Temperatur erhöht, und obwohl sich Wasserdampf in der Atmosphäre befindet.

Um etwas über die Zukunft des kondensierten Wassers auf der Erde zu erfahren, genügt ein Blick zur Venus. Dieser Planet ist durch seine Umlaufbahn näher an der Sonne einem höheren solaren Photonenfluss ausgesetzt. Als Konsequenz breitete sich Trockenheit auf ihm aus. Auf der Erde führen der zunehmende Treibhauseffekt und eine höhere Sonneneinstrahlung unweigerlich zu einem höheren Wasserdampf-Partialdruck. Die Folge ist eine zunehmende Verlagerung des ungebundenen Wassers von der Troposphäre – unserer irdischen Geburtsstätte von Wasser – in die höhere Stratosphäre. Dort kommt es durch harte Strahlung zur Bildung von Radikalbruchstücken aus Wassermolekülen mit einer höheren Diffusionsrate der gebildeten Bruchstücke und somit höheren Verlustraten. Die Erde würde mit der Zeit trocken werden.

Der irdische Wasserkreislauf

Wasser unterliegt auf der Erde also keinem chemischen oder physikalischen Neubildungsprozess. Es ist ein thermodynamisch enorm stabiles Endprodukt und daher perfekt zur Speicherung geeignet. Natürlich gibt es genügend chemische Reaktionen, die Wasser verbrauchen können, aber im Vergleich zu den rund 1.7×10^{24} Gramm Wasser auf der Erde handelt es sich um eine geringe Menge. Der Rest bleibt uns erhalten. Wir bemerken diese „chemischen Verluste" überhaupt nicht.

Die diversen physikochemischen Eigenschaften, die im Beitrag „Lebensstoff Wasser" dieser Monografie besprochen werden, lassen das Wasser aber einen einzigartigen Kreislauf durchleben, der in vielfacher Hinsicht für unsere Existenz, sprich: die tägliche Wasserversorgung, essenziell ist. Physikochemisch durchläuft das Wasser eine Vielzahl von Trennprozessen auf seinem Weg zum Nutzer. Die Abbildung auf der Seite 184 verdeutlicht diesen Wasserkreislauf.

Die Geburt des von uns genutzten Wassers geschieht in der Troposphäre an winzigen Luftpartikeln in Wolken- oder Nebelsystemen. Diese Partikel dienen als Kondensationskeime für das thermodynamisch übersättigte Wasser in der Atmosphäre.

Wie bereits ausgeführt, wird den Wasseroberflächen der Erde durch die Solarstrahlung so viel Energie zugeführt, dass ein nennenswerter Anteil dieser Energie für Verdunstungsvorgänge genutzt werden kann. Üblicherweise ist daher über allen Wasseroberflächen eine relative Feuchte von 100 Prozent vorhanden. Dies bedeutet, dass der gasförmige Anteil mit der Flüssigphase im ungestörten Gleichgewicht ist. Wird durch schnelle Änderungen im Energiehaushalt eines betrachteten Luftvolumens, zum Beispiel durch erzwungenes Aufsteigen von Luftmassen an einem Berg, der Luftdruck und in der Folge auch die Temperatur gesenkt, ist der Anteil des gasförmigen Wassers im Luftpaket leicht erhöht. Es herrscht dort eine Wasserdampf-Übersättigung von etwa einem bis zwei Prozent (also 101 bis 102 Prozent relative Feuchte). Die Übersättigung bedeutet ein Ungleichgewicht, das die Natur auflösen will.

Dies geschieht durch den Vorgang der Wasserkondensation an Aerosolpartikeln, wie zum Beispiel Natriumchlorid oder Rußpartikel. Gäbe es keine Aerosolpartikel in unserer Atmosphäre, würden wir nie in den Genuss des Regens kommen oder eine Nebelentstehung bemerken.

Bestehen diese Aerosolpartikel aus ionisierbarem Material, etwa aus „sea spray" (NaCl) (Seesalzpartikel), so entsteht submikroskopisch eine Salzlake, über deren Oberfläche der Wasserdampfdruck erniedrigt ist. Als Folge dieses lokalen Konzentrationsungleichgewichtes diffundieren weitere Wassermoleküle zum Partikel, bis letztlich ein Wasserdampf-Gleichgewicht zwischen Tröpfchenoberfläche und -umgebung hergestellt ist. Das Tröpfchen ist aber inzwischen gewachsen und „bemerkt" die Schwerkraft: Es regnet.

Wolkentröpfchen sind aber während ihres Entstehungsprozesses sehr gefräßig. Kurzfristig entsteht um ein kondensierendes Tröpfchen ein gerichtetes Feld (zum Kondensationskern) an diffundierenden Wassermolekülen (Facy-Stefan-Effekt). Diese schieben regelrecht weitere Luftinhaltsstoffe submikroskopischer Art (Moleküle, Nanopartikel usw.) zum entstehenden Tropfen (Diffusiophorese) und werden dort in die Flüssigphase eingebaut. Der Wasserentstehungsprozess ist also entscheidend dafür verantwortlich, dass wir nicht in unserem eigenen Dreck, emittiert als Aerosol aus Verbrennungsprozessen und anderen Quellen, ersticken.

Aus diesem Grund ist das Wasser aus Regen, Wolken und besonders aus Nebel prinzipiell stark verunreinigt. Selbst in einem Hagelkorn steckt zumindest ein Partikel. Diese Wässer stellen ein aktuelles Abbild unserer Troposphäre dar. Die Ergiebigkeit und Reinheit von solchen Niederschlägen hängen direkt von der Wasserdampf-Übersättigung, der Anzahldichte der Aerosolpartikel im Luftpaket und vom herrschenden absoluten Wasserdampfdruck ab, der wiederum von der Systemtemperatur der Wasseroberfläche beeinflusst wird. Vereinfacht gesprochen führen bei gleichbleibender Luftverschmutzung und steigenden Temperaturen höhere Wassermengen zur Kondensation und somit zur Ausbildung größerer Tropfenvolumina. Starkregenereignisse sind die Folge.

Zahlreiche geheime und weniger geheime Versuche wurden unternommen, um Wasser zu „machen". Aus der Militärforschung der USA und Russland sind vereinzelte Publikationen bekannt geworden, die die Wassernukleation durch Ausbringen wasserziehender Aerosole („cloud seeding") oder durch Anwendung hoher elektrischer Feldgradienten erzwingen wollen. Merkwürdigerweise sind derartige Experimente bis heute nicht seriös zu reproduzieren, obwohl es unzählige Publikationen und Geschäftsadressen dazu gibt. Falls es je funktionieren sollte, wird der Tatbestand des Wasserdiebstahls auf das Überirdische zu erweitern sein.

Befassen wir uns also lieber mit der Natur. Im weiteren Geschehen durchläuft ein Tropfensystem beim Fall durch die Atmosphäre mit ihren diversen Luftschichten vielfache Verdampfungs- und Rekondensationszyklen. Je nach Verdampfungsverlusten und Einbau weiterer „aufgepickter" Stoffe auf dem Weg zur Erdoberfläche ist die Konzentration und Vielfalt der Stoffe im Wasser sehr hoch. Neben den bekannten sauren Inhaltsstoffen mit pH-Werten weit unter 2 (dies entspricht gutem Essig) werden zum Beispiel die in der Trinkwasserverordnung genannten Grenzwerte für das Herbizid Atrazin mit Werten von 260 Nanogramm pro Liter um den Faktor 2,6 überschritten. Gerade in Inversionsschichten („Warm-/Kalt-Deckel"), das heißt an der Oberkante des Nebels, sind höchste Konzentrationen verschiedenster Schadstoffe vorhanden, die in Wasser eingebaut werden können. Frühere Messungen des Verfassers bei Wasserstoffballonfahrten über Oberbayern, die immer entlang der Inversionsschicht erfolgen, bestätigten dies.

Halten wir also zunächst fest, dass wir für die Ergiebigkeit und Qualität des juvenilen, „frisch geborenen" Wassers selbst verantwortlich sind. Selbstverständlich sind auch die in der Atmosphäre vorhandenen Gase im fallenden Wasser – wie überhaupt immer in Wasser, das in Kontakt mit einer Gasphase steht – enthalten. Dabei muss man sich bewusst machen, dass Wasser „Luftlöcher" hat: 100 Milliliter reinen Wassers und 100 Milliliter reinen Alkohols ergeben ein Volumen von etwa 184 Millilitern. In die „Zwickelräume" von flüssigem Wasser passt allerhand hinein.

Die hohe Oberflächenspannung des Wassers sorgt nun nach dem Auftreffen der Niederschlagstropfen auf der Erdoberfläche dafür, dass Rinnsale entstehen. Hätte Wasser eine zum Methanol oder anderen polaren Lösemitteln ähnliche Oberflächenspannung und Viskosität, würden kaum Bäche, Flüsse und Seen existieren. Die Porenräume der oberen Bodenhorizonte würden rasch durchsickert werden, und es wäre keine Wasserhaltung in diesem Sinn möglich.

Begleiten wir das Wasser weiter auf seiner Reise zum Nutzer. Zunächst folgt es der Schwerkraft und überwindet zum Beispiel im Münchner Stadtbereich innerhalb von wenigen Stunden die oberen Bodenhorizonte, um dann in etwa zwölf Metern Tiefe das aufgestaute Grundwasser zu erreichen.

Einblicke in die dabei ablaufenden Prozesse in München ergaben sich in einem mehrjährigen Projekt im Rahmen des Bayerischen Klimaforschungsprogramms von 1994. Dabei hat in Großhadern der Vergleich der Niederschlagszusammensetzung oberhalb des Bodenkörpers, des Sickerwassers nach verschiedenen Tiefen und des Grundwassers in längeren Zeitreihen Folgendes gezeigt: Bei Gefrier- und Auftauperioden sowie Starkregenereignissen nach Trockenperioden wird der gesamte Bodenkörper innerhalb weniger Stunden durchsickert. Die damals bestimmten Spurenstoffe der Gruppen der polyzyklischen aromatischen Kohlenwasserstoffe und der polychlorierten Biphenyle blieben dabei aufgrund der kurzen Kontaktzeit nur teilweise an den „Erdwänden" hängen. Der Rest gelangte ins Grundwasser. Die heute gültigen Grenzwerte, zum Beispiel 10 Nanogramm pro Liter für Benzo[a]pyren, wurden dadurch im Grundwasser für Tage um das Zehnfache überschritten. Diese aus der Atmosphäre stammenden Begleitstoffe werden normalerweise während der Bodenpassage an sorptionsaktiven Bestandteilen (Huminstoffen, feinstdispersen Tonschichtsilikaten usw.) gebunden oder durch Bodenorganismen abgebaut. Glücklicherweise werden die kurzfristig entstandenen Kontaminationsherde später im Grundwasser selbst unter die Grenze der messbaren Werte verdünnt.

Wir wissen noch sehr wenig über die Selbstreinigungsmechanismen für das einsickernde Wasser. Die in der Trinkwasserverordnung limitierten Wasserinhaltsstoffe sind nämlich weitgehend organischer Natur, mit der Besonderheit, dass sie sich an koexistierende feinstsuspendierte Teilchen im Wasser anlagern. Je nach Hydrophobizität oder Ionenaustauschfähigkeit der Spurenstoffe werden diese bei der Bodenpassage eben nicht nur an die den Porenraum begrenzenden Flächen sorbiert. Sie reiten gewissermaßen in der Mitte der Poren entlang den schnellsten Strömungsfäden in Richtung Grundwasser. Dies zeigen zahlreiche sogenannte Tracerversuche, bei denen in Wasser (echt) gelöste Stoffe scheinbar langsamer als partikelgebundene Stoffe die Pedosphäre durchwandern. Es ist ein Paradoxon: Partikel im Wasser scheinen schneller als das fließende Wasser selbst zu sein. Dies ist aber nur die Folge dieses Preferential-Flow-Systems im Inneren der Bodenporen und -risse. Die Partikel bleiben in der Mitte des „Wasserstroms".

Wasser folgt auch unterirdisch den vorgegebenen Bedingungen. Existieren wasserundurchlässige Schichten, wie etwa Tonlagen, folgt es, getrieben durch die Schwerkraft, dem Fluss zur tiefsten Stelle. Es kann dort als ein Gewässer etwa in Form einer Quelle austreten oder durch Brunnenbaumaßnahmen erschlossen werden.

Damit ist der „Leidensweg" des Wassers aber nicht beendet: Je nach Nutzung beginnt nun der Mensch sein Werk. Durch eine Vielzahl mehr oder weniger raffinierter technischer Maßnahmen versucht er, das zu verbessern, was die Natur nicht zu leisten vermag.

Die Reinheit des Wassers

Es dürfte also schwer sein, wirklich reines Wasser auf der Erde zu finden. Es gibt nämlich kein „reines" Wasser. Die Leistungsfähigkeit der heutigen analytischen Chemie ist historisch eng mit dem Begriff der Wasserreinheit gekoppelt. Carl Remigius Fresenius gilt als der Begründer der deutschen analytischen Chemie. Bereits in den Jahren zwischen 1840 und 1860 entwickelte er zahlreiche Verfahren zur Analyse von Mineralwasser. Sein Name ist durch die von seinen Nachfolgern etablierten Laboratorien weithin bekannt geworden. Die analytische Chemie ist heute in der Lage, nicht nur einzelne Moleküle oder Atome in kleinen Volumina, sondern auch geringste Konzentrationen in großen Volumina nachzuweisen. Zahlreiche Institute, auch das des Verfassers, entwickeln unentwegt neue leistungsfähigere und auch kostengünstige Verfahren. Für den Wasseranalytiker bleibt jedoch bis heute ein Problem bestehen: Er findet im Wasser in der Regel nur das, wonach er sucht. Angesichts der Millionen unterschiedlicher Substanzen, die die Menschheit bislang gewollt oder ungewollt – etwa durch unvollständige Verbrennung – synthetisiert hat, ist es mit bezahlbarem Aufwand unmöglich, die häufig von Laien gestellte Aufgabe „Bitte messen, was im Brunnenwasser ist" befriedigend zu lösen.

Selbst das reinste Wasser, das Verwendung in den Chip-Produktionslinien der Speicherhersteller findet, ist kaum chemisch rein. Ein simpler Versuch zeigt dies: Wird ultrareines Wasser verdüst, also in einen feindispersen Nebel transformiert, so verdunsten die wenige Mikrometer großen Tröpfchen in einer relativ trockenen Umgebung innerhalb von Millisekunden. Allerdings verschwinden die Teilchen nur für unser Auge, das ein schlechter Detektor ist. Mit einem Kondensationskernzähler werden die im Wasser befindlichen, nicht verdampfbaren Rückstände, so gering sie auch sein mögen, durch Anwendung einer vielhundertfachen Wasserdampf-Übersättigung selbst als etwa drei Nanometer große Rückstandspartikel – einzeln – sichtbar gemacht. Dieses Prinzip wird auch von den Kernphysikern in der Wilson'schen Nebelkammer zur Erkennung subatomar kleiner Kernteilchen genutzt.

Der Grund für diese allgegenwärtige Verunreinigung liegt in der enormen Lösefähigkeit des kondensierten Wassers. Es gibt kein Gefäßmaterial, das nicht noch nachweisbare Spuren abgeben würde, die dann beim Verdampfen des Wassers als Rückstand Nanopartikel bilden. Einen repräsentativen Eindruck davon vermitteln die mit Laser-Breakdown-Diagnostik gemessenen Teilchenkonzentrationen in Bodenseewasser während der Fertigstellung zum „Versand" durch die Bodenseewasserleitung bis nach Heilbronn (siehe Tabelle S. 190):

Diese aquatischen Partikel bestehen vielfach aus natürlichen Biopolymeren: Huminstoffe, aus dem Verfall belebter Materie gebildete Makromoleküle. Sie binden wiederum zahllose Wasserinhaltsstoffe, wie etwa Schwermetallionen, Pestizide oder anderes nicht wasserlösliches Material. Diese sind also keinesfalls in Wasser gelöst, sondern suspendiert. Ebenfalls zahlreich vorhanden sind Nanokolloide aus dem Zerfall der Tonschichtsilikate. Beide Stoffgruppen sind in Fraktionen unter 10 Nanometern Partikelgröße angereichert. Weiterhin ist Wasser essenziell für das Leben. Dies ist auch der Grund, weshalb alle Grenzflächen, die mit Wasser in Kontakt sind, wie etwa Wasser-Rohrinnenflächen, alsbald von Mikroorganismen besiedelt werden. Sie nutzen Wasser nicht nur als Träger für ihre Nähr- und Abfallstoffe. Sie kommunizieren auch untereinander durch Abgabe von Botenstoffen, die durch das Wasser im Biofilm das Leben an der Rohrwand regeln. Wasser und Biofilm sind nahezu unausrottbar miteinander verknüpft. Selbst in Reinstwasserleitungen ist alsbald die Oberfläche mit einem Biofilm besiedelt. Lässt man ihn in Ruhe, so merkt der Nutzer nichts von seiner Existenz. Er ist sogar von Vorteil, verhindert er doch das Auslaugen wenig inerter Oberflächen. In vielen Trinkwassernetzen deutscher Städte führt die Sicherheitschlorung zum kurzfristigen Zusammenbruch des Biofilms mit seinen darin lebenden Mikroorganismen. Dies ist erwünscht. Weniger erwünscht ist aber der dann feststellbare Austritt von polyzyklischen aromatischen Kohlenwasserstoffen (Benzo[a]pyren) in älteren tauchgeteerten Wasserrohren.

Somit kommt also der analytischen Chemie eine Schlüsselrolle bei der Beurteilung der Wasserreinheit zu. Allerdings muss der Gesetzgeber festlegen, wonach sie suchen soll. Daher gibt es eine Trinkwasserverordnung beziehungsweise Direktiven der Europäischen Union oder der Weltgesundheitsorganisation.

Damit wird aber auch klar, dass ein gemäß der Trinkwasserverordnung als *rein* bezeichnetes Wasser nicht *chemisch rein* ist. Das Problem gestaltet sich hier wie beim Wettlauf zwischen Hase und Igel. Die Analytik findet im Lauf der Zeit immer wieder etwas Neues im Wasser, nicht nur weil die Verfahren so leistungsstark sind, sondern auch weil der Mensch unentwegt neue Stoffe in den Wasserkreislauf einspeist. Seit Jahren findet man Arzneimittelstoffe und deren Metaboliten – Zwischenprodukte des Zellstoffwechsels – im Oberflächen- und Grundwasser. Sie sind kaum gesundheitsschädigend, wiewohl allerdings der Gedanke an die vorherige Abgabe ins häusliche Toilettenabwasser und das Auftreten in Oberflächengewässern nicht wirklich fröhlich stimmen kann.

Neueste Untersuchungen des Verfassers am Münchner Abwasser zeigen die geringe Reinigungskraft der biologischen Stufen einer Kläranlage am Beispiel des vielverwendeten Schmerzmittels Diclofenac. In Städten mit hoher Reinjektionsrate des verrieselten Abwassers zur Grundwasseranreicherung, zum Beispiel in Berlin, wurde anhand des im Trinkwasser gefundenen Lipidsenkers ein sechsfacher Durchgang durch das Toilettensystem berechnet, bis die Medikamentenreste verschwanden.

Dies führt auch zu den gegenwärtigen Bemühungen in der Wasserforschung, neue Bewertungsverfahren dadurch einzuführen, dass zunächst möglichst viele Wasserin-

Rohwasser	$(2{,}67 \pm 0{,}08) \times 10^{10}$
Ozon/Wasserstoffperoxid – Oxidationsstufe	$(1{,}72 \pm 0{,}03) \times 10^{10}$
Reaktionsstrecke	$(1{,}13 \pm 0{,}03) \times 10^{10}$
Vor Eisenhydroxidfällung	$(6{,}0 \pm 0{,}2) \times 10^{9}$
Filtrationsstufe	$(5{,}1 \pm 0{,}6) \times 10^{9}$
Nach Filtration	$(1{,}81 \pm 0{,}04) \times 10^{10}$
[Partikel pro Liter]	

Partikelanzahldichten in Bodenseewasser nach den verschiedenen Aufbereitungsstufen zur Trinkwassergewinnung (nach Bundschuh u. a., 2001)

haltsstoffe sozusagen anonym getrennt und dann einzeln mit biologisch relevanten Rezeptoren in Kontakt gebracht werden. Tritt dabei eine beobachtbare Beeinträchtigung der biologischen Funktion auf, wird versucht, Struktur und Herkunft dieses, und nur dieses, biologisch wirksamen Stoffes zum Beispiel durch parallel gekoppelte Massenspektrometrie zu ermitteln. Möglicherweise leitet diese Entwicklung einen nützlichen Paradigmenwechsel bei der Beurteilung des Wassers ein, denn dann würde nicht mehr die Trinkwasserverordnung die Grundlage für die Qualität des Wassers bilden, sondern die Suche nach neuen Stoffen, die einen biologischen Effekt auslösen.

Dies führt auch zu dem häufig diskutierten Punkt, ob Mineralwasser dem Genuss eines Trinkwassers aus dem städtischen Wasserwerk vorzuziehen ist. Die Antwort kann gar nicht einfach sein. Ein gemäß der Trinkwasserverordnung zertifiziertes Wasser, also auch in Flaschen abgefülltes Tafelwasser, erfüllt alle bislang bekannten Kriterien im Hinblick auf Hygiene und physiologischen Nährbedarf. Wer es aber will, dem kann ein Mineralwasser insoweit Befriedigung verschaffen, als er ein Wasser von „ursprünglicher Reinheit" im hydrogeologischen Sinn konsumiert. Dies bedeutet: In einem geologisch geschützten Vorkommen dürfen keinerlei Xenobiotika (fremde Substanzen) nachgewiesen werden. Inzwischen werden derartige Wasservorkommen mit der Stabilisotopen-Massenspektrometrie sehr zuverlässig eingeordnet.

Leider kann die ursprüngliche Reinheit des Wassers durch ungeschickte Abfüllmaßnahmen verdorben werden. So wird die Enteisenung, also die Herausnahme von oxidierbaren Eisen- (und Mangan-)Ionen aus dem Mineralwasser, die sonst unschöne braune Oxid-/Hydroxidausfällungen in der Flasche produzieren, durch Mischen mit „aktiviertem Sauerstoff" beschleunigt. In Anwesenheit von Bromidionen, eigentlich als Mineralstoff geschätzt, entsteht unter Umständen Bromat, das als mutagen wirkender Stoff streng limitiert ist. Dieser Prozess erfolgt selbstverständlich auch bei der Ozonung von Trink- und Schwimmbadwasser. Vor rund zehn Jahren sorgte dieser Befund für große Aufregung bei diversen Herstellern hochpreisiger Mineralwässer. Man fand nämlich Bromat im Wasser.

Aus der Tiefe kommt nur Gutes

Aus dem Gesagten die Konsequenz zu ziehen, dass Wasser nur noch aus großen Tiefen geschöpft werden sollte, greift zu kurz. Tiefenwässer, die sich während der Erdentstehung gebildet haben, sind zwar rein, aber nur im Hinblick auf eine Kontamination durch den Menschen. Ein gutes Beispiel dafür sind die in Oberbayern anzutreffenden Heilquellen. Obwohl gemäß der alten bäderkundlichen Nomenklatur nur gelöste anorganische Stoffe zur Klassifizierung verwendet und für die Nutzung beurteilt werden, steckt zum Beispiel im Bad Endorfer Iodthermalwasser weit mehr. Umfangreiche Untersuchungen weisen aus, dass in diesen Erdölfeldwässern nicht nur hohe Mineralgehalte von mehr als zehn Gramm pro Liter vorhanden sind. Schon der Geruch des aus 4.800 Metern Tiefe stammenden Wassers klärt auch den Laien auf, dass darin hohe Mengen an Essigsäure (4,8 Gramm pro Liter) enthalten sind. Der Verfasser konnte zeigen, dass die antibakterielle Tensidwirkung dieses Wassers vermutlich auf ganz außergewöhnliche Spurenbestandteile, nämlich längerkettige Dicarbonsäuren, zurückzuführen ist. Dieses natürliche Tensid sorgt neben hohen Boratmengen für die außergewöhnliche (Haut-)Pflegeleistung des Wassers bei äußeren Anwendungen.

Fein heraus sind natürlich diejenigen Wassernutzer, die Zugang zu Millionen Jahre alten Wasservorkommen in tieferen Erd-Stockwerken, etwa dem Tertiär, haben. Diese Wässer sind, sofern nicht aufgrund der höheren Systemtemperatur mit hohen Salzgehalten behaftet, üblicherweise vor den „Umtrieben" des Menschen sicher. Allerdings können hydraulische Kurzschlüsse, wie eine unzureichende Abtrennung der verschiedenen Wasserstockwerke in einem Bohrloch, zur allmählichen Vermischung mit jüngeren kontaminierten Wässern des Quartärs führen.

Damit kommen wir zu unseren derzeit größten und in ihrer Auswirkung noch nicht sicher einschätzbaren Experimenten, zur Geothermie. Gut zu verstehen ist dabei die bei der Reinjektion des abgekühlten Wassers entstehende Änderung der Lösungsgleichgewichte. Sowohl Druck und Temperatur werden stark geändert, nicht nur mit der Folge von hohen Ausfällungsraten, sondern auch Ausgasung ursprünglich gelöster Gasanteile (zum Beispiel Methan und Stickstoff). Besonders die Entwicklung von H_2S macht hier den Betreibern zu schaffen. Ingenieurgeologische Versuche, eine starke Zerklüftung im Untergrund zu schaffen und damit einen intensiveren Wärmeaustausch mit dem abgekühlten Reinjektionswasser zu erhalten, bedürfen besonderer Aufmerksamkeit, weil es bislang nicht ausreichend erforscht worden ist. Die in Basel am 21. März 2007 in diesem Zusammenhang registrierten Erdstöße der Stärke 2,9 auf der Richterskala sind ein ernstzunehmender Hinweis auf die Folgen der Geothermie. Wenig bekannt ist auch der zwischenstaatliche Disput um die scheinbar nachhaltige energetische Nutzung unterirdischer Wasservorkommen längs der Grenze zwischen Österreich und dem bayerischen Bäderdreieck.

Muss und kann Trinkwasser vom Verbraucher „behandelt" werden?

Abschließend sollen einige Informationen gegeben werden, die dem Verbraucher möglicherweise die Entscheidung für oder gegen ein Wasserbehandlungssystem erleichtern. Im Haushalt gezapftes Münchner Trinkwasser oder auch aus dem Umland gewonnenes Wasser sollte – bei ordnungsgemäß durchgeführter Rohrleitungsinstallation – wenig Ärger bereiten. Häufig sind jedoch Mischinstallationen von korrosionschemisch ungeeigneten Materialien vorzufinden, die einen Lochfraß und eine Niederschlagsbildung hervorrufen. Hier hilft nur die konsequente Vermeidung von Leitungen mit Metall-„Mischungen" oder die Verwendung von Edelstahlrohren. Die Chemie des Wassers reagiert lediglich auf die geänderten Redox-Verhältnisse.

Schwieriger wird es bei dem hohen Kalkgehalt. In geschlossenen Wasserkreisläufen wie einer Warmwasser- oder Fußbodenheizung ist die Anwendung von Komplexierungsmitteln, die Phosphonsäuren enthalten, eine zuverlässige Maßnahme.

In den Bereich des Glaubens gehören allerdings alle magnetischen Wasserbehandlungssysteme. Am Institut des Verfassers wurden, auch im Rahmen gerichtlicher Auseinandersetzungen, diverse Systeme auf ihre Wirksamkeit, also die Minderung von karbonatischen Ausscheidungen in heißwasserführenden Versorgungssystemen, geprüft. Bislang ohne jeden messbaren Erfolg – und das Institut verfügt über die modernsten Methoden und Geräte.

In den wissenschaftlichen Datenbanken, zum Beispiel in SciFinder (im August 2007), werden allein 1.801 Patente zum Stichwort „magnetic water treatment" genannt. 1.422 in wissenschaftlichen Zeitungen publizierte Artikel „beweisen" einen Nutzen oder sie bestreiten ihn. Sogar ein verstärktes Getreidewachstum wird dem Einsatz magnetisch behandelten Wassers zugeschrieben. Viele Artikel wurden direkt vom Hersteller der „Behandlungsapparatur" gesponsert. Selbst das Forschungszentrum Karlsruhe widmete sich jahrelang der Frage und beendete seine Bemühungen lapidar mit der Feststellung, dass kein statistisch signifikanter Unterschied im Verkalkungsverhalten zwischen behandeltem und nicht behandeltem Wasser feststellbar gewesen sei.

In einer im Internet abrufbaren Werbung für „energetisiertes" Wasser (zum Beispiel levitiertes Wasser, Ki-Wasser, Plocher-Wasser oder die Pi-Technologie) heißt es: „Untersuchungen ergeben: Wasser steigert das Denkvermögen." Dem ist nichts hinzuzufügen. Man kann dementsprechend auch sicher sein, dass bei der Anwendung der genannten Methoden keine Gesundheitsschäden zu befürchten sind…

Bedenklich sind in ihrer potenziellen Wirkung eher Filtersysteme, die durch Ionenaustauscherharze dem zugeführten Wasser die gelösten Mineralstoffe entziehen. Diese arbeiten perfekt, sofern das Austauscherharz korrekt behandelt wurde. Das heißt, dass keine Monomere aus der Absorberharzmatrix ausbluten und bei mikrobiellem Befall den Mikroorganismen auch nicht als Nahrung dienen. Gerade die Wärme in einer Küche mit vielen Bakterienträgern wie frischem Gemüse usw. sind allerdings ideale Voraussetzungen für das rasche Wachstum von Mikroorganismen. Wasser muss zwar für den menschlichen Genuss konditioniert, das heißt aber nicht: absolut keimfrei sein.

Weitergehende desinfizierende Maßnahmen sollten nur im Fall von mitgeteilten technischen Störungen vorgenommen werden. Dabei ist das Erhitzen des Wassers immer noch der beste Weg. Der Schritt zum nach dem Reinheitsgebot gebrauten Münchner Bier ist dann auch nicht mehr weit und ebenso sinnvoll.

Ausblick und Perspektiven für das Münchner Wasser

Die Stadt München ist mit ihrem weitab von der Metropole im Voralpenland gewonnenen Trinkwasser in einer vorzüglichen Position. Bisweilen konnte ihm sogar Mineralwasserqualität, auch im Sinne ursprünglicher Reinheit, attestiert werden.

Trotzdem werden sich auch die Umweltsünden, wie oben diskutiert, langfristig in der Wasserqualität des München zufließenden Wassers manifestieren. Das durch die menschliche Zivilisation gestartete große globale Verteilungsexperiment mit anthropogenen Stoffen führt unweigerlich zu entsprechenden Wasserverunreinigungen. Noch sorgen unverletzte huminstoffreiche Deckschichten und sorptionsaktive Bodenhorizonte für nur geringste und mit bestem analytischem Instrumentarium messbare Beeinträchtigungen. Doch wir müssen wachsam sein, und dies erfordert vor allem eine leistungsfähige Messtechnik.

Wir können uns vielleicht damit trösten, dass die wahren Gefährdungen mehr im Bereich der Mikrobiologie drohen. Dort ist der Mensch selbst für hygienische Defizite in seinem Umfeld verantwortlich. Besonders das seit letztem Jahr stärker registrierte Auftreten viraler Kontaminationen gibt Anlass zu erhöhter Aufmerksamkeit. Noch keine Lösungen gibt es für Gegenmaßnahmen bei hypothetisch möglichen Angriffen auf die Wasserversorgung durch Anschläge mit terroristischem Hintergrund. Da inzwischen Viren mit chemischen Mitteln herstellbar geworden sind, wird auch hier nur eine ausgefeilte kontinuierliche Wasserüberwachung letztendlich Sicherheit gewähren.

Literatur

BayFORKLIM B II 10: Einfluß der Wechselwirkung organischer Luftschadstoffe (PAHs, PCBx) in atmosphärischem Aerosol und Niederschlag auf die Qualität oberflächennaher Grundwässer. Abschlußbericht, 1994

Bundschuh, T. u. a.: Acta hydrochem. Hydrobiol. 29, 2001, S. 7–15

Engrand, C. u. a.: Meteoritics & Planetary Science 34, 1999, S. 773–786

Frimmel, Fitz u. a.: Wasser und Gewässer. Heidelberg 2001

Franke, C./Niessner, R.: Fresenius JH. Anal. Chem. 353, 1995, S. 203–205

Höll, Karl: Wasser: Nutzung im Kreislauf, Hygiene, Analyse und Bewertung. Berlin 2002

Krüger, F./Kissel, J.: Advances in Astrobiology and Biogeophysics, 2006, S. 325–339

Lunine, J.: J. Phys. IV France 12, Pr 10/7-Pr 10/17, 2002

Maurette, M. u. a.: Planetary and Space Science 48, 2000, S. 1117–1137

Sebold, B. u. a.: GWF, das Gas- und Wasserfach: Wasser/Abwasser 137, 1996, S. 178–184

Summers, M./Siskind, D.: Geophysical Research Letters 26, 1999, 1837–1840

Wasser ist ein Lebens-Mittel

Caroline H. Ebertshäuser

> Der Urstoff aller Dinge ist das Wasser und als Quelle
> alles Seienden ist es unerschöpflich.
> *Thales von Milet, 624–546 v. Chr.*

Wasser und Brot – und der Stoffwechsel der Natur

Ohne feste Nahrung kann der Mensch über Tage und Wochen auskommen, ohne Wasser jedoch kaum länger als zwei bis drei Tage. Es transportiert die für das Funktionieren der Organe benötigten Boten- und Nährstoffe und erhält so die Funktionen des Körpers aufrecht. Er reguliert beim Schwitzen durch das Absondern von Wasser seine Temperatur und sorgt dabei durch die Ausscheidung von Giftstoffen für die Selbstreinigung des Körpers.

Das Gehirn besteht zu 90 Prozent aus Wasser und steuert so die unentbehrlichen Funktionen des Körpers. Er ist aus rund 70 Billionen Zellen aufgebaut. Sie müssen mit Botenstoffen, Nährstoffen, Vitaminen und Mineralien versorgt werden, die wir mit der Nahrung aufnehmen. Dafür besitzt der menschliche Körper etwa 80.000 Kilometer „wässrige" Leitungsbahnen für Blut, Lymphe und andere Körperflüssigkeiten sowie Zellenzwischengewebe, die ähnliche Funktionen erfüllen und von der regelmäßigen Zufuhr von Trinkwasser abhängig sind. Um diese komplexen Funktionen unseres Wasserhaushalts aufrechterhalten zu können, müssen wir rund zwei bis 2,5 Liter Flüssigkeit pro Tag ersetzen. Wir nehmen sie über das Trinkwasser und die Flüssigkeit in den Nahrungsmitteln – aus Früchten, Gemüse und anderen Speisen – zu uns. Die Funktionen verlaufen teils im feinstofflichen Bereich von Spurenelementen und müssen durch reines Wasser unterstützt werden. Überlässt man diese Aufgabe denaturierten Getränken und einer Nahrung, die mit chemischen Zusätzen, Geschmacksverstärkern und Konservierungsstoffen versehen und damit verändert wurde, so wird der notwendige Transportfluss der Nähr- und Vitalstoffe zu den Zellen durch Ablagerungen von Fremdstoffen behindert. Dies beeinträchtigt die gesunden Funktionen der Körperorgane.

Das menschliche Gehirn speichert den Geschmack von Speisen und verbindet sie mit Erfahrungen von angenehm-wohltuend bis unangenehm-giftig. Künstliche Aromen können diese Funktion verfälschen. Geht nun eine Belastung in einen Dauerzustand über, verändern sich Struktur und Funktionsabläufe der Zelle. Das Fehlverhalten manifestiert sich als Information in unserem Blut. Dauert das Fehlverhalten eine gewisse Zeit an, bricht mit großer Wahrscheinlichkeit eine Krankheit aus. Hier besteht für die Verbraucher noch immer ein großer Informationsbedarf durch die Ernährungsindustrie, deren Verantwortung für die Gesundheit auch die zukünftigen Generationen betrifft. Diese Branche, die eine der wichtigsten Wirtschaftsfaktoren darstellt, ist mit einem sich ständig erweiternden Markt konfrontiert und steht damit zunehmend in einem Konkurrenzkampf zwischen zahlreichen Anbietern. Mit Werbung, raffinierten Geschmackskompositionen und neuen Produktarten der Food-Designer werden Marktanteile gewonnen. Auch neue schnelllebige Lebensweisen, der Wunsch, über Lebensmittel als Konsumgut zu jeder Zeit und an jedem Ort verfügen zu können, fordert bestimmte Produktionsformen, zum Beispiel das Convenience Food oder das Functional Food.

Zum Convenience Food zählen unter anderem die zahllosen „zeitsparenden" Fertigprodukte, wie Tütensuppen, Fertigsaucen und vorgekochte Speisen, die sogar in der Gastronomie inzwischen verwendet werden. Die Attraktivität eines Nahrungsprodukts soll im Functional Food gesteigert werden, indem mit dem Zusatz von Vitaminen, Mineralien usw. ein gesundheitlicher Nutzen versprochen wird.

Andererseits scheint das Bewusstsein für gesunde Nahrung in den letzten Jahren größer geworden zu sein. In diesem Kontext sind der Erfolg und die Zuwachsraten in der Nachfrage biologisch-ökologischer Lebensmittel zu sehen. Großveranstaltungen der Biobranche, wie „BioFach", die größte Messe dieser Art in Europa, „Slow Food" und andere, unterstützen erfolgreich diesen Weg.

Engagement für sauberes Wasser

Das Wasser der Flüsse, Bäche und Seen eignet sich durch die Umweltverschmutzung nur noch selten als Trinkwasser, auch wenn es moderne Filtermethoden gibt. Ein Wasser, das diverse Reinigungsvorgänge durchlaufen hat, ist oft seiner Vitalität beraubt und kann weiter Schadstoffe enthalten. Die bevorzugten Trinkwasservorkommen sind das Grund- und Quellwasser. Hier kommt der Landwirtschaft eine sehr große Verantwortung zu. Giftstoffe aus chemischen Düngern, Pflanzenschutzmitteln oder Gülle, die Jahr um Jahr auf die Felder ausgebracht werden, verschmutzen das Grundwasser.

Wir wissen: Wasser ist durch nichts zu ersetzen. Sehr eindringlich zeigt sich dies in der Dritten Welt, wo Wassermangel und verschmutzes Wasser für Millionen Menschen Gesundheit, Leben und das soziale Miteinander gefährden. In einer vernetzten Welt betrifft dieses Problem jedoch nicht nur die Entwicklungsländer. Wir stehen auch in unseren Breiten vor der Aufgabe, die Erhaltung von sauberem Grundwasser und damit von Trinkwasser mit entschiedenen Maßnahmen zu sichern. Große Verantwortung liegt hier bei der Politik und inbesondere auch bei den Wasserwerken, den Lebensmittelherstellern und vor allem bei der Landwirtschaft. Ökologisch orientierte Betriebe wie die Hofpfisterei haben sich dies seit langem zur Aufgabe gemacht.

Die Münchner Stadtwerke haben schon früh dafür gesorgt, dass die Felder und Wiesen in den Wassereinzugsgebieten der Landeshauptstadt ökologisch bestellt werden. Auf der Homepage der SWM heißt es: „Ein gesundes Wasser kann nur aus einer intakten Umwelt kommen. Angesichts der zunehmenden Umweltbelastung wird dies allerdings eine immer komplexere Aufgabe. (…) Diese Vorsorge hat das Wasserversorgungsunternehmen seit 1992 mit einer weiteren Schutzmaßnahme verstärkt, die mittlerweile in ganz Deutschland Vorbild ist: die gezielte Förderung des ökologischen Landbaus im Wassereinzugsgebiet Mangfalltal. Schon über hundert Ökobauern haben seither auf eine boden- und gewässerschonende Landwirtschaft sowie artgerechte Tierhaltung umgestellt. Gemeinsam bewirtschaften sie rund 2.500 Hektar – inzwischen das größte zusammenhängende ökologisch bewirtschaftete Gebiet in der Bundesrepublik."[1]

Die Hofpfisterei

Die Förderung des ökologischen Landbaus verbindet die Unternehmensziele und Firmenphilosophie der Hofpfisterei aufs engste mit den Aufgaben der Münchner Stadtwerke. 2004 feierte die traditionsreiche, 700 Jahre alte Hofpfisterei ihr „20-jähriges Jubiläum ökologische Brotherstellung". Diese inzwischen mit vielen Preisen ausgezeichnete Produktionsumstellung war zu Anfang mit großen Schwierigkeiten und der

Überwindung von Vorurteilen verbunden. So nahm Siegfried Stocker, Inhaber der Hofpfisterei, die große Jubiläumsfeier zum Anlass, die Geschichte und die Ziele des Unternehmens darzulegen. Dabei ging er auch auf die Bedeutung des Wassers und die Verantwortung für die Umwelt ein:

„Die Hofpfisterei verarbeitet im Jahr etwa 15.500 Tonnen Getreide, das von rund 350 Ökolandwirten angebaut wird. Ein Jahr ökologische Produktion der Hofpfisterei ermöglicht 3.035 Hektar chemiefreie Getreidefelder. Das erspart der bayerischen Umwelt 432 Tonnen chemisch-synthetische Düngemittel und 5,5 Tonnen chemisch-synthetische Pflanzenschutzmittel. Der hohe Einsatz gerade dieser Mittel im konventionellen Landbau gefährdet die Artenvielfalt und das Grundwasser."[2]

Auch die Regionalität gehört zu einer nachhaltigen Lebensmittelproduktion, und so stammen mindestens 80 Prozent des benötigten Ökogetreides der Hofpfisterei aus Bayern.

Das Brot

Brot zählt seit über 10.000 Jahren zu den Grundnahrungsmitteln des Menschen und ist Ausdruck einer kulturellen Entwicklung über diesen Zeitraum. Nicht nur zum Backen braucht man Wasser, auch die Mühlen von einst wären ohne Wasserkraft nicht denkbar gewesen.

Brot besteht aus Getreide, Wasser und Salz und enthält somit die wichtigsten Nährstoffe, die der Mensch zum Leben braucht. Auf 100 Kilogramm Mehl benötigt man 68 Liter Wasser, um einen Teig zu formen. So besteht ein gutes frisch gebackenes Brot zu 45 Prozent aus Wasser. Für die physiologisch gesunde Wirkungsweise eines Lebensmittels ist neben den ökologischen Grundstoffen und dem sauberen Wasser auch die Art der natürlichen Herstellungsweise entscheidend. Sowohl Mehl als auch Wasser sind nahezu geschmacksfreie Ingredienzien, die erst durch die Bearbeitung ihr volles Aroma entwickeln.

Für die Brotherstellung bedarf es keinerlei chemischer oder sonstiger Zusätze – lässt man die Mischung von Mehl, Wasser und Salz sich zu Natursauerteig entwickeln, wie es die Hofpfisterei in alter Tradition macht. Die natürliche Transformation von Wasser und Mehl im Gärungsverlauf zu Natursauerteig stellt auch die Produktion unterschiedlichster Nähr- und Vitalstoffe sicher, die der Mensch benötigt. Der Prozess bildet die Grundlage für die reiche Aromaentwicklung des Brotes. „Die Teigführung [Fachausdruck für die Steuerung des Gärungsverlaufs] trägt damit wesentlich zur Bildung des Brotaromas bei. Je länger Teige geführt werden, desto mehr aromagebende Stoffe entwickeln sich."[3]

„Frisches Brot bekommt so sein unvergleichliches Aroma, das durch seinen hohen Feuchtigkeitsgehalt verstärkt wird." Mit anderen Worten: „Frisches Trinkwasser macht das typische Aroma von Wasserware [Fachausdruck des Bäckerhandwerks für Brot] aus, das bei Brot und bei vielen Weizenkleingebäcken geschätzt wird."[4] Darüber hinaus stellt der langsame, nicht künstlich verkürzte Gärvorgang von 24 Stunden des Natursauerteiges – wie ihn die Hofpfisterei praktiziert – eine Ursache dafür dar, dass das so hergestellte Brot gesundheitsfördernd wirkt und freie Radikale bindet. Dies wurde erst kürzlich wissenschaftlich belegt.[5] Aroma und Geschmack von Speisen gehören zu einer guten und bewussten Esskultur und tragen wesentlich zu unserem Wohlbefinden bei. Außerdem dienen sie dem Körper als Indikator dafür, was ihm guttut oder was ihm schaden könnte.

Bauernbrote aus der Hofpfisterei München (Foto: H. Bornemann)

Der Mensch bildet sein Geschmacksempfinden in seinen frühen Lebensjahren aus, es ist damit ein Thema der Erziehung. Bei Kleinkindern wird es durch denaturierte Nahrung und Getränke also prägend für das spätere Leben fehlgeleitet. Geschmack ist ein Thema der Esskultur, die wiederum Ausdruck unseres Umgangs mit uns selbst und mit der uns umgebenden Natur ist.

Eine Firmenphilosophie

Im Spannungsfeld einer langen Tradition und einer zukunftsorientierten ökologischen Produktion umfasst das Wort „Lebensmittel" in der Firmenphilosophie der Hofpfisterei einen weiten Rahmen. Er beinhaltet eine faire und ökologische Landwirtschaft, eine natürliche Herstellungsweise des Lebensmittels und den Wunsch, den Menschen ein optimales, gesundes Lebensmittel anzubieten. Weiter gehört dazu das Engagement des Unternehmens für die Rettung einer bedrohten Welt, wie es in den Richtlinien der Agenda 21 auf der Konferenz der Vereinten Nationen über Umwelt und Entwicklung in Rio de Janeiro 1992 niedergelegt wurde.

Die Hofpfisterei verfolgt das Ziel der Nachhaltigkeit auch im Interesse unserer Kinder und späterer Generationen, die auf dieser Erde leben wollen und müssen. So nimmt das Thema Gesundheitserziehung für Kinder einen wesentlichen Teil der

Öffentlichkeitsarbeit der Hofpfisterei ein. Auch hier gibt es Gemeinsamkeiten mit dem umfangreichen und fantasievollen Programm zur Kindererziehung, wie es die Münchner Stadtwerke verfolgen. Hier sei beispielsweise auf die von der Hofpfisterei organisierte Münchner Bio-Brotbox verwiesen. Alle ABC-Schützen in München und Umgebung – 2007 waren es etwa 24.000 Boxen – werden durch die Bio-Brotbox mit einem „gesunden Pausenbrot zum Schulanfang" versorgt. Zu dieser Aktion gehört die von den Stadtwerken München beigesteuerte Trinkflasche, die mit jeder Bio-Brotbox verteilt wird. Denn das Trinken von reinem Wasser ist ebenso Teil dieses erzieherischen Projekts. Mit dem beiliegenden Informations- und Unterrichtsmaterial soll Eltern und Lehrern die Wichtigkeit gesunder Nahrung für die Entwicklung der Kinder bewusst gemacht werden.

Literatur

Adam, Cornelia; Keller, Julia: Urkraft Wasser. Mythen, Magie, Wissenschaft, Ernährung, Rezepte. München 1988

Angres, Volker; Hutter, Claus-Peter; Ribbe, Lutz: Futter fürs Volk. Was die Lebensmittelindustrie uns auftischt. München 2001

Ball, Philip: H_2O. Die Biografie des Wassers. Eine unkonventionelle Betrachtung über unser Lebenselixier. München 2001

Batmanghelidj, Faridun: Wasser, die gesunde Lösung. Ein Umlernbuch, 2001

Beste, Dieter; Kälke, Marion (Hrsg.): Wasser, der bedrohte Lebensstoff. Ein Element in der Krise. Berichte, Analysen, Argumente. Springer-Verlag. Berlin 1996

Böhme, Hartmut (Hrsg.): Kulturgeschichte des Wassers. Frankfurt am Main 1998

Davis, Joan S.: Ist Wasser mehr als H_2O? Das Lebenselement zwischen Mythos und Molekül. Eine kompakte, vielschichtige Betrachtung. Mit Illustrationen von Hans Erni. Luzern 1995

Ebertshäuser, Caroline; Stocker, Margaretha: Brot. Symbol für Natur, Leben und Kultur. Ökologie als Weg. München 2004

Fritsch, Peter Dr.; Jackel, Anne-Kathrin Dr.; Lukas, Heiko u. a.: Trinkwasser für Unterfranken. Wege zu einer nachhaltigen Wasserwirtschaft in der Region. 4. Auflage. Hrsg. von der Regierung von Unterfranken. Niedernhausen 2006

Heininger, Franz; Riedler, Alois; Schmidt, Antonius M., Gareth u. a.: Trink Wasser! Ernähre Dich bewußt. Lebensmittel, Heilmittel, Informationsträger. Steyr 1998

KATALYSE Institut für angewandte Umweltforschung: Das Wasserbuch. Köln, http://www.katalyse.de/drupal/themen/institut/referenzen/publikationen/fachpublikationen/publikationen-landwirtschaft-ernaehrung [25.08.07], 1993

Kröplin, Bernd (Hrsg.): Welt im Tropfen: Gedächtnis und Gedankenformen im Wasser. 2. Auflage. Institut für Statik und Dynamik der Luft- und Raumfahrtkonstruktionen. Stuttgart 2004

Kröplin, Bernd: Forschungen zur Mikrostruktur des Wassers. Institut für Statik und Dynamik. Stuttgart 2002

Lieckfeld, Claus-Peter; Straaß, Veronika; Jackel, Anne-Kathrin u. a.: Wasserschule Unterfranken. Wasser erleben – Nachhaltigkeit lernen. Hrsg. von der Regierung von Unterfranken. Niedernhausen 2007

Lynen, Holger: Lebenskraft Wasser. Gesund und vital durch gutes Trinkwasser. München 2006

Skobranek, Horst: Bäckerei Technologie. Handwerk und Technik. Hamburg 1991

Stocker, Siegfried: Nicht veröffentlichte Rede zur Feier des 20-jährigen Jubiläums zur Umstellung auf ökologische Herstellung, 2004

Umweltbundesamt: Nachhaltige Wasserwirtschaft & Lokale Agenda 21. Abwassermanagement – aus der Nase, aus dem Sinn … http://www.wasser-agenda.de/Infos/index.htm [28.08.07]

Wallacher, Johannes: Lebensgrundlage Wasser. Dauerhaft-umweltgerechte Wassernutzung als globale Herausforderung. Reihe Globale Solidarität – Schritte zu einer neuen Weltkultur, Bd. 4. Stuttgart 1999

Wardenbach, Thomas; Waskow, Frank: Der „Förderpreis Ökologischer Landbau". Ein wichtiger Baustein der Agrarwende, in: Ökologisches Jahrbuch 2003, S. 237–243. München

1 http://www.swm.de/de/unternehmen/umwelt.html [25.07.07]
2 Stocker, Siegfried: Nicht veröffentlichte Rede zur Feier des 20-jährigen Jubiläums zur Umstellung auf ökologische Herstellung, 2004
3 Skobranek, Horst: Bäckerei Technologie. Handwerk und Technik. Hamburg, 1991, S. 155
4 Skobranek, a. a. O., S. 154
5 Wissenschaftliche Untersuchungen der TU München zu Broten und Zutaten der Hofpfisterei, Prof. Dr. Elstner. Wissenschaftszentrum Weihenstephan für Ernährung. Landnutzung und Umwelt, Department für Pflanzenwissenschaften, Lehrstühle für Phytopathologie und Gemüsebau

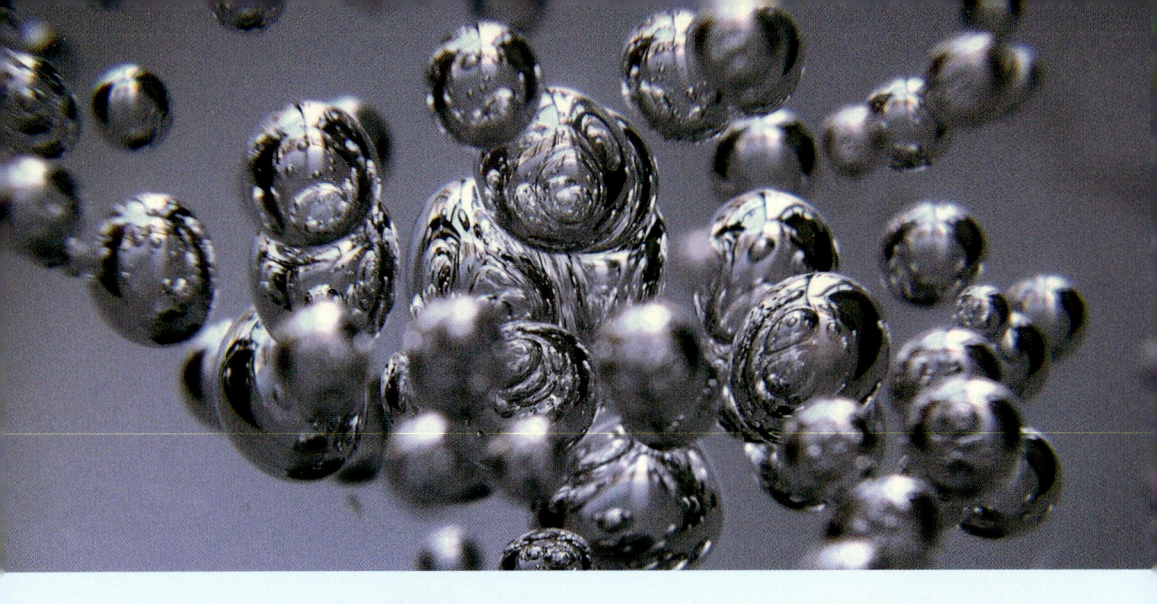

Weltbester Edelstoff – voll im Trend

Hans Well

A 's Wasser ghert zum Waschen, da Wein der ghert fürn Durscht, behauptet der Text eines traditionellen bayerischen Gstanzls und beweist damit prompt wieder einmal, wie schnell Volkslieder neben der Mode liegen können. War doch in einem Lifestyle-Magazin erst kürzlich zu lesen, dass bestimmte edle Mineralwasserflaschen mit mattem 0,3-Liter-Inhalt locker für 180 Euro über den Ladentisch beziehungsweise die Theke gehen und das voll im Trend liegende Individuum massenweise solch kostbares Nass erst bei diesen Preisen kaufen und genießen will. Übrigens wurde in dem Artikel auch erwähnt, dass es speziell in München genügend Trendsetter gibt, die sich mit derartigen Spitzenpreisjahrgängen edler Wassertropfen sogar Gesicht oder Füße waschen.

Nun, ich muss gestehen, dass mir bei solchen Preisen Füße und Gesicht eher einschlafen würden. Gott sei Dank verfügt man als Münchner/in über Wasser zum Trinken und Waschen, das einerseits preiswert zu haben ist und zum anderen auch zumindest besser schmeckt als so manch 180 Euro teures Edelwasser. Feinschmecker schwören jedenfalls darauf, dass das Münchner Wasser zu den europaweit besten Edelstoffen überhaupt gehört. Wohl wahr, kommt es ja Gott sei Dank nicht aus München, sondern wird bekanntlich aus dem Mangfalltal „gestohlen" und schmeckt deswegen auch diametral anders als zum Beispiel Kölner Rheinbracke. Und in diesem – sagen wir's an dieser Stelle ruhig – weltbesten Münchner Wasser kann man auch noch zu erschwinglichen Preisen schwimmen, am schönsten in einem Jugendstilmuseum wie dem Müllerschen Volksbad. Rechnet man dabei den Preis einer Lifestyle-Wasserflasche von 180 Euro mit dem Inhalt der Schwimmbecken hoch, so ist der Eintritt in dieses Kleinod geradezu sensationell günstig, wenn nicht sogar nachgeschmissen billig.

Andererseits nähert sich eine mit Münchner Wasser veredelte Oktoberfestmaß leider inzwischen bedenklich diesen gspinnerten Edelmineralwasser-Preisen, und das gibt Anlass zu tiefer Besorgnis: Kann sich doch jeder leicht ausrechnen, dass bei den üblichen jährlichen Preissteigerungen eine Maß im Jahre 2061 bei 187 Euro liegen wird, was Italiener und Australier, Japaner oder Hamburger dann aber auch locker bezahlen werden. Diese Entwicklung ist umso unangemessener, als der Ausdruck „Münchner Bier" außer bei Augustiner oder Hofbräuhaus keinerlei Garantie für die familiäre Zugehörigkeit zur Stadt München mehr beweist. So hat sich das Gerücht ja inzwischen voll bestätigt, dass die Interbrewery (ein belgischer Brauereikonzern), welche vor Jahren schon Löwenbräu, Franziskaner und Spaten übernommen hatte, inzwischen selbst von einem indischen Konzern geschluckt wurde, der wiederum wahrscheinlich der Firma Heinz Ketchup gehört. Übrigens, sollten Sie von einem echten, originären Münchner Bier wie Hofbräu Kopfweh kriegen, liegt's mit Sicherheit nicht am Münchner Wasser, sondern am Besitzer, dem bayerischen Finanzministerium.

Ein interessanter Aspekt wäre noch die Frage, ob Münchner Wasser nach seiner kirchlichen Weihe weicher oder härter wird. Dies werden wir aber spätestens dann erfahren, wenn der Bischof Müller aus Regensburg Kardinal von München geworden ist. Vermutlich wird dann das Münchner Weihwasser vom Härtegrad her um einiges zulegen.

Liebe Festgäste, es gibt viele unsinnige Projekte auf dieser Welt, denken wir nur an den Turmbau zu Babel oder den Transrapid. Richtig gefährlich bei dem, was Politik so verbocken kann, wird's aber, wenn man Wasserwerke privatisiert und privaten Kapitalinteressen überlässt. Gott sei Dank kann man der Regierung von München so eine Blödheit nicht nachsagen.

Aber es gibt durchaus noch andere Probleme für unser tägliches Wasser. Wie wir von einer großen bayerischen Volkspartei ja immer wieder erfahren dürfen, hat der Herrgott das schöne Bayernland erschaffen und sie hat erst was draus gemacht. Was die Nitratwerte in so manchen bayerischen Brunnen angeht, stimmt das leider auch. Dass die Stadt München diesem Bauerntrend durch Förderung von Biobauern im Wassereinzugsgebiet entgegentritt, verdient Hochachtung. Münchens Oberbürgermeister Christian Ude scheint allerdings mit allen Wassern gewaschen zu sein, gelingt es ihm doch, den erklärten Kampf gegen den Klimawandel mit dem Bau der Startbahn 3 am MUC in Einklang zu bringen ... Auf dass es den Stadtwerken nie nass 'neigeht! Prosit! Das Büfett ist eröffnet!

Wasserversorgung international

Peter A. Wilderer

≈ Ein Blick über den Tellerrand

Die Stadt München hat derzeit etwa 1,3 Millionen Einwohner. Das Umland eingeschlossen, leben rund 2,6 Millionen Menschen in der Region der bayerischen Metropole. Stellen wir uns einmal vor, deren Einwohnerzahl verzehnfachte sich in den kommenden 30 Jahren. Stünde jedem Münchner dann immer noch qualitativ hochwertiges Wasser in ausreichender Menge zur Verfügung?

Viele Städte in der Welt haben in den vergangenen drei Jahrzehnten eine Bevölkerungsexplosion in diesem Umfang erlebt. In Europa platzen Metropolen wie Athen, Istanbul und London buchstäblich aus allen Nähten, im außereuropäischen Raum sind es Städte wie Mexiko-Stadt, São Paulo, Kairo, Peking und Tokio. Und ein Ende dieser Entwicklung ist nicht in Sicht.

Mit der Zunahme der Bevölkerungszahl in urbanen Gebieten steigt automatisch der Bedarf an Trinkwasser. Die Menge an Quell-, Grund- und Oberflächenwasser, das zu Trinkwasser aufbereitet werden kann, bleibt dagegen gleich. Sie nimmt in vielen Fällen sogar ab, weil nicht nur die Stadtbevölkerung, sondern auch die wachsende Industrie sowie die Landwirtschaft im Umland der Städte zusätzliches Wasser benötigen. Verschmutzung der Oberflächengewässer und einsickerndes Salzwasser in küstennahe Grundwasserleiter vermindern die verfügbare Wassermenge zusätzlich.

Engpässe sind daher unausweichlich. Diese zu überwinden, ist eine Herausforderung von bisher unbekanntem Ausmaß, nicht nur wegen der hohen Kosten. Die Menschen, die in die Städte drängen, warten nicht, bis eine angemessene Wasserinfrastruktur aufgebaut ist. Um schnell handeln zu können, werden innovative Lösungskonzepte gebraucht, für die es bereits erste Fallbeispiele gibt. Forschung ist notwendig, um weitere Lösungsmöglichkeiten zu entwickeln und verfügbar zu machen. Die EU-Kommission hat dazu zum Beispiel die Water Supply and Sanitation Technology Platform (WSSTP) eingerichtet.

Eine funktionierende, qualitativ hochwertige Wasserversorgung und eine leistungsfähige Abwasserbehandlung gehören zu den Grundvoraussetzungen, um eine Wirtschaftsregion aufzubauen und weiterzuentwickeln. Das Beispiel Singapur veranschaulicht dies sehr deutlich. Bis vor etwa 50 Jahren mieden Touristen und Geschäftsleute diesen Inselstaat, weil die Wasserversorgung ausgesprochen mangelhaft war und unhygienische Verhältnisse herrschten.

Die Situation änderte sich schlagartig, als die Stadtverwaltung mit erheblichen finanziellen Mitteln Ordnung schuf: Sie installierte eine fortschrittliche Wasserversorgung und hochmoderne Anlagen zur Sammlung, Reinigung und Wiederverwertung der Abwässer aus privaten Haushalten, öffentlichen Gebäuden und der Industrie. Durch diese und durch eine ganze Reihe weiterer wichtiger infrastruktureller Maßnahmen begann die Stadt wirtschaftlich aufzublühen. Heute gilt Singapur als Magnet für Wirtschaft, Wissenschaft und Kultur. Die internationale Woche des Wassers, die dort ab 2008 jedes Jahr stattfinden und in die drei Sparten Wissenschaft, Politik und Volksfest gegliedert sein soll, wird von der Stadtverwaltung als eine gute Voraussetzung angesehen, den Wirtschaftsstandort weiter zu festigen.

Wasserversorgung und Allgemeininteresse

Wer wie die Münchner bestes Trinkwasser aus der Leitung zapfen kann, ohne dass es zuvor aufbereitet werden muss, ist im Weltmaßstab privilegiert. Üblicherweise sind ganz erhebliche Anstrengungen zu unternehmen, um Wasser zum Verbrauchsgebiet zu transportieren und es dann zu reinigen, damit es gefahrlos getrunken werden kann. Beispiele hierfür gibt es nicht nur im Ausland, sondern auch in unserer unmittelbaren Umgebung.

Der Main-Donau-Kanal wurde nicht nur gebaut, um Schiffsverkehr möglich zu machen. Er dient auch dazu, Wasser in den fränkischen Raum zu transportieren, um dort die Trinkwasserversorgung sowie die Wasserversorgung von Industrie und Landwirtschaft sicherzustellen. Der schwäbische Wirtschaftsraum mit über 320 Städten und Gemeinden erhält sein Wasser aus dem Bodensee. Gefördert werden pro Jahr rund 130 Millionen Kubikmeter Wasser. Das Rohrleitungssystem ist insgesamt ganze 1.700 Kilometer lang.

Im Ausland wird Wasser zum Teil über noch wesentlich größere Distanzen transportiert: Für Peking ist eine Rohrleitung im Bau, die über 220 Kilometer lang sein wird. Sie ist für den Transport von 1,2 Milliarden Kubikmeter pro Jahr ausgelegt und wird über eine Milliarde US-Dollar kosten.

Nahezu alle deutschen Städte entlang dem Rhein, von Wiesbaden stromabwärts, gewinnen ihr Trinkwasser aus dem Fluss. Im Gegenzug werden die gereinigten Abwässer in den Fluss abgeleitet, wo sie sich mit dem natürlichen Rheinwasser, mit den gereinigten Abwässern aus der Industrie und mit diffusen Einläufen aus der Landwirtschaft mischen. Um das Rheinwasser in qualitativ hochwertiges Trinkwasser zu verwandeln, kommen komplizierte Reinigungsverfahren zum Einsatz.

Noch aufwendiger wird es, wenn zur Deckung des Wasserbedarfs Meerwasser entsalzt werden muss. Die Verfahren dazu sind vorhanden und ausgereift, die Kosten immens. Immer mehr Städte müssen dennoch diesen Weg gehen, nicht nur in Saudi-Arabien und den Vereinigten Arabischen Emiraten. Eine der größten Anlagen dieser Art wurde kürzlich in der australischen Stadt Perth in Betrieb genommen. Brisbane, Sydney und Melbourne planen noch größere Entsalzungsanlagen, um dem stetig steigenden Wasserbedarf der schnell wachsenden Stadtbevölkerung nachzukommen.

Bau und Betrieb von Transportleitungen, Wasseraufbereitungs- und -verteilungsanlagen sind Dienstleistungen, die von den jeweiligen Stadtverwaltungen und Landesregierungen erbracht werden müssen. Immerhin stehen die Gesundheit und das Wohlbefinden der Bürger auf dem Spiel. Wasser ist ein Menschenrecht, auch wenn dieses Recht bisher noch nicht verbrieft ist.

Der Preis des Wassers

Wenn der Zugang zu Trinkwasser ein Menschenrecht darstellt, warum sollte man dann für den Bezug von Wasser bezahlen? Um die Antwort auf diese Frage zu verstehen, muss man zwischen Wasser als Lebensmittel und der Dienstleistung der Wasserversorgung unterscheiden.

Letztere ist nicht zum Nulltarif zu haben. Leitungswasser kostet selbst in München, wo keine teure Aufbereitung des Wassers notwendig ist, Geld. Bau, Betrieb und Erhaltung der Quellfassungen und der Rohrleitungen zum Transport des kühlen Nass von der Quelle zum Zapfhahn müssen finanziert werden, ebenso die Qualitätsüberwachung und das Management des Systems. Um sicherzugehen, dass im Trinkwasser keine Krankheitserreger und keine schädlichen Substanzen vorhanden sind, müssen Monat für Monat rund 1.200 Proben mikrobiologisch und chemisch untersucht werden. Darüber hinaus werden viele Millionen Euro in den Erhalt und die Erneuerung der teils über 120 Jahre alten Leitungssysteme investiert, damit das Wasser auf dem Weg bis zum Zapfhahn des Verbrauchers nicht verunreinigt wird und möglichst wenig davon verlorengeht.

Im Vergleich mit anderen deutschen Städten liegt der Wasserpreis in München mit rund 1,30 Euro pro Kubikmeter am unteren Ende der Skala. Im Bundesdurchschnitt beträgt der Wasserpreis nach der 2003 von der UNESCO veröffentlichten Studie „Wasser für Menschen, Wasser für Leben" 2,30 Euro pro Kubikmeter. Im Vergleich mit anderen Industriestaaten liegt Deutschland damit an der Spitze, weil bei uns die Wasserdienstleistung nicht oder nur in geringem Umfang subventioniert wird.

In den Niederlanden zahlt man im Durchschnitt nur 1,20 Euro pro Kubikmeter, obwohl die Aufbereitungskosten dort besonders hoch sind. In Italien liegt der Preis im Mittel bei nur 0,90 Euro pro Kubikmeter, in den USA bei 0,60 und in Kanada bei 0,50 Euro.

Noch krasser sind die Preisunterschiede in den Entwicklungsländern. So entrichtet man im indischen Delhi nur einen Euro-Cent für den Kubikmeter, sofern man an das öffentliche Versorgungsnetz angeschlossen ist. Wer nicht zur privilegierten Schicht gehört oder wer der Qualität des Leitungswassers nicht traut, muss sich das Trinkwasser in Flaschen kaufen.

In vielen Städten der Welt gibt es überhaupt kein Wasserversorgungsnetz. Wasser wird, wie in dem indischen Chennai, mit Tanklastwagen geliefert und in Behälter gefüllt, die in den Wohnstraßen aufgestellt sind. Die Ärmsten der Armen haben oft nicht einmal Zugang zu solchen öffentlichen Wassertanks, sondern sind ganz auf Wasserverkäufer angewiesen. Diese verlangen zum Teil horrende Preise.

Konfliktstoff Wasser

Die Menge an Wasser, die wir auf der Erde verfügbar haben, ist mit knapp 1,6 Milliarden Kubikkilometern riesig. Leider sind davon nur sechs Prozent Süßwasser. Und leider ist das meiste davon als Eis auf dem Nord- und dem Südpol gebunden. Nur 0,35 Prozent der globalen Süßwasserreserven sind für den Menschen verfügbar. Davon beanspruchen Industrie und Landwirtschaft rund 70 Prozent. So bleiben unter dem Strich nur rund 100.000 Kubikkilometer für den häuslichen Bereich übrig. Teilt man diesen Betrag durch die 6,5 Milliarden Menschen, die derzeit auf der Erde leben, so kommt man zu einem Wasserdargebot von 1,5 Millionen Litern, das jedem Menschen zu jeder Zeit zur Verfügung stünde, wäre das Wasser auf der Erde gleich verteilt und die Menschen ebenso.

Wegen der klimatischen Unterschiede auf unserem Planeten und aufgrund des bereits erwähnten Trends zur Bildung von Ballungszentren, der Verstädterung, klaffen

Tankwagen zur Trinkwasserversorgung der Bevölkerung in der indischen Millionenstadt Chennai (Foto: Wilderer)

Wasserbedarf und Wasserdargebot de facto weit auseinander. Nach Schätzungen der Vereinten Nationen lebten 1950 etwa 20 Prozent der Erdbevölkerung in Städten. Im Jahr 2000 waren es bereits 50 Prozent und im Jahr 2035 werden es schätzungsweise fast 70 Prozent sein.

Dabei werden sich 80 Prozent aller Menschen in einem 50 Kilometer breiten Streifen entlang den Meeresküsten ansiedeln, ungeachtet dessen, ob das Hinterland wasserreich ist wie Bayern oder wüstenartig wie Saudi-Arabien.

Es sind also die geografische Ungleichverteilung der Süßwasser-Ressourcen sowie das Siedlungsverhalten der Menschen, die uns Sorgen bereiten. Verschärft wird die Problemlage durch die vielfach gewaltigen Unterschiede in der Wirtschaftskraft der Staaten und Stadtregionen. Und da Wirtschaftskraft immer auch mit Macht verbunden ist, sind Konflikte auch militärischer Art programmiert. Bereits akut sind Konfliktherde, die sich an der Grenze zwischen den USA und Mexico aufgebaut haben, im Spannungsfeld Israel-Palästina-Jordanien, zwischen der Türkei, Syrien und dem Irak sowie im Einzugsbereich des Aralsees.

Ungleichverteilung von Süßwasser-Ressourcen und fehlende Mittel zum Aufbau einer menschenwürdigen Wasserinfrastruktur führen in vielen Teilen der Welt, ganz

In einer Wohnstraße im Zentrum von Chennai: Eine Frau füllt ihre Wassergefäße mit Trinkwasser aus einem Sammelbehälter. (Foto: Wilderer)

besonders aber in Afrika, zu katastrophalen gesundheitlichen Verhältnissen. Ohne sauberes Wasser ist Hygiene weder im häuslichen Bereich noch in Krankenhäusern möglich. Nach Schätzungen der Vereinten Nationen stirbt weltweit alle 15 Sekunden ein Kind, weil es verunreinigtes Wasser getrunken hat. Mangelnde Verfügbarkeit von sauberem Wasser führt also nicht nur zu Durst, sondern auch zu vielfältigen Krankheitsbildern, die durch verschmutztes Wasser ausgelöst werden. Dazu kommt der Hunger, weil Wasser zur Bewässerung von Feldern und Gärten fehlt. Wassermangel ist der Auslöser für die Armut in weiten Teilen der Welt.

Die Weltgemeinschaft hat im Jahr 2000 durch die Verabschiedung der sogenannten acht Millenniums-Entwicklungsziele auf diese Problemlage reagiert. Einige dieser Ziele resultieren aus dem Mangel an sauberem Wasser. Bis zum Jahr 2015 soll die Zahl der Menschen halbiert werden, die unter Armut, Hunger, Krankheit und einem Mangel an sauberem Trinkwasser leiden, denen keine Abwasserentsorgung zur Verfügung steht und die keine Ausbildung erhalten. Ob dieses Ziel je erreicht werden kann, ist fraglich, weil die Erdbevölkerung schneller wächst, als Abhilfe geschaffen werden kann. Immerhin müssten in dem veranschlagten Zeitraum von 15 Jahren und bei einer geschätzten Zahl von 1,2 Milliarden Menschen, die keinen Zugang zu sauberem Trinkwasser haben, Tag für Tag Wasserversorgungseinrichtungen für rund 110.000 Einwohner gebaut werden. Es ist nicht nur das fehlende Geld, das das Erreichen dieses Vorhabens schwierig macht, sondern auch das fehlende Fachpersonal und die viel zu langwierigen Genehmigungsverfahren.

Klimawandel und Flucht vor der Trockenheit

Sollten die vom Weltklimarat im Frühjahr 2007 veröffentlichten Prognosen zutreffen, so setzt in der ersten Hälfte des 21. Jahrhunderts eine gewaltige Wanderung von Menschen aus Dürrezonen in wasserreiche Gebiete ein. Erste Anzeichen für eine neue Völkerwanderung sind an der Südgrenze der Europäischen Union bereits erkennbar. Woche für Woche stranden dort Boote, überfüllt mit Menschen, die vor der Trockenheit in ihren Heimatländern flüchten.

Als Fluchtorte sind in dem Klimabericht und in den dazugehörigen Klimamodellen nicht nur die uns heute bekannten Steppen und Wüsten genannt. Höchstwahrscheinlich werden Teile Spaniens, Italiens und Griechenlands versteppen, und wenn wir nicht entschlossen reagieren, auch Teile Deutschlands.

Die Erwärmung der Erde ist auf die jahrzehntelange ungehemmte Verbrennung von Kohle, Öl und Erdgas in den westlichen Industrieländern zurückzuführen. Es ist daher folgerichtig, dass wir in den kommenden Jahren gemeinsam intensiv an der Senkung unseres Energiehungers und an der Steigerung der Effizienz der Energienut-

Der fast ausgetrocknete Trinkwasserspeichersee der australischen Millionenstadt Brisbane (Foto: Wilderer)

zung arbeiten. Dabei müssen wir uns allerdings im Klaren darüber sein, dass sich ein Erfolg unserer Bemühungen erst nach 100 oder gar 200 Jahren einstellen kann. Erst dann können wir mit einer Abnahme der Erderwärmung rechnen und in der Folge mit einer Abnahme extremer Wetterverhältnisse.

Was aber wird in der Zwischenzeit geschehen? Die Prognosen dazu sind düster. Extreme Wetterverhältnisse werden immer häufiger eintreten: Stürme, Starkregen und lang anhaltende Trockenperioden.

Wenn die Gletscher abgeschmolzen sind, werden die Wasserstände unserer Flüsse und Talsperren in den Sommermonaten extrem tief liegen. Dann droht ein Wassermangel – auch in Deutschland. Die Beregnung landwirtschaftlich genutzter Flächen wird sich schwierig gestalten, ebenso die Kühlung von Kraftwerken, die industrielle Produktion und die Bereitstellung von Wasser für den häuslichen Gebrauch. Die Polkappen werden weiter abschmelzen, was nicht nur zu einem Anstieg des Meeresspiegels führen wird, sondern auch zu einer Veränderung der Meeresströmungen. Wenn der Golfstrom nicht mehr so weit wie bisher nach Norden fließen sollte, würde es in Europa sehr kalt. Bereits heute beobachtet man erste Veränderungen der Meeresströmungen.

All das bedeutet, dass wir uns – auch in München – darauf einstellen müssen, mit dem Wasser sorgfältiger umzugehen und neue Wege zu finden, die es gestatten, mit den jeweils verfügbaren Wasserressourcen eine steigende Zahl an Menschen zu versorgen.

Dies fängt damit an, dass wir erhebliche finanzielle Mittel zur Erhaltung und Modernisierung unseres Trinkwassernetzes aufbringen müssen, und sei es nur, um Leckagen zu schließen. Wasserverschwendung muss tabuisiert werden. In vielen Großstädten wird es unumgänglich sein, einen Teil des Wasserbedarfs durch Wiederverwendung des gereinigten Abwassers zu decken.

In Tokio ist in Hochhäusern die Aufbereitung und Wiederverwendung von Abwasser zur Toilettenspülung bereits seit Jahren Vorschrift. Singapur bereitet Abwasser zu hochreinem Wasser auf, einem höchst begehrten Wertstoff für die Elektronikindustrie. Die Regierung des australischen Staates Queensland hat erst kürzlich verfügt, dass das Abwasser der Millionenstadt Brisbane ab dem Jahr 2008 so aufbereitet werden muss, dass es zur Trinkwasserzwecken wiederverwendet werden kann. Geplant ist, das aufbereitete Wasser über eine viele Kilometer lange Rohrleitung in das Wivenhoe-Trinkwasserreservoir zu pumpen und es dort mit Regenwasser zu vermischen – so es denn regnen wird. Heute, im Jahr 2007, ist der See weitgehend ausgetrocknet, weil seit sechs Jahren keine nennenswerten Niederschläge mehr gefallen sind.

Streitpunkt Privatisierung

Zu den Grundpflichten des Staates gehört die Sicherstellung einer geordneten Wasserversorgung zu erschwinglichen Preisen. Diese Pflicht bleibt bestehen, wenn aus welchen Gründen auch immer Bau und Betrieb von Wasserversorgungseinrichtungen samt Brunnen, Transportleitungen, Wasserwerk und Verteilungsnetz einem privatwirtschaftlich geführten Unternehmen übertragen werden. In Deutschland liegt diese Aufgabe traditionell in den Händen von Kommunen und staatlichen Aufsichtsämtern. Das System ist eingeführt, die Grundinvestitionen sind getätigt, Fachkompetenz ist vorhanden und die Bewährungsprobe ist bestanden. Vor diesem Hintergrund muss schon ein außergewöhnlich wichtiger Grund vorliegen, von unserem bewährten System abzuweichen. Berlin hat diesen alternativen Weg zumindest teilweise eingeschlagen, einige andere deutsche Städte ebenso. Wie sich die privatwirtschaftliche Lösung auf Dauer bewährt, muss sich erst noch zeigen.

Im Ausland und dort vor allem in den rasch wachsenden Großstädten und in ländlichen Gebieten von Entwicklungsländern verfügen die Kommunen und der Staat oft nicht über ausreichende finanzielle Mittel, um den Aufbau von Wasserversorgungssystemen zu finanzieren. Zudem fehlt oft ausgebildetes Personal, das eingesetzt werden kann, um die Anlagen zur Wasseraufbereitung zu betreiben und die Qualitätsüberwachung durchzuführen. Um dennoch den Wasserbedarf von Bevölkerung, Gewerbe, Industrie und auch der Feuerwehr sicherzustellen, ist privates Kapital erforderlich und noch wichtiger: Fachwissen und Erfahrung. Privatwirtschaftliche Lösungen sind in solchen Fällen unausweichlich, wobei der Staat und die Kommune sich allerdings nicht aus der Aufsichtspflicht verabschieden dürfen. Die staatliche Autorität bleibt weiterhin dafür verantwortlich, dass Wasser sowohl in ausreichender Menge und Qualität als auch zu einem fairen Preis geliefert wird, aber auch dafür, dass dem privaten Investor beziehungsweise Betreiber die ihm zustehenden Einkünfte zufließen.

Fazit

Im weltweiten Vergleich stellt sich die Wassersituation in München als außergewöhnlich günstig dar. Dankbarkeit ist angesagt, aber auch Wachsamkeit. Klimaänderung und Migration machen auch vor München nicht halt. Es gilt, das Erreichte mutig und entschlossen weiterzuentwickeln und dabei stetig an die sich rasch ändernden globalen Randbedingungen anzupassen.

Bekenntnisse zum Wasser

Johannes Wallacher

Wasser ist ein elementarer Bestandteil des Ökosystems und ein lebensnotwendiges Gut für den Menschen. Allen Kulturen und Religionen war dies bewusst, wurde das Wasser doch immer und überall als Symbol für Fruchtbarkeit und Leben gedeutet und verehrt. Es ist für den Menschen nicht nur wichtigstes Lebensmittel, sondern auch Grundlage der Nahrungsmittelherstellung in der Landwirtschaft, die derzeit knapp 70 Prozent des weltweiten Wasserbedarfs abdeckt. Außerdem steht das kühle Nass am Anfang jeder wirtschaftlichen Entwicklung: Die industrielle Produktion und die Energieversorgung brauchen es, und die Flüsse dienen als natürliche Verkehrswege. Ohne ein ausreichendes Wasserangebot ist also weder ein menschenwürdiges Leben noch eine stabile sozioökonomische Entwicklung möglich.

Umso mehr gibt es zu denken, dass gegenwärtig weltweit 1,1 Milliarden Menschen keinen gesicherten Zugang zu sauberem Trinkwasser haben und 2,6 Milliarden ohne sanitäre Basisversorgung auskommen müssen. Dies gefährdet nicht nur die Ernährungssicherheit, sondern hat auch verheerende Folgen für die Gesundheit. Rund 80 Prozent aller Krankheiten in den Entwicklungsländern sind auf Mängel bei der Versorgung mit sauberem Trinkwasser und hygienisch einwandfreier Entsorgung zurückzuführen. Weltweit sind gut eine Milliarde Menschen von Erkrankungen betroffen, die mit dem Wasser zusammenhängen.

Deshalb hat es sich die internationale Staatengemeinschaft schon mehrfach zum Ziel gesetzt, den Anteil von Menschen ohne Zugang zu sauberem Trinkwasser und sanitärer Basisversorgung zu halbieren, zuletzt im Rahmen ihrer Millenniumserklärung von 2000. Nachdem inzwischen fast die Hälfte der Zeit verstrichen ist, die für deren Umsetzung bis 2015 veranschlagt wurde, steht allerdings zu befürchten, dass diese Ziele wieder nicht erreicht werden.

Im weltweiten Durchschnitt ist Wasser eigentlich ausreichend vorhanden. Das nutzbare Angebot ist jedoch sowohl geografisch als auch saisonal höchst ungleich verteilt, und in vielen Regionen der Erde ist die Ressource von Natur aus knapp. Außerdem hat die vom Wasserkreislauf kontinuierlich zur Verfügung gestellte Menge ihre Grenzen.

Demgegenüber ist der weltweite Wasserbedarf in den letzten 100 Jahren rasant angestiegen. Dies lässt sich auf zwei parallel verlaufende Entwicklungen zurückführen: das rapide Anwachsen der Weltbevölkerung und den deutlichen Anstieg des Pro-Kopf-Wasserverbrauchs. Letzterer kam zustande durch die Ausweitung der Bewässerungslandwirtschaft, die fortschreitende Industrialisierung und nicht zuletzt den gewachsenen Wohlstand und einen damit verbundenen höheren Lebensstandard.

All dies hat zu einer zunehmenden Beanspruchung der vorhandenen Wasservorräte geführt, aus der zwei zentrale Konfliktfelder erwachsen. Zum einen verstärkt die Wasserverknappung in einigen Regionen bereits bestehende politische Spannungen. So kann zum Beispiel im Nahen Osten oder zwischen den Anliegerstaaten des Nils keine faire Einigung über die Aufteilung grenzüberschreitender Wasservorräte erzielt werden. Zum anderen birgt die Wasserkrise wesentliche ökologische Gefahren. Um die Kluft zwischen konstantem Angebot und wachsender Nachfrage auszugleichen, plündert der Mensch die Grundwasserreserven, er leitet Flüsse um oder ab und greift dadurch, zum Beispiel am Aralsee, immer tiefer in den natürlichen Wasserkreislauf ein.

Schließlich ist zu befürchten, dass sich die bestehenden Probleme durch den globalen Klimawandel noch erheblich verschärfen werden. Für die Zeit bis zum Jahr 2050 wird zwar ein höheres globales Angebot an Trinkwasser prognostiziert, dieser Zuwachs entfällt jedoch weitgehend auf bereits wasserreiche Regionen und einige tropische Feuchtgebiete. Deutlich abnehmen könnte dagegen die Niederschlagsmenge in Trockengebieten, in denen die Mehrzahl der weltweit Armen lebt, die bereits jetzt unter Wasserknappheit leiden. Wenn sich die Extreme des Wasserkreislaufs weiter verstärken, sind Dürren und sintflutartige Niederschläge mit Überflutungen zu erwarten, was wiederum erhebliche Rückwirkungen auf die Ernährungssicherheit hätte. In kälteren und gemäßigten Gebieten könnte der Klimawandel die Voraussetzungen für die Landwirtschaft verbessern. Währenddessen müssen die tropischen und subtropischen Regionen – in denen die größte Gefahr von Hunger herrscht – teilweise mit deutlichen Ertragsverlusten rechnen.

Verantwortung der Industrieländer für eine nachhaltige Wasserbewirtschaftung

Vor dem Hintergrund dieser drängenden Probleme braucht es ethische Maßstäbe für die Bewirtschaftung und Nutzung der knappen Ressource Wasser, denn die langfristige Sicherung der Wasserversorgung darf nicht getrennt von sozialen, ökonomischen und ökologischen Zielen verfolgt werden. Dies entspricht dem Leitbild der nachhaltigen Entwicklung, das von der internationalen Staatengemeinschaft seit der UN-Konferenz für Umwelt und Entwicklung in Rio de Janeiro 1992 als Grundlage einer globalen Umweltpolitik anerkannt wird.

Da die Wasserprobleme immer von der jeweiligen regionalen Situation abhängen, müssen sie zuallererst vor Ort gelöst werden. Nur so lassen sich die spezifischen politischen Ziele wie auch die Strategien und Instrumente zu deren geeigneter Umsetzung auf den Einzelfall zuschneiden. Auch bei der ethischen Beurteilung der Bewirtschaftung und Nutzung von Wasser stehen vor allem das regionale Wasserangebot und die klimatischen Ausgangsbedingungen im Zentrum. Dies unterscheidet die ethische Reflexion der Wasserproblematik von der Bewertung global zusammenhängender Umweltprobleme wie dem Ozonloch oder dem Treibhauseffekt.

Dennoch ist die Wasserkrise nicht nur ein regionales Problem, sondern besitzt auch wesentliche globale Dimensionen, die bei der Suche nach Lösungen zu beachten sind. Der Klimawandel dürfte erhebliche Folgen für die Wasserversorgung in den trockenen Regionen haben. Seine Hauptverursacher sind die Industriestaaten, während die Armen in den Entwicklungsländern besonders stark von seinen negativen Folgen betroffen sein werden. Zudem haben sie viel weniger Möglichkeiten, sich an die neuen Bedingungen anzupassen. Dies stellt eine weltweite Ungerechtigkeit dar, aus der eine besondere Verantwortung für die Industrieländer erwächst – auch im Hinblick auf die Sicherung der Wasserversorgung in den trockenen Regionen.

Doch noch andere Faktoren legen eine besondere Verantwortung der wohlhabenden Länder nahe. Dazu gehört der hohe Wasserverbrauch pro Einwohner in einigen Industrieländern, vor allem in den USA, der im weltweiten Vergleich häufig überproportional hoch ist. Hinzu kommt die Dominanz dieser Nationen nicht nur in politischer und wirtschaftlicher, sondern auch in soziokultureller Hinsicht. Die westlich geprägte Zivilisation ist faktisch zum globalen Leitbild geworden und die mit ihr verbundenen Ideen, Wertvorstellungen und Modelle werden in andere Gesellschaften übertragen. Dies gilt auch für Systeme der Versorgung und Entsorgung von Wasser, die von Privatunternehmen oder im Rahmen der Entwicklungszusammenarbeit weltweit als Lösungsansätze angeboten werden. Deshalb tragen die Industrieländer eine besondere Verantwortung dafür, dass sozial wie ökologisch verträgliche Modelle der Bewirtschaftung und Nutzung der knappen Ressource Wasser entwickelt, wiederbelebt oder bewahrt werden.

Eine solche Politik sollten die Industrieländer schon im eigenen Interesse verfolgen, denn durch sie können sie auch ihre eigene Wasserversorgung nachhaltig sichern. Sie könnte aber auch einen Aspekt globaler Solidarität und langfristiger Entwicklungspolitik darstellen. Schließlich hat die angepasste Anwendung solcher Modelle weitreichende Auswirkungen auf die künftigen Entwicklungschancen gerade der armen Länder des Südens und Ostens.

Dabei sind hohe technische Standards, wie sie die westlich geprägte Wasserkultur heute auszeichnen, zweifellos von großer Bedeutung. Ohne den Einsatz und die Weiterentwicklung solcher Technologien wird sich die Qualität des Wassers kaum verbessern lassen. Genauso wenig könnte man seine effizientere Nutzung in der Landwirtschaft, der industriellen Produktion und in privaten Haushalten erreichen. Grundlegend dafür ist auch, dass der Preis des Wassers die Kosten für seine Bereitstellung deckt, was in Entwicklungsländern oft nicht der Fall ist. Dies führt zu einer ineffizienten Nutzung und einer falschen Verteilung des Wassers, was sich besonders für die Armen negativ auswirkt. Viele Versorgungsunternehmen in der Dritten Welt arbeiten nicht effizient. Sie agieren im Interesse einflussreicher Gruppen und bevorzugen wohlhabendere Bevölkerungsschichten bei der Verteilung der knappen Wasservorräte. Die Armen in den provisorischen Siedlungen am Rande der großen Metropolen sind in der Regel nicht an die zentrale Wasserversorgung angeschlossen. Daher sind sie meist auf private Händler angewiesen und müssen für Wasser zweifelhafter Qualität einen weit höheren Preis entrichten als die übrige Bevölkerung.

Die Industrieländer laufen Gefahr, bei ihrer Wasserversorgung ganz auf technisch-ökonomisch orientierte Modelle zu setzen und dadurch die vielfältigen kulturell-religiösen Bezüge des Wassers zu vernachlässigen. So könnte auch die „Lebensgrundlage" Wasser zu einem Wirtschaftsgut unter anderen werden. Dabei beeinflussen die soziokulturellen Faktoren den Umgang mit Wasser erheblich, haben doch die Kulturen vielfältige Traditionen hervorgebracht, um die Wasserkrise zu bewältigen.

Das Menschenrecht auf Wasser als ethischer Imperativ

Kulturhistorische Untersuchungen zeigen, dass es jenseits aller Unterschiede in den kulturellen und religiösen Traditionen handlungsleitende Grundprinzipien im Umgang mit Wasser gibt. Über sie besteht eine Art stillschweigender Konsens. Das Menschenrecht auf Wasser stellt solch einen ethischen Anspruch dar, der sich in allen

Kulturen begründen lässt. Schließlich gehören Gesetze zur Verteilung des Wassers zu den ersten gesellschaftlichen Bestimmungen der Menschheit.

Bereits in den frühen Hochkulturen Ägyptens und Mesopotamiens existierte gewissermaßen ein Grundrecht auf Wasserversorgung für alle Menschen. Im griechischen Gemeinwesen wurde es als Recht eines jeden Bürgers im Gesetz Solons sowie später bei Platon hervorgehoben. Cicero, der in seinen Schriften viele griechische Ideen nach Rom vermittelte, erwähnte es ebenfalls und sorgte so mit dafür, dass es im römischen Staatswesen realisiert wurde.

So lässt sich aus der Geschichte als ethischer Grundimperativ jeglicher Wasserpolitik ableiten: Jeder Mensch sollte die Wassermenge zur Verfügung haben, die er zum Überleben unbedingt braucht. Das Menschenrecht auf Wasser muss gewährleistet werden. Dieser Anspruch lässt sich auch vernunftethisch begründen, weil er letztlich auf der Menschenwürde basiert, die allen Menschen unterschiedslos und in gleicher Weise zukommt. Er ist so einzulösen, dass die ökologischen Funktionen, von denen alles Leben abhängt, geschützt bleiben. Diese beiden Leitkriterien einer nachhaltigen Bewirtschaftung und Nutzung von Wasser wurden auch von der internationalen Staatengemeinschaft bekräftigt und anerkannt. Im Aktionsprogramm Agenda 21 der Konferenz von 1992 in Rio de Janeiro stehen sie an oberster Stelle des Abschnitts „Schutz der Wasserressourcen".

Strategien einer nachhaltigen Wasserbewirtschaftung

Die genannten Hauptmerkmale einer nachhaltigen Wassernutzung bieten jedoch nur eine erste Orientierung. Bevor sie umgesetzt werden können, müssen sie durch geeignete Strategien und Instrumente weiter entfaltet und konkretisiert werden. Dafür kommen zwei Vorgehensweisen in Betracht. Lange Zeit sah man die aussichtsreichste Lösung darin, die für den Menschen verfügbare Wassermenge durch gezielte Eingriffe in den natürlichen Kreislauf zu erhöhen. Die Erfahrungen haben jedoch gezeigt, dass sich das Angebot insgesamt nur sehr begrenzt erweitern lässt. Zudem erfordern die dafür infrage kommenden Methoden, wie die Erschließung neuer fossiler Grundwasservorräte, die Ableitung von Flussläufen oder die Meerwasserentsalzung, einen großen technischen Aufwand, und ihre Folgen sind oft ökologisch bedenklich.

Daher sollte der Schwerpunkt auf einer nachfrageorientierten Strategie liegen. Der Wasserbedarf müsste durch eine effizientere Nutzung reduziert und damit an das begrenzte Angebot angepasst werden. Durch ein Instrument allein wird es allerdings kaum zu erreichen sein, dass sich die Nachfrage nennenswert reduziert, sondern nur durch eine sinnvolle Kombination unterschiedlicher, sich ergänzender Maßnahmen. Sie sollten an die jeweiligen Problemstellungen angepasst und auf die verschiedenen

Sektoren (Landwirtschaft, Industrie, Haushalte) abgestimmt werden. Dabei sollte zweierlei beachtet werden:

Erstens gestalten sich die spezifischen Herausforderungen in den verschiedenen Ländern und Regionen je nach natürlichen Voraussetzungen und sozioökonomischem Entwicklungsstand unterschiedlich. Daher muss jedes Land seine eigene Wasserpolitik auf der Grundlage der Bedürfnisse seiner Bevölkerung und der eigenen Prioritäten formulieren. Die Wasserpolitik sollte auf die Unterstützung regionaler Stellen ausgerichtet sein, da eine dezentrale Versorgung in der Regel effektiver und der jeweiligen Problemstellung besser angepasst ist als eine zentrale. Schließlich sollten die Ziele so formuliert, die entsprechenden politischen Maßnahmen so entworfen und die geeigneten politischen Instrumente so ausgewählt werden, dass die Initiative und breite Beteiligung der Öffentlichkeit sowie der betroffenen Menschen gesichert sind.

Zweitens besitzt Wasser als Kulturgut eine wichtige soziokulturelle Dimension, und jede Kultur weist im Hinblick auf das Wasser verschiedene Wahrnehmungs-, Bewertungs- und Verhaltensmuster auf. Die Instrumente einer solchen Politik sollten daher soziokulturell verwurzelt sein und an bewährte Traditionen anknüpfen.

Wasserversorgung als Dienstleistung im öffentlichen Interesse

Um eine nachfrageorientierte Strategie zu konkretisieren, ist vor allem zu klären, wie die knappe Ressource Wasser angemessen bewertet und verteilt werden kann. Dabei stehen unterschiedliche Ansprüche in einem Spannungsfeld zueinander. Einerseits brauchen wir eine kostendeckende Bewertung von Wasser durch entsprechende Preise, um Verschwendung zu vermeiden und ökonomische Anreize für wassersparendes Verhalten und die Entwicklung entsprechender Technologien zu geben.

Andererseits gebietet das Menschenrecht auf Wasser, dass alle Menschen Zugang zu einer grundlegenden Wasser- und Sanitärversorgung bekommen oder behalten sollen. Deutschland hat diese Aufgabe wie viele andere Industrienationen durch ein Modell gelöst, das die Wasserversorgung als Dienstleistung im öffentlichen Interesse ansieht. Damit wurde nicht nur in München, sondern auch in vielen anderen europäischen Metropolen Ende des 19. Jahrhunderts eine nahezu flächendeckende Wasserversorgung und eine hygienisch einwandfreie Entsorgung der Abwässer erreicht. Darin liegt eine der großen sozialen Errungenschaften dieser Zeit.

Hinter diesem Modell steht die Überzeugung, dass das Wasser an sich sowie eine allgemeine Wasser- und Sanitärversorgung den Charakter öffentlicher Güter besitzen. Danach darf niemand von einer Grundversorgung ausgeschlossen werden, auch wenn die Wassernutzung rivalisierend, also das Angebot für andere Nachfrager prinzipiell eingeschränkt ist. Von einer allgemeinen Wasser- und Sanitärversorgung profitiert jede und jeder Einzelne. Dies wirkt sich gleichzeitig positiv auf die Gesamtgesellschaft aus, weil die Grundlage für die Verbesserung der allgemeinen Gesundheitssituation geschaffen wird.

Die Problematik der Wasserverknappung nimmt immer größere Ausmaße an, gleichzeitig steigt der Bedarf an Versorgungssystemen. Daher wächst seit einigen Jahren der Druck, öffentliche Dienstleistungen rein marktwirtschaftlich zu organisieren und die Dienstleistungsmärkte für private Anbieter zu öffnen. Die Befürworter dieser Strategie versprechen sich von einem stärkeren internationalen Wettbewerb ein kostengünstigeres und qualitativ besseres Dienstleistungsangebot. Ein wichtiger politischer Hebel dafür sind die Verhandlungen zum Allgemeinen Abkommen über den Dienstleistungshandel (General Agreement in Trade in Services, GATS) der Welthandelsorganisation. Die Erfahrungen zeigen zwar, dass mehr internationaler Wettbewerb von Dienstleistungsanbietern in manchen Bereichen, wie der Telekommunikation, Potenzial für Kostensenkung und Qualitätssteigerung bietet. Bei den Diensten der bisher meist öffentlichen Daseinsvorsorge wie der Wasserversorgung erwachsen daraus jedoch erhebliche Risiken.

Mit der ökonomischen Theorie öffentlicher Güter lässt sich nachweisen: Der freie Markt ist gar nicht imstande, für ein ausreichendes Angebot an öffentlichen Gütern, wie eine flächendeckende Wasser- und Sanitärversorgung, zu sorgen oder sie vor Ausbeutung zu schützen, da die Anreizmechanismen dafür nicht gegeben sind. Daher besteht die Gefahr, dass eine Privatisierung der Wasserbewirtschaftung die Versorgungslage eher verschlechtert, besonders für ärmere Bevölkerungsgruppen und entlegene Regionen, denn bei ihnen sind die Gewinnaussichten für private Anbieter nur gering. Um diese Probleme und vor allem den möglichen Missbrauch privater Monopole zu verhindern, braucht es weitgehende ordnungspolitische und administrative Regulierungen. Mit solchen Maßnahmen dürften die Behörden in vielen Entwicklungsländern derzeit allerdings überfordert sein.

In den Industrieländern, wo diese Voraussetzungen erfüllt sind, gibt es wenig plausible Argumente und empirische Erfahrungen, nach denen private Unternehmen Dienste wie eine allgemeine Wasser- und Sanitärversorgung wirklich kostengünstiger und qualitativ hochwertiger anbieten können als öffentliche Unternehmen. Dies gilt umso mehr, wenn Letztere auf eine lange Tradition, viel Erfahrung und ein breites Wissen aufbauen können. Damit ist freilich kein Blankoscheck für die Zukunft ausgestellt, denn jede Form der Wasserbewirtschaftung wird sich noch stärker als bisher daran messen lassen müssen, wie sie angesichts der drohenden weltweiten Wasserknappheit zuverlässig eine allgemeine Wasser- und Sanitärversorgung bereitstellen kann. Maßstab dafür sind und bleiben das Menschenrecht auf Wasser und das Prinzip der Nachhaltigkeit.

M-Wasser: Verantwortung und Verpflichtung für die SWM

Kurt Mühlhäuser, Stephan Schwarz

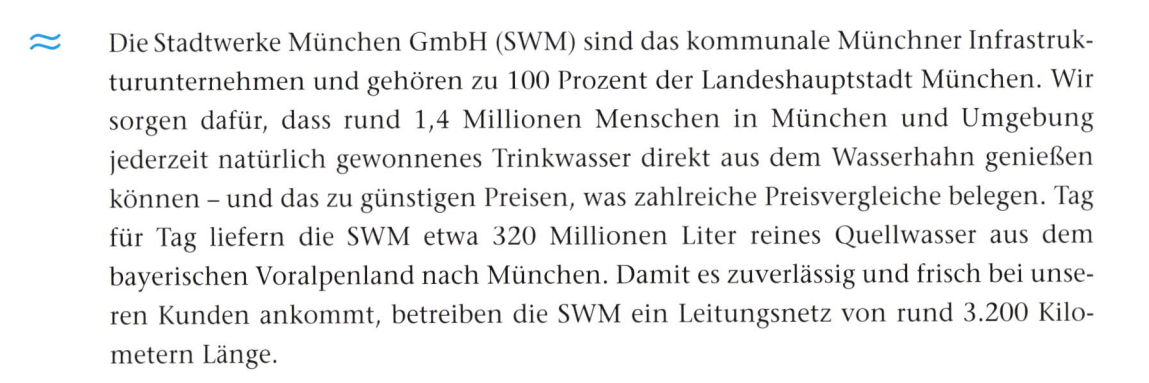

≈ Die Stadtwerke München GmbH (SWM) sind das kommunale Münchner Infrastrukturunternehmen und gehören zu 100 Prozent der Landeshauptstadt München. Wir sorgen dafür, dass rund 1,4 Millionen Menschen in München und Umgebung jederzeit natürlich gewonnenes Trinkwasser direkt aus dem Wasserhahn genießen können – und das zu günstigen Preisen, was zahlreiche Preisvergleiche belegen. Tag für Tag liefern die SWM etwa 320 Millionen Liter reines Quellwasser aus dem bayerischen Voralpenland nach München. Damit es zuverlässig und frisch bei unseren Kunden ankommt, betreiben die SWM ein Leitungsnetz von rund 3.200 Kilometern Länge.

Nachhaltigkeit ist ein Muss

Als die Verantwortlichen für die Münchner Wasserversorgung schätzen wir uns glücklich, dass unsere Vorgänger mit großer Weitsicht und hohem Verantwortungsbewusstsein ein vorbildliches Versorgungssystem entwickelten und an uns übergeben haben. Dem fühlen auch wir uns verpflichtet: Die Sicherung der seit 125 Jahren herausragenden Qualität von M-Wasser ist auch künftig unser Maßstab. Zu unseren wichtigsten Aufgaben zählen daher der nachhaltige Betrieb des Wasserversorgungssystems und immer mehr auch Pflege und Ausbau der Partnerschaft mit den Verantwortlichen des Herkunftsgebietes des Münchner Trinkwassers.

Darüber hinaus gilt es, diese Leistungen auf dem aktuellsten Stand der Technik sowie wirtschaftlich zu erbringen, um unseren Kunden immer eine herausragende Qualität zu fairen Preisen liefern zu können. Hierfür unternehmen wir größte Anstrengungen. Beispielsweise unterziehen wir unsere Systeme, Verfahren und Prozesse anspruchsvollen Prüfverfahren hinsichtlich Arbeits-, Betriebs- und Versorgungssicherheit, Qualität, Wirtschaftlichkeit und Umweltschutz.

Qualitätssicherung durch Tradition und Umweltschutz

Dabei orientieren wir uns nicht an kurzfristigen Renditeerwartungen, sondern stehen für nachhaltige Investitionen, für Werterhaltung über Generationen. Konkret investieren die SWM jährlich Millionenbeträge in die Instandhaltung und Erneuerung des Versorgungsnetzes, und zwar in modernste Leitungen, Anlagen und Systeme. Für die hohe Qualität des quellfrischen Münchner Trinkwassers sind vor allem auch die Sicherung und Überwachung der Wasserschutzgebiete von herausragender Bedeutung. Hier haben die SWM seit jeher eng mit ihren Partnern vor Ort zusammengearbeitet und diese in vielfältiger Weise unterstützt. So haben sich die SWM zum Beispiel beim Bau der Kanalisationen in den Gemeinden Valley und Weyarn beteiligt. Bereits 1992 haben die SWM ein bis dato in Deutschland einmaliges Schutzprojekt ins Leben gerufen, das inzwischen viele Nachahmer gefunden hat: Mit der Initiative „Öko-Bauern" fördern wir gezielt den ökologischen Landbau im Einzugsbereich der Wassergewinnung im Mangfalltal und beugen so langfristig und schon an der Quelle einer Verunreinigung des Trinkwassers durch Nitrat oder Pestizide vor. Die mehr als 100 an dieser Initiative beteiligten Landwirte bewirtschaften zusammen eine Fläche von rund 2.500 Hektar – das größte zusammenhängend ökologisch bewirtschaftete Gebiet in Deutschland, das darüber hinaus durch ausgedehnte Wasserschutzwälder ergänzt wird.

Zusätzlich erwerben wir seit Jahrzehnten Grundstücke im engeren Einzugsbereich der Trinkwassergewinnung und bewirtschaften diese natur- und wasserschonend.

Wir werden die Kooperation von „Land und Stadt", also der Einwohner des Wasserschutzgebietes und der Münchnerinnen und Münchner, weiter ausbauen. Denn von einer fairen Partnerschaft profitieren beide Seiten. Im Herkunftsgebiet des Münchner Trinkwassers bleibt eine intakte Landschaft erhalten, die auch für die Zukunft einen hohen Wert darstellt. Zudem bieten die SWM den dort lebenden Menschen anspruchsvolle und zukunftsfähige Arbeitsplätze. Und die Münchnerinnen und Münchner erhalten auch künftig quellfrisches Wasser aus der Region.

Nicht zuletzt aufgrund der umfangreichen Vorsorgemaßnahmen bieten die SWM ihren Kunden ein natürliches Spitzenprodukt, dessen Qualität von uns permanent überwacht, kontrolliert und gesichert wird. Aus den Fassungsanlagen, Zuleitungen, Behältern und dem Rohrnetz werden in unserem Wasserlabor monatlich rund 1.200 Proben mikrobiologisch und chemisch untersucht. Das Ergebnis: M-Wasser unterschreitet alle Grenzwerte um ein Vielfaches.

Kommunale Betriebe statt internationale Konzerne

Das Münchner Trinkwasser ist ein Naturprodukt erster Güte. Die Wasserwirtschaft muss in kommunaler Verantwortung bleiben, damit für das Münchner Trinkwasser auch künftig Nachhaltigkeit, höchste Qualität, günstige Preise, also das Interesse der Verbraucher, im Vordergrund stehen. Wasser ist keine beliebige Handelsware. Es darf nicht anonymen Großkonzernen überlassen werden, die sich ausschließlich ihren Aktionären und der Gewinnmaximierung verpflichtet fühlen. Die Stadtwerke München setzen sich vehement für den Erhalt der kommunalen Daseinsvorsorge ein. Dabei fürchten wir nicht den Markt oder die Konkurrenz. Vielmehr sind wir der festen Überzeugung, dass das Modell der kommunalen Daseinsvorsorge über ein wirtschaftlich aufgestelltes Unternehmen der richtige Weg für wichtige Infrastrukturleistungen ist. So kann man sicherstellen, dass Umweltschutz, Nachhaltigkeit und Generationengerechtigkeit genauso beachtet werden wie technische Leistungsfähigkeit, Sicherheit und Wirtschaftlichkeit. Die Mitarbeiterinnen und Mitarbeiter der SWM stehen für diese Orientierung. Wir werden unsere Erfahrungen und Erkenntnisse, die wir bei der Lösung von Problemen in der Versorgungstechnik, aber insbesondere auch auf strukturellen und wirtschaftlichen Gebieten erworben haben, durch vielfältige Formen der Zusammenarbeit und Unterstützung sowohl im nationalen als auch im europäischen Rahmen verfügbar machen.

Bei allen technischen, politischen und kaufmännischen Herausforderungen an die gegenwärtige Wasserwirtschaft: Es ist eine sehr erfüllende Aufgabe, die große Tradition der Münchner Wasserversorgung fortzuführen und einen Beitrag zu leisten, dass alle Münchnerinnen und Münchner über Generationen hinweg bestes Trinkwasser erhalten. Diesem Ziel fühlen wir uns verpflichtet.

Autorenverzeichnis

Dr. Klaus Arzet:
Geboren 1957 in Freiburg; Leiter des Wasserwirtschaftsamtes München, seit 1983 in der bayerischen Wasserwirtschaft in verschiedenen Funktionen unter anderem beim Landesamt für Wasserwirtschaft und der Regierung von Oberbayern tätig.

Dr. phil. Caroline H. Ebertshäuser:
Public Relations der Hofpfisterei München, freie Autorin, Korrespondentin, zahlreiche Buchveröffentlichungen zur Kunst, Kultur und Umwelt. Konzeption und Durchführung von Projekten und Veranstaltungen zur Kultur und Umwelt.

Prof. Dr.-Ing. Albert Göttle:
Präsident des Bayerischen Landesamtes für Umwelt. Der promovierte Bauingenieur ist Honorarprofessor an der TU München, Mitglied und Vorstand in mehreren wissenschaftlich-technischen Gremien, unter anderem im Präsidium der „Deutschen Vereinigung für Wasserwirtschaft, Abwasser und Abfall" (DWA).

Dr. rer.nat. Ottmar Hofmann:
Geboren 1957. Seit 1987 für die Hygiene des Trinkwassers im Labor zuständig. Analyse von mikrobiellen und chemischen Inhaltsstoffen von Trink-, Schwimmbecken-, Grund- und Oberflächenwasser. Leitung des akkreditierten Labors.

Christina Jachert-Maier:
1964 geboren, lebt in Holzkirchen und gehört zur Redaktion des Miesbacher Merkur. Sie befasst sich seit vielen Jahren mit dem Thema Wasserschutzzone der Stadt München und ihre Auswirkungen auf das Gewinnungsgebiet im Mangfalltal.

Thomas Lang:
Geboren 1967, lebt seit 1997 als Autor in München. 2002 erschien sein Roman „Than", ausgezeichnet mit dem Bayerischen Staatsförderpreis (2002) und dem Marburger Literaturpreis (2002). 2005 erhielt Thomas Lang für einen Auszug aus seinem Roman „Am Seil" den Ingeborg-Bachmann-Preis. Zuletzt erschien von ihm der Roman „Unter Paaren".

Sven Lippert:
Geboren 1971, Dipl.-Ing. M.Sc. Der Autor ist seit 2006 als Ingenieur im Bereich Netzstrategie der SWM Infrastruktur GmbH in der Wasserversorgung tätig. Vor seinem Parallelstudium in Stuttgart und Berkeley arbeitete er als Chemischtechnischer Assistent in der biochemischen Grundlagenforschung.

Rainer List:
Geboren 1961, ist seit 1987 als Ingenieur in der Wasserversorgung tätig und seit 2004 zum Leiter der Wassergewinnung der Stadtwerke München benannt. Als Produktbeauftragter Trinkwasser ist er verantwortlich für das Münchner Trinkwasser von der Quelle bis zum Abnehmer.

Prof. Dr. Wolfgang Gerhard Locher:
Kommissarischer Leiter des Instituts für Geschichte der Medizin, LMU München. Derzeit beschäftigt er sich unter anderem mit den folgenden Forschungsprojekten: Max von Pettenkofer – Studien zu Leben und Werk; Bayerische Medizingeschichte. Studium der Medizin und Philosophie, Habilitation für das Fach Geschichte der Medizin.

Georg Maier:
Geboren 1956, ist seit 1981 bei den Stadtwerken München tätig als Planungsingenieur im Bereich der Wasserversorgung. Ab 2003 übernahm er die Projektleitung für das Großprojekt zur Erneuerung der Zubringerwasserleitungen aus dem Mangfallgebiet.

Dr. Kurt Mühlhäuser:
Seit 1995 steht Dr. Kurt Mühlhäuser (64) als Vorsitzender der Geschäftsführung an der Spitze der SWM. Der promovierte Jurist und Ökonom (Dipl.-Kfm.) steht für den Wandel der SWM von der „behördennahen Institution" zum erfolgreichsten kommunalen Unternehmen Deutschlands.

Roland Mueller:
1959 in Würzburg geboren, ist Erzieher und Sozialpädagoge. Neben seiner Tätigkeit als Schriftsteller lehrt er als Gastdozent an der Hochschule der Polizei Psychologie. Außer Kurzgeschichten, Erzählungen und Drehbüchern veröffentlichte er Kinder- und Jugendbücher sowie historische Romane. Mit dem „Erbe des Salzhändlers" erschien der bislang fünfte historische Roman, der in den Gründungsjahren Münchens spielt.

Prof. Dr. Reinhard Nießner:
Geboren 1951, ist seit 1989 Vorstand des Instituts für Wasserchemie & Chemische Balneologie der Technischen Universität München sowie Inhaber des Lehrstuhls für Analytische Chemie. Das Tätigkeitsgebiet umfasst die Entwicklung von Messverfahren für Spurenstoffe in Wasser, Boden und Luft.

Klaus Podak:
Geboren 1943 in Ostpreußen, studierte Geschichte der Philosophie und ist seit 1990 leitender politischer Redakteur der Süddeutschen Zeitung. Zuvor hat er elf Jahre für die ARD als Filmemacher gearbeitet und fünfeinhalb Jahre im Büro des Vorstandsvorsitzenden der Bertelsmann AG die Abteilung für Publizistische Grundsatzfragen geleitet.

Dr. Wolfgang Polz:
Geboren 1952 in München. Als Leiter des Fachbereichs Wasserversorgung, Grundwasser- und Bodenschutz am Wasserwirtschaftsamt München ist der Autor seit langem mit der Thematik Trinkwasserschutz und Wasserschutzgebiete befasst.

Thomas Prein:
Geboren 1955 in Bad Godesberg, studierte Bauingenieurwesen an der TH Aachen, 1984 Abschluss als Dipl.-Ing., Tätigkeit in Ingenieurbüro, Hochschule und Wasserversorgungsunternehmen. Seit 2002 leitet er bei den SWM den Bereich Projektierung, der Planung und Bauüberwachung der Wasserversorgungsleitungen und -anlagen ausführt.

Johannes Prokopetz:
Geboren 1962, ist seit 34 Jahren Überzeugungsmünchner, außerdem Autor und Redakteur bei verschiedenen Magazinen der Rundfunk- und Fernsehanstalten, unter anderem: Capriccio (Bayerisches FS), Kulturreport (ARD) und Wir in Bayern (Nachmittagsmagazin des Bayerischen FS).

Jörg Schuchardt:
Als Dipl.-Ing. Bauwesen/Wasserwirtschaft war er mehrere Jahre als Consultant für deutsche und internationale Projekte der Wasserwirtschaft tätig. Von 1987 bis 2002 arbeitete der Autor bei SWM-Wasserversorgung. Seit 2002 ist er Geschäftsführer des kommunalen Dienstleistungsunternehmens aquaKomm in München.

Stephan Schwarz:
Geboren 1951, Geschäftsführer für Versorgung und Technik bei den SWM. Er ist verantwortlich für die umweltverträgliche Strom- und Fernwärmeversorgung, die Verteilnetze im Versorgungsgebiet für Strom, Gas, Fernwärme sowie die Gewinnung und Verteilung von Trinkwasser. Im Bereich der Trinkwassergewinnung ist sein Ziel, diese durch ökologische Bewirtschaftung der Erfassungsgebiete und partnerschaftliches Miteinander zwischen SWM, den Gebietskörperschaften sowie den Landwirten nachhaltig zu sichern.

Christian Ude:
Christian Ude ist seit 1993 Oberbürgermeister von München. Zuvor war er als Rechtsanwalt und Journalist tätig, bevor er 1990 zum Zweiten Bürgermeister von München gewählt wurde. Seit Juni 2005 ist der Sozialdemokrat gleichzeitig Präsident des Deutschen Städtetages.

Prof. Dr. Dr. Johannes Wallacher:
Geboren 1966. Seit 2006 Professor für Sozialwissenschaften und Wirtschaftsethik an der Hochschule für Philosophie, München, Philosophische Fakultät S.J., und Leiter des Forschungs- und Studienprojekts „Globale Solidarität – Schritte zu einer neuen Weltkultur". Aktuelle Forschungsschwerpunkte: Grundlagen der Entwicklungs-, Wirtschafts- und Unternehmensethik, Klimawandel und Gerechtigkeit.

Erwin Weberitsch:
Geboren 1951 in Österreich; seit 1974 in der Wasserversorgung München tätig. Seit 1999 Leiter der Abteilung Rohrnetze für Gas/Wasser und Fernwärme. Zudem ist er verantwortlich für den Betrieb und die Instandhaltung der Rohrnetze.

Dr. Oliver Weis:
Geboren 1967, ist Diplomgeologe und Doktor der Naturwissenschaften. Er war wissenschaftlicher Mitarbeiter am Lehrstuhl für Angewandte Hydrochemie der Universität Mainz sowie am ESWE-Institut für Wasserforschung und Wassertechnologie in Wiesbaden. Seit einigen Jahren ist er beratend für das Wasserdienstleistungsunternehmen aqua-Komm in München tätig.

Hans Well:
Hans Well wurde als neunter Spross der Familie Well 1953 in Willprechtszell geboren. Nach dem erfolgreichen Besuch mehrerer Gymnasien und dem Abschluss mit der Traumnote 3,5 studierte er Pädagogik bei dem bekannten Mundartprofessor Helmut Zöpfl. Mit höchster Not entrann er knapp dem Lehrerdasein und konnte schließlich in der Biermösl Blosn erfolgreich resozialisiert werden.

Dr. Walter Wenger:

Ist Diplomgeologe und Doktor der Naturwissenschaften. Er ist seit 1986 im Bayerischen Landesamt für Umwelt, vormals Landesamt für Wasserwirtschaft, im Aufgabenbereich Trinkwasserschutz tätig.

Prof. Dr. Peter A. Wilderer:

Vertritt an der TU München als Professor Emeritus of Excellence und an der Universtät von Queensland, Australien, als Honorarprofessor das Fachgebiet „Nachhaltige Wassergütewirtschaft". Im Jahre 2003 erhielt er den Stockholm-Wasserpreis für seine bahnbrechenden Arbeiten auf dem Gebiet der Siedlungswasserwirtschaft.

Fritz Wimmer:

Geboren 1946, war er von 1980 bis 2007 Leiter der städtischen Forstverwaltung München. In dieser Zeit wurde der Wasserschutzwald im Mangfalltal und am Taubenberg zum internationalen Vorzeigeobjekt. Träger der „Karl-Gayer-Medaille" des Bund Naturschutz für vorbildliche Leistung um die Förderung der naturgemäßen Waldwirtschaft.